江西理工大学清江学术文库

# 有机硅化合物及其<br>在硅酸盐矿物浮选中新应用

余新阳　汪金良　何桂春　黄志强　著

北　京<br>冶金工业出版社<br>2018

## 内 容 提 要

本书详细介绍有机硅化合物及其产品的概念、制备、性质、用途，以及有机硅阳离子捕收剂在硅酸盐矿物浮选中的全新应用等。本书共分 5 章，主要内容包括概论、有机硅烷、硅油及硅油的二次产品、硅烷偶联剂、有机硅阳离子捕收剂在矿物浮选中的应用。

本书可供矿物加工工程、铝硅酸盐矿物浮选药剂研究人员及相关专业人员阅读，也可作为高等院校相关专业本科生及研究生的教学用书。

**图书在版编目（CIP）数据**

有机硅化合物及其在硅酸盐矿物浮选中新应用/余新阳
等著 . —北京：冶金工业出版社，2018.12
ISBN 978-7-5024-8031-8

Ⅰ.①有…　Ⅱ.①余…　Ⅲ.①有机硅化合物—应用—
浮游选矿—研究　Ⅳ.①TD923

中国版本图书馆 CIP 数据核字（2018）第 301625 号

出　版　人　谭学余
地　　　址　北京市东城区嵩祝院北巷 39 号　邮编　100009　电话　(010)64027926
网　　　址　www.cnmip.com.cn　电子信箱　yjcbs@cnmip.com.cn
责任编辑　杨盈园　美术编辑　彭子赫　版式设计　孙跃红
责任校对　王永欣　责任印制　李玉山
ISBN 978-7-5024-8031-8
冶金工业出版社出版发行；各地新华书店经销；三河市双峰印刷装订有限公司印刷
2018 年 12 月第 1 版，2018 年 12 月第 1 次印刷
169mm×239mm；15.75 印张；308 千字；242 页
**64.00 元**

**冶金工业出版社　投稿电话　(010)64027932　投稿信箱　tougao@cnmip.com.cn**
**冶金工业出版社营销中心　电话　(010)64044283　传真　(010)64027893**
**冶金工业出版社天猫旗舰店　yjgycbs.tmall.com**
（本书如有印装质量问题，本社营销中心负责退换）

# 前　言

　　有机硅产品种类繁多，分子结构独特，具有化学和热稳定性好、表面活性高等优点，近年来广泛应用于日化、农业、工业、医疗卫生、国防军工以及新兴技术领域，是化工新材料中发展速度最快的产品。作者长期从事矿物浮选药剂研究，特别对有机硅阳离子表面活性剂对一水硬铝石、叶蜡石、伊利石、高岭石、磁铁矿、石英、石榴子石、橄榄石等矿物的浮选行为作了详细研究，并且还以其为捕收剂进行了铝土矿和磁铁矿的反浮选脱硅提纯研究。为了总结研究成果，作者在参考大量文献资料基础上，结合课题组多年积累的专业知识和研究结果撰写了本书，旨在通过本书的出版，为有机硅产品开发与应用提供新途径，为矿物浮选药剂研究提供新思路。

　　作者在本书中详细介绍了有机硅化合物及产品的概念、制备、性质、用途以及有机硅阳离子捕收剂在硅酸盐矿物浮选中的新应用等。本书共分5章，其中第1章、第5章由余新阳、王礼平、胡琳琪编写，第2章由汪金良、李坤、郭腾博编写，第3章由何桂春、黄超军、李少平编写，第4章由黄志强、成晨、魏新安编写。全书由余新阳、汪金良、何桂春、黄志强负责统稿和审核。

　　本书由江西理工大学资助出版，在此表示衷心的感谢。本书得到了博士导师中南大学钟宏教授课题组的大力帮助与支持，在此一并表示衷心的感谢！

由于编写水平有限，书中若有不当之处，诚望广大读者批评指正。

作　者

2018 年 12 月

# 目　　录

# 1　概　　论

有机硅产品种类繁多，性能优异，广泛应用于农业、工业、国防军工、医疗卫生以及人们的日常生活中，是化工新材料中发展速度最快的产品之一，而且目前在新兴技术领域也得到了很好利用。

## 1.1　硅与硅键

### 1.1.1　硅和碳的区别

硅是自然界中最丰富的元素之一，它仅次于氧而约占地壳质量的 25.7%。硅存在 3 种稳定的同位素，其自然丰度分别为$^{28}$Si（92.23%）、$^{29}$Si（4.67%）、$^{30}$Si（3.10%）。此外，还有 7 种人造同位素。平均相对原子质量为 28.0855。由于硅原子对氧原子具有极大的亲和力，故自然界中无游离状态的纯硅，而是以氧化物为主的形式出现，如二氧化硅及硅酸盐（泥、石）等。此外，在大气、雨水、海水、低级生物体乃至高等动物体内也含有极少量的硅化合物。

尽管人类使用含硅化合物（如砂、石、泥土、玻璃、陶瓷等）作为建筑材料或生产原料已有数千年的历史，但直至 1824 年柏齐里乌斯（J. J. Berelius）才第一次制得了元素硅。随后，它被大量用于冶金工业中制硅铁合金、硅铝合金及硅钙合金等或在化学工业中制有机硅，电子工业中制半导体硅以及在光学及光电子学中也有少量应用。

硅如同碳一样，也有两种变体，即无定型与结晶型。前者为呈黑色的坚硬八面体结构，后者呈灰色的四面体结构。粗颗粒的结晶硅一般带有金属光泽。硅的密度为 2.3283g/cm$^3$，硬度为 950（努氏），熔点为 1410℃，沸点为 2355℃，热导率（298.2K 条件下）为 1.14W/(cm·K)，比热容（300K 条件下）为 702kJ/(kg·K)。

硅和碳同属元素周期表第ⅣA 族元素，故具有某些相似的化学性质。但两者所处的周期不同，因而存在不少差异。主要由于两者的电子结构不同：

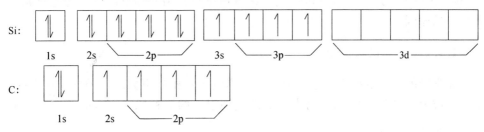

由电子结构图可见，位于第三周期的硅原子，原子序数为 14，其 14 个电子分成三层排列；而原子序数为 6、位于第二周期的碳，其 6 个电子分成两层排列。故硅原子的共价半径（0.117nm）比碳原子的共价半径（0.077nm）大 1.5 倍。由于硅的核电荷数（即核外电子数）比碳多，核内电荷得以较好的屏蔽，故其电负性较低（碳为 2.5，硅为 1.8）。由电子结构图还可看出，Si 和 C 均有 4 个未成对的 s 电子及 p 电子，它们可与电负性较高的元素（如 F、O、Cl 等）及电负性较低的基团（如 H—、$CH_3$—、$C_6H_5$—等）结合，或者同时与两类基团结合，达到共价饱和。在一般的硅化合物中，硅原子的配位数为 4，轨道杂化主要为 $sp^3$，并形成与碳化物一样的正四面体构型。但由于硅碳间的明显差异，硅与氧主要形成单键，而碳与氧则优先生成双键。在形成聚合物时，硅主要以 Si—O—Si 为主链，而碳则以 C—C—C 为主链。再者，位于第二周期的碳，核外只有 1 个 s 轨道及 3 个 p 轨道，故其配位数只能为 4，而处于第三周期的硅，除 s 及 p 轨道外，还有 5 个可供成键的空 3d 轨道。后者既可用于增加中心硅原子的 σ 键数，还可用来形成 dπ—dπ 配键，使其带有部分双键的性质，这也是有机硅化合物具有许多特殊性质的根源。据此硅的配位数可以大于 4 或小于 4。

## 1.1.2　硅的电负性、键角及离子键

### 1.1.2.1　硅的电负性

原子的电负性是指原子在分子中吸引（共享）电子的能力，由此可比较其形成负离子或正离子的倾向。原子的电负性越大，吸引共享电子对的能力越强，则生成负离子的倾向也越大。表 1-1 为鲍林（L. Pauling）提出的某些常见元素的电负性。

**表 1-1　某些元素的电负性**

| 元素 | F | O | Cl | N | Br | C | S | I | H | Si | Li |
|------|-----|-----|-----|-----|-----|-----|-----|-----|-----|-----|-----|
| 电负性 | 4.0 | 3.5 | 3.0 | 3.0 | 2.8 | 2.5 | 2.5 | 2.4 | 2.1 | 1.8 | 1.0 |

由表 1-1 可见，氟原子的电负性最大，极易接受电子变成稳定状态；Li 的电负性最小，极易给出电子变成稳定状态。由于 Si 的电负性较小，构成共价键时，仍有一定的离子化成分，共享电子对偏向电负性比 Si 大的元素一边，而取 $Si^{\delta+}$—$Y^{\delta-}$ 的极化形式。这是许多有机硅化合物既可进行自由基型反应，又可进行离子型反应的原因。

### 1.1.2.2　硅键及键能

化学键的性质取决于原子的电负性。当电负性相差很大的两种原子结合时，主要形成离子键，如 NaCl；而当电负性差别很小的两种原子结合时，主要形成

共价键，如 $CS_2$。有机硅化合物中的大多数化学键兼具共价键与离子键的特性。因此，两元素电负性差值越大，键的电离度愈大，即极性愈强。表 1-2 列举了某些硅键和碳键的键能比较。

**表 1-2 硅键与碳键的键能** （kJ/mol）

| 元素 | C | Si | H | O | F | Cl | Br | I |
|---|---|---|---|---|---|---|---|---|
| 硅键 | 334.7~242.7 | 188.3 | 303.8 | 422.5 | 560.6 | 368.2 | 295.8 | 221.7 |
| 碳键 | 344.4 | 334.7~242.7 | 413.3 | 344.4 | 426.6 | 327.6 | 278.6 | 218.0 |

由表 1-2 可见，Si—H 及 Si—C 键能均小于相应的 C—H 及 C—C 键，这是硅原子半径较长所致；至于 Si—Si 键比 C—C 键弱，则是同族元素中共价键结合力随相对原子质量增加而减弱的原因；硅原子与其他元素结合的倾向大于自我结合的趋势，这正是 Si—Si 键易被破坏的原因。此外，键能的大小，不仅取决于成键两元素电负性的差值，而且取代基的种类、大小及离子化成分等都对键能有影响。

### 1.1.2.3 硅键的离子性

硅键的离子性（%）及其离子化键能（kJ/mol）见表 1-3。

**表 1-3 硅键离子性及离子化键能**

| 键 | Si—F | Si—O | Si—Cl | Si—N | Si—Br | Si—C | Si—S | Si—I | Si—H |
|---|---|---|---|---|---|---|---|---|---|
| 离子性/% | 70 | 50 | 30 | 30 | 22 | 12 | 12 | 8 | 2 |
| 离子化键能/kJ·mol⁻¹ | 993.3 | 1014.2 | 796.2 | — | 748.9 | 932.6 | 806.2 | 700.4 | 1045.2 |

讨论硅键活性时，必须首先区分反应类型，即属于自由基型反应，还是离子型反应。只有综合考虑共价键中的离子性成分，即同时考虑硅键键能及离子化键能的大小，方能解释一些客观存在的现象。例如，尽管 Si—F 键的共价键能很大，但其离子化键能较小，故 Si—F 键还是很容易反应；又如，Si—H 键的共价键能小于 Si—Cl 键，但与 $H_2O$、ROH 等反应时，Si—Cl 键却远活泼于 Si—H，这就是离子性反应的缘故。

## 1.1.3 硅键类型及特性

### 1.1.3.1 Si—O—Si 键

常见的砂、石、玻璃、陶瓷及石英等无机物均含有 Si—O—Si 键，其热稳定性很高。在有机硅化学中，Si—O—Si 键是构成聚有机硅氧烷的基本键型。虽然，由于硅原子上引入了有机基，使其热稳定性下降，但其耐热性仍优于一般有机聚合物。

至于 Si—O—Si 键的键角及 Si—O 键键长，已知两者均随分析方法及试样的不同而略有变化，表 1-4 列出几种硅氧烷中的 Si—O—S 键角及 Si—O 键长。

**表 1-4　Si—O—Si 键角及 Si—O 键长**

| 化合物 | Si—O—Si 键角/(°) | Si—O 键长/nm | 测定方法 | O—Si—O 键角/(°) |
|---|---|---|---|---|
| 甲基螺旋[5，5]五硅氧烷 | 130±4 | 0.164±0.003 | X 射线及电子衍射 | 109±4 |
| 六甲基环三硅氧烷 | 125±5 | 0.166±0.004 | X 射线及电子衍射 | 115±5 |
| 八甲基环四硅氧烷 | 142.5 | 0.165 | X 射线及电子衍射 | 109 |
| 八甲基环四硅氧烷 | 131~160 | — | 偶极矩 | — |
| 八甲基环四硅氧烷 | 130±10 | 0.163±0.003 | 电子衍射 | — |
| 六甲基环二硅氧烷 | 150 | 0.125 | 红外及拉曼光谱 | |

由于 Si—O 键键能高达 1014.2kJ/mol，故硅氧烷的热稳定性相当好，如 $Ph_3SiOSiPh_3$ 在 400℃下的氮气中长期加热也不裂解。但由于硅原子体积较大，易于极化，又有 3d 轨道可供成键，加之 Si—O—Si 键自身极性很大，故易被质子酸、无机酸酐及酯、羧酸酐及酰卤、共价卤化物、碱金属、金属氢化物、金属有机化合物、碱金属氧化物、碱金属氢氧化物、醇盐、硅酸盐、水及醇（硅醇）等所断裂。

### 1.1.3.2　Si—C 键

Si—C 键是有机硅化合物的基础与特征。由于 Si 与 C 的电负性差值较小，故 Si—C 键基本上属于共价键，加之硅原子有空 3d 轨道可利用，故而有利于异裂反应进行。因此，有机硅化合物在一定条件下可发生均裂及异裂反应。

Si—C 键的热稳定性较高，如 $Ph_4Si$ 在 425℃下蒸馏不致发生分解。Si—C 键对离子反应的敏感性虽不如 Si—Cl 键及 Si—O—Si 键，但仍可受亲核及亲电试剂进攻，发生取代、消除及重分配反应等。例如，聚二甲基硅氧烷与硫酸共热，可发生 Si—$CH_3$ 键断裂，尤其是 Si—C（芳基）对强酸更为敏感，极易被硫酸所断裂。

有机基中引入电负性基团（如卤素、羟基、羧基及氰基等）可影响 Si—C 键的稳定性，且与取代位置有关。其中，β-碳原子上的电负性取代基可强烈促进亲核及亲电试剂对 Si—C 键的进攻，例如，β-氯乙基三甲基硅烷中的 Si—C 键可被硝酸银醇溶液或格利雅试剂所断裂。由于 α-碳原子转移电子云的效果优于 β-位原子，故 α-碳原子上的电负性基团对 Si—C 键的稳定性影响较小。虽仍可受亲核试剂进攻，但需用较苛刻的条件。γ-碳原子上的电负性基团离硅原子较远，它对 Si—C 的影响效果与 α-取代基相近。至于 δ-碳原子上的电负性取代基，其影响已微不足道。因此，取代基促进 Si—C 键断裂的顺序为：β>>α～γ>δ。

### 1.1.3.3 Si—H 键

Si—H 键是有机硅化学中的主要键型之一，通过它可完成许多有价值的反应。由于 Si 的电负性比 H 小，而 C 的电负性比 H 大，故 Si—H 与 C—H 的极化及方向性不同，分别示意如下：

$$Si^{\delta+}—H^{\delta-}；C^{\delta-}—H^{\delta+}$$

由于 Si、H 的电负性差值只有 0.3，故 Si—H 键主要表现为共价键特性，而且 Si—H 键能小于相似有机化合物中的 C—H 键。虽然，Si—H 键的热稳定性较高，如 $SiH_4$ 在 380～400℃下才开始分解，但 Si—H 键的化学性质却比 C—H 键活泼得多，不仅可与周期表中的大多数元素（特别是Ⅳ、Ⅵ、Ⅶ族元素）反应，而且还可进行氢硅化反应（即 Si—H 与不饱和烃或其衍生物的催化加成反应），热缩合反应，水解、醇解及酸解反应以及卤代反应等。

在很多情况下，Si—H 键的反应活性与 C—Cl 键相近。Si—H 键的反应活性，随硅原子上有机取代基数量的增加而减弱，活性顺序为：$SiH_4 > RSiH_3 > R_2SiH_2 > R_3Si—H$。

### 1.1.3.4 Si—X（X 为 F、C、Br、I）键

Si—X 键，特别是 Si—Cl 键是氯硅烷及有机氯硅烷的基本键型。氯硅烷的物理性质部分与氯代烷相似，但也有其特殊性。由于硅的原子半径较碳大，而电负性较碳小，故 Si—X 键具有很强的极性，远比 C—X 键活泼，而与有机化合物中的酰卤键相近，极易受亲核试剂的进攻。硅卤键的反应活性顺序为：Si—I>Si—Br>Si—Cl>Si—F。

Si—Cl 键很容易和含活泼氢的化合物，如水、醇、硅醇、酚、有机酸、无机酸、氨、胺等发生剧烈的反应：

$$\equiv Si—X + MY \longrightarrow \equiv Si—Y + MX$$

式中，X 为 F、Cl、Br、I；M 为 H、Li、Na、K；Y 为 OH、OR、OCOR、$NH_2$、NHR 及无机酸阴离子等。

其中，$R_nSiCl_{4-n}$（R 为有机基；$n = 0～3$）的水解及醇解速度顺序为：$SiCl_4 > RSiCl_3 > R_2SiC_2 > R_3SiCl$。而且 R 越大，反应活性越低。卤硅烷还可与有机酸酐、醚、有机金属化合物及碱金属等反应，在氯化铁或氯化铝存在下，也可与烷氧基硅烷、酰氧基硅烷及硅氧烷相作用。

### 1.1.3.5 Si—OY（Y 为 H、$C_nH_{2n+1}$、RCOO 等）键

（1）Si—OH 键。含 Si—OH 的化合物又称为硅醇。其结构及某些物理化学

性能与有机醇相近，但硅醇的反应活性较高。有机硅醇有三种形式，即 $R_3SiOH$、$R_2Si(OH)_2$ 及 $RSi(OH)_3$，此外，还有含 Si—OH 键的聚硅氧烷。由于 Si—OH 可形成分子间氢键，故对母体的物理化学性质有很大的影响。

Si—OH 的突出特性之一是容易脱水缩合生成硅氧烷（即形成 Si—O—Si 键）：

$$\equiv Si—OH + HO—Si \equiv \xrightarrow{H^+、OH^-等} \equiv Si—O—Si \equiv + H_2O$$

有机硅醇的反应活性，取决于硅醇结构及反应条件。在 R 相同条件下，有机硅醇的反应活性顺序为：$RSi(OH)_3 > R_2Si(OH)_2 > R_3SiOH$。

对于羟基数相同的硅醇而言，R 越大则越稳定。此外，催化剂及反应温度对硅醇缩合反应的影响也很大。

含有 2 个或 3 个 Si—OH 键的硅醇，在一定条件下可进一步缩聚生成线型、环状、支链状或立体结构的聚硅氧烷。

由于硅与氧之间可形成 dπ—pπ 配键，从而导致 $R_3SiOH$ 的酸性强于相应的碳醇，而且硅醇的酸性随烃基增大而强化。例如，$Me_3SiOH$ 可与氢氧化钠水溶液反应生成 $Me_3SiONa$，而 $Ph_3SiOH$ 甚至可在吡啶中使用 $Bu_4NOH$ 滴定。在一定条件下，Si—OH 可和 ≡ Si—X（X 为 Cl、H、OH、OR、OAc、$NH_2$ 等）发生缩合反应，生成含 Si—O—Si 键的产物。Si—OH 还可与 $H_2SO_4$、$H_3PO_4$、$H_3BO_3$、PbO、$(RCO)_2O$ 及 $Ti(OR)_4$ 等反应，生成含 Si—O 键的产物。

（2）Si—OR 键。Si—OR 键的热稳定性较高，但随烷基增大及支化度提高而下降。当苯基取代烷基后，可提高其耐热性。如 $Si(OEt)_4$ 在 200~250℃ 下开始分解，而 $Si(OPh)_4$ 在 400℃ 下仍然稳定。Si—OR 键在碱金属或氢氧化物存在下，其热稳定性明显下降。Si—R 还可被质子酸、羧酸、酸酐、卤化物、金属及其氢化物、某些官能团化合物、水及醇等所断裂，并生成硅氧烷或相应的含硅化合物。其中，Si—OR 键的水解反应活性随 R 的空间位阻增大而降低，并随硅原子上 OR 数的增加而提高。

（3）Si—OCOR 键。Si—OCOR 键的热稳定性低于 Si—OR 键；如 $Si(OAc)_4$ 在 160℃ 下即可分解，$(PhCOO)_4Si$ 则在 90℃ 下即分解。Si—OCOR 键的反应活性介于 Si—Cl 键与 Si—OR 键之间，可被含卤化合物、水、醇等所分解。

### 1.1.3.6 Si—N 键

Si—N 键的性质不同于 C—N 键，实测的键距小于计算值，这与 N 原子独对电子进入硅的 3d 轨道形成 dπ—pπ 配键有关。从电负性观点看，$(\equiv Si)_3N$ 应为强碱，而实际上是弱碱，且随 $NMe_3$ 中的 Me 被硅基取代得越多而碱性越弱，即碱性按下列顺序递降：$Me_3N > Me_2NSiH_3 > MeN(SiH_3)_2 > N(SiH_3)_3$。

几种含 Si—N 键化合物的偶极矩：$Me_3SiNHSiMe_3$ 为 0.67D；$Me_3SiNHSiMe_3$

为 0.44D，$(Me_3Si)_3N$ 为 0.51D。Si—N 键可被水、醇、酸、卤化物、碱金属及其氢化物等所断裂。此外，Si—N 键还可进行缩合反应、重分配反应、消除反应及与亲电化合物、$LiAlH_4$ 等反应。

### 1.1.3.7 Si—Si 键

近 30 年来，由于含 Si—Si 键化合物被发现可用于合成新颖的有机硅化合物及制备高摩尔质量的聚硅烷从而备受关注。Si—Si 键化合物形式上与 C—C 键化合物相似，实质上差别很大。Si—Si 键能（$H_3Si$—$SiH_3$）只有 188.3kJ/mol，比 C—C 键能（344.4kJ/mol）低得多，说明前者稳定性较差。但当 Si 原子上的 H 被有机基取代后，可大大提高其热稳定性，甚至超过相应 C—C 键化合物。如 $Me_3SiSiMe_3$ 在 400℃下不分解，但相应的氢代产物则稳定性很差。Si—Si 键易被碱性溶液、氯化氢、卤素及碱金属等所分解。

Si—Si 键还可与 C—X 键及不饱和烃等反应，而且它也能进行热解、光解及重分配反应等。此外，环状聚硅烷（$R^1R^2Si)_n$（$n$ 主要为 4~6）还可进行开环反应，氧插入反应及取代反应等。而以 $\p{(R^1R^2Si)}_n$ 表示的线型聚硅烷，其摩尔质量可高达 $100×10^4$g/mol，后者也可进行骨架重排、重分配反应、光解反应及热解反应等。

### 1.1.3.8 其他硅键

除了上述 7 种类型外，还有一类活性有机硅中间体，包括硅烷自由基 $R_3Si\cdot$（R 为 H、烷基、芳基、卤素等），硅烷阳离子 $R_3Si^+$（气相，R 为 Me、$Me_3SiO$ 等），硅烷阴离子 $R_3Si^-$（R 为 H、Me、Et、Ph、MeO、$Me_3Si$ 等），硅烯 $R_2Si:$（R 为 F、C、Br、I、Me、Ph、MeO 等，：为未成对电子），硅碳烯 $R_2Si=CR_2$（R 为 Me、Ph 等），硅杂苯，二硅烯，硅烷酮，硅氮烯，硅烷硫酮。

## 1.2 有机硅化合物命名法

有机硅化合物，是指含有 Si—C 键，且至少有一个有机基是直接与硅原子相连的化合物。如 $CH_3SiH_3$、$ClH_2CSiCl_3$、$C_6H_5SiCl_3$、$C_2H_5Si(OMe)_3$、$(CH_3)_3SiOSi(CH_3)_3$、$[(CH_3)_2SiO]_4$ 等均为有机硅化合物。据此，$SiH_4$、SiC、$Na_2SiO_3$ 及 $H_3SiCN$ 等则属于无机硅化合物。至于正硅酸乙酯 $Si(OEt)_4$ 及聚硅酸酯等，严格讲也应属于无机硅化合物范畴，但因其与有机硅酸酯（即有机烷氧基硅烷）及聚有机硅酸酯性能相近，且关系密切，故习惯上常将它们列入有机硅化合物中。

有机硅化合物的命名有一个发展过程。当今使用的命名规则是由绍尔（R. O. Sauer）于 1944 年提出，并经美国化学会进行系统化后，由国际纯化学与应用化学联合会（IUPAC）于 1952 年发布的，本书参照中国化学会有机化学名词小组制订的《有机化学命名原则（1980）》及相关资料的规定进行命名。

### 1.2.1　硅烷及其衍生物

硅烷及其衍生物是最重要的有机硅低分子化合物（单体），可用通式 $Si_nH_{2n+2}$ 表示。例如，$SiH_4$ 称为（甲）硅烷，$Si_2H_6$ 称为乙（二）硅烷，$Si_3H_8$ 称丙（三）硅烷等。硅烷中的 H 被一种或一种以上的其他基团取代后所得的衍生物称为相应取代基硅烷，并可用通式 $R_nR'_mSiX_{4-n-m}$ 表示。式中，R 为 H、Me、Et、Vi、Ph、链烯基、烷芳基及芳烷基等；R′为 H、R 等；X 为相同或不相同的可水解基团，如卤素、烷氧基、酰氧基等。表 1-5 列出硅烷衍生物及其名称。

表 1-5　硅烷衍生物及名称（$\equiv Si—X$）

| 取代基 | 名　称 | 取代基 | 名　称 |
|---|---|---|---|
| Si—H | （H）硅烷 | Si—NCO | 异氰酸基硅烷 |
| Si—烃基（R） | 烃基硅烷 | Si—NCS | 异硫氰酸基硅烷 |
| Si—X（卤素） | 卤硅烷 | Si—SH | 巯基硅烷（硅硫醇） |
| Si—OH | 羟基硅烷（硅醇） | Si—ON＝RR′ | 酮肟基硅烷 |
| Si—OR | 烃氧基硅烷 | Si—NHCOR | 酰氨基硅烷 |
| SiOCOR | 酰氧基硅烷 | Si—OCR＝CH₂ | 异丙烯氧基硅烷 |
| Si—NR₂ | 氨基硅烷 | Si—ONR₂ | 氨氧基硅烷 |
| Si—CN | 氰基硅烷 | Si—OOH | 过氧化硅烷 |

例如：$HSiCl_3$——三氯硅烷（硅氯仿）；$(CH_3)_2SiH_2$——二甲基硅烷；$CH_3SiHCl_2$——甲基二氯硅烷；$CH_3Si(OC_2H_5)_3$——甲基三乙氧基硅烷；$(C_4H_9O)_4Si$——四丁氧基硅烷（正硅酸丁酯）；$(C_6H_5)_2Si(OH)_2$——二苯基硅二醇；$HSi(OCOCH_3)_3$——三乙酰氧基硅烷；$(CH_3)_3SiNH_2$——三甲基氨基硅烷（三甲硅基胺）；$(C_2H_5)_3SiNHMe$——三乙基甲氨基硅烷；$(C_2H_5)_2Si(CN)_2$——二乙基二氰基硅烷；$C_6H_5Si(NCO)_3$——苯基三异氰酸基硅烷；$(CH_3)_3SiNCS$——三甲基异硫氰酸基硅烷；$(CH_3)_3SiSH$——三甲基巯基硅烷；$CH_3Si[ON＝C(CH_3)_2]_3$——甲基三丙酮肟基硅烷；$CH_3Si[ON(C_2H_5)_2]_3$——甲基三（二乙氨氧基）硅烷；$CH_2＝CHSi[OOC(CH_3)_3]_3$——乙烯基三过氧叔丁基。

凡有机基上带有活性取代基（如不饱和烃基、卤素、羟基、氨基、氰基、异氰酸基、羧基、环氧基、甲基丙烯酰氧基等）的硅烷，统称为碳官能硅烷。碳官能基团可按有机化学命名原则命名。

例如：$CH_2＝CHCH_2Si(OCH_3)_3$——烯丙基三甲氧基硅烷；$ClH_2CSi(OC_2H_5H)_3$——氯甲基三乙氧基硅烷；$HO(CH_2)_3Si(C_2H_5)_3$——γ-羟丙基三乙基硅烷；$H_2N(CH_2)_3Si(CH_3)Cl_2$——γ-氨丙基甲基二氯硅烷；$H_2NCH_2CH_2NH(CH_2)_3Si$

（OCH₃）₃——N-β-氨乙基-γ-氨丙基三甲氧基硅烷。

## 1.2.2 甲硅烷基衍生物

H₃Si—称为甲硅烷基。含 HSi—基的化合物称为甲硅烷基衍生物，并可用通式（R₃Si）ₙY 表示。式中，R 为相同或不相同的有机基或表 1-5 所列基团；$n=$ 2，3；Y 为表 1-6 所列内容。

表 1-6　（R₃Si）ₙY 类有机硅化合物

| Y | 名　称 | Y | 名　称 |
|---|---|---|---|
| —O— | 二硅氧烷 | —（CH₂）₂— | 1，2-二（甲硅烷基）乙烷 |
| —O—O— | 二（甲硅烷基）过氧化物 | —CH＝CH— | 1，2-二（甲硅烷基）乙烯 |
| —S— | 二硅硫烷 | ＞C＝CH₂ | 1，1-二（甲硅烷基）乙烯 |
| —NH— | 二硅氮烷 | —C≡C— | 1，2-二（甲硅烷基）乙炔 |
| —NR— | N-烷基二硅氮烷 | —C₆H₄— | o-，m-或 p-二（甲硅烷基）苯 |
| —N< | 三（甲硅烷基）胺 | —PH— | 二（甲硅烷基）膦 |
| —CH₂— | 二（甲硅烷基）甲烷 | —PR— | 二（甲硅烷基）烃基膦 |
| —CH< | 三（甲硅烷基）甲烷 | —P< | 三（甲硅烷基）膦 |
| —C< | 四（甲硅烷基）甲烷 | | |

## 1.2.3 线型聚合物

以重复的 Si—Y 键为主链的线型聚合物，可用通式 R₃Si(R₂SiY)ₙR 表示。式中，R 为烷基、链烯基、芳基、卤素、烷氧基及酰氧基等；$n$ 为 ≥1 的整数。当 Y 为氧或亚氨基（—NH—）时，即为聚硅氧烷或聚硅氮烷，它们是这类化合物中最重要的代表。当 $n$ 值较大时，一般在名称前冠以聚字，以示聚合物之意。对于一头或两头带有端基的聚合物，可在聚字前相应标以希腊文 α-或 α-与 ω-，同时写出端基名称，这类化合物中的主要代表列于表 1-7。

表 1-7　R₃Si（R₂SiY）ₙR 类化合物

| Y | 名　称 | Y | 名　称 |
|---|---|---|---|
| —O— | 聚硅氧烷 | —CH₂— | 聚硅亚甲基 |
| —NH— | 聚硅氮烷 | —（CH₂）ₙ— | 聚硅亚烷基 |
| —S— | 聚硅硫烷 | —C₆H₄— | 聚硅亚苯基 |

### 1.2.4 环状聚合物

以重复 Si—Y 键为主链的环状聚合物（单环低聚物）可用通式 $\overline{\text{(R}_2\text{SiY)}}_n$ 表示。当 Y 为氧或亚氨基（—NH—）时，即为环硅氧烷或环硅氮烷，表 1-8 列出几种重要的单环聚合物类型。

**表 1-8　(R₂SiY)ₙ 类有机化合物**

| Y | 名　称 | Y | 名　称 |
|---|---|---|---|
| —O— | 环（聚）硅氧烷 | —S— | 环（聚）硅硫烷 |
| —NH— | 环（聚）硅氮烷 | —CH₂— | 环（聚）硅碳烷 |

多环及笼状聚合物也属环状聚合物之列，但不能用上述通式表示。对于多环硅氧烷的命名，可参照多脂环有机物的命名方法，例如：

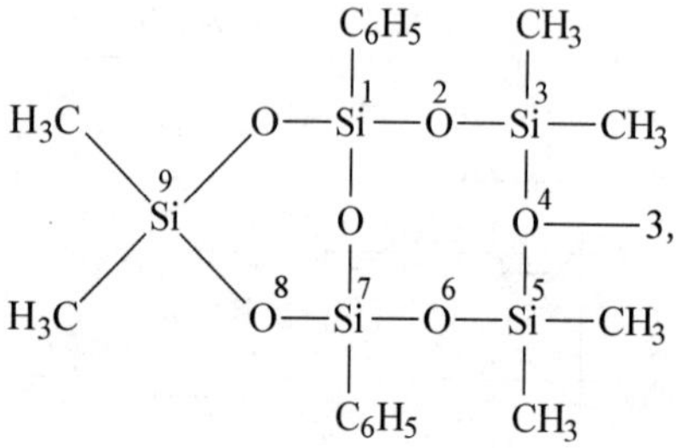

3,3,5,5,9,9- 六甲基 -1,7- 二苯基 - 双环 [5.3.1] 五硅氧烷

### 1.2.5 含金属或准金属原子或原子团的有机硅化合物

含金属或准金属原子或原子团的有机硅化合物可用通式 $(\text{R}_3\text{Si})_n\text{M}$ 及 $(\text{R}_3\text{SiY})_m\text{M}$ 表示。式中，Y 为氧或亚烃基等；M 为 Li、Na、K、B、Al、Si、Sn、Ge、Ti、Zr、As、Sb、VO、PO、AsO、SO₂ 等。其命名法举例如下：

$(\text{C}_6\text{H}_5)_3\text{SiK}$——三苯基硅基钾；$(\text{C}_6\text{H}_5)_3\text{SiONa}$——三苯基硅醇钠；$[(\text{CH}_3)_3\text{SiO}]_3\text{B}$——三（三甲硅氧基）硼；$[(\text{CH}_3)_3\text{SiCH}_2]_4\text{Sn}$——四（三甲硅基亚甲基）锡

如果金属杂原子取代部分硅原子进入聚合物主链，则称为杂（金属）硅氧烷，如铝硅氧烷、锡硅氧烷、钛硅氧烷等。

### 1.2.6 含硅的基团

以上介绍的是各类有机硅化合物的命名方法。对于含硅基团则可沿用有机化学的原则命名，其中，比较新颖的含硅不饱和基团，则按《有机硅化学》使用的译名。例如：

$H_3Si—$ ——甲硅烷基（silyl，简称硅烷基）

$H_2Si=$ ——亚甲硅烷基（silylene）

$HSi\equiv$ ——次甲硅烷基（isilylidyne）

$(CH_3)_3Si—$ ——三甲基甲硅烷基（trimethysilyl，简称三甲硅基）

$H_3SiNH—$ ——甲硅烷氨基（silylamino）

$H_3SiS—$ ——甲硅烷硫基（silylthio）

$H_3SiOSiH_2—$ ——二硅氧烷基（disiloxanyl）

$H_3SiOSiH_2O—$ ——二硅氧烷氧基（disiloxanoxy）

$H_3Si—SiH_2—$ ——二硅烷基（disilanyl）

$H_3Si—NH—SiH_2—$ ——二硅氮烷基（disilazanyl）

$(H_3Si)_2SiH—$ ——甲硅烷基二硅烷基（silyldisilanyl）

$(H_3Si)_3Si—$ ——二甲硅烷基硅烷基（disilyldisilanyl）

此外，为了简化聚硅氧烷结构式的写法，人们习惯以 Me、Et、Vi、Pr、Bu、Ph 及 Ac 分别代表甲基、乙基、乙烯基、丙基、丁基、苯基及乙酰基等。而且还使用某些英文字母以表示特定的硅氧链节，例如：单官能链节 [如 $(CH_3)_3SiO—$] 用 M 表示，二官能链节用 D 表示，三官能链节用 T 表示，四官能链节用 Q 表示。

所以，六甲基二硅氧烷 $(CH_3)_3SiOSi(CH_3)_3$ 可用 M—M 表示；十甲基四硅氧烷 $(CH_3)_3SiO(CH_3)_2Si(CH_3)_2SiOSi(CH_3)_3$ 可用 $MD_2M$ 表示；三（三甲硅氧基）甲基硅烷 $[(CH_3)_3SiO]_3SiCH_3$ 可用 $M_3T$ 表示；四（三甲硅氧基）硅烷 $[(CH_3)_3SiO]_4Si$ 可用 $M_4Q$ 表示；八甲基环四硅氧烷 $[(CH_3)_2SiO]_4$ 可用 $D_4$ 表示，等等。

通常，M、D、T、Q 仅代表甲基取代的硅氧烷单元（链节）。倘若硅原子上带有甲基以外的取代基时，则可使用 M′、D′、T′ 表示相应的链节，或在字母右上角标上该取代基的符号以示区别。例如，以 M 表示甲基，E 表示乙基，V 表示乙烯基，P 表示苯基，F 表示 3，3，3-三氟丙基等，例如：

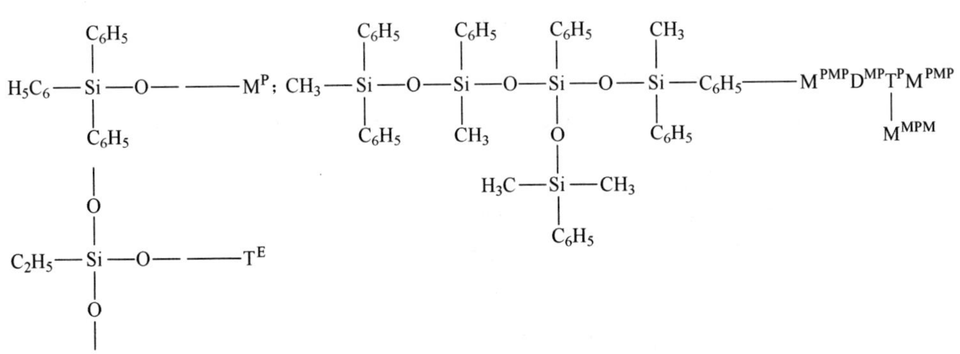

# 2 有机硅烷

## 2.1 概述

硅烷根据含有反应活性的原子或基团连接方式的不同，可分为两大类。一类是硅官能有机硅烷，即具有反应活性的官能团直接连接在硅原子的有机硅化合物；可用通式 $R_nSiX_{4-n}$ 表示，式中，R 为烷基、芳基、芳烷基、烷芳基及氢等；X 为一价可水解官能基，如卤素（主要是氯）、烷氧基、酰氧基、氨基及氢等。另一类是碳官能有机硅烷，即具有反应活性的官能团连接在有机硅化合物分子的烃基上的有机硅化合物，其通式为 $(YR')_nSiX_{4-n}$，式中，Y 为官能基，如 $NH_2$、$OCOCMe \Longero CH_2$、Cl、OH、SH 等；R′ 为亚烃基；X 为一价易水解的官能基，如卤素、EtO、AcO、$MeOC_2H_4O$、$Me_3SiO$ 等；n 为 1~3。这是两类重要的官能有机硅化合物，具有极大的理论和实际应用价值，本章将重点介绍这两类有机硅烷。

## 2.2 硅官能有机硅烷

各类硅官能硅烷几乎均可由有机氯硅烷出发制得，相应的反应式示意如下：

$$\equiv SiCl + H_2O \longrightarrow \equiv SiOH + HCl$$

$$\equiv SiCl + ROH \longrightarrow \equiv SiOR + HCl$$

$$\equiv SiCl + M(金属)H \longrightarrow \equiv SiH + MCl$$

$$\equiv SiCl + AcOH \longrightarrow \equiv SiOAc + HCl$$

$$\equiv SiCl + NH_3 \longrightarrow \equiv SiNH_2 + HCl$$

$$\equiv SiCl + RCONH_2 \longrightarrow \equiv SiNHOCR + HCl$$

$$\equiv SiCl + R_2NOH \longrightarrow \equiv SiONR_2 + HCl$$

$$\equiv SiCl + R_2C \Longero NOH \longrightarrow \equiv SiON \Longero CR_2 + HCl$$

$$\equiv SiCl + CH_2 \Longero CMeCOOH \longrightarrow \equiv SiOCOCMe \Longero CR_2 + HCl$$

$$\equiv SiCl + (CH_3)_2C \Longero O \longrightarrow \equiv SiOC(\Longero CH_2)CH_3 + HCl$$

$$\equiv SiCl + NaCN \longrightarrow \equiv SiCN + NaCl$$

$$\equiv SiCl + AgNCO \longrightarrow \equiv SiNCO + AgCl$$

$$\equiv SiCl + AgNCS \longrightarrow \equiv SiNCS + AgCl$$

$$\equiv SiCl + H_2SO_4 \longrightarrow (\equiv Si)_2SO_4 + 2HCl$$

上述硅官能硅烷的物理化学性质，与相应的氯硅烷比较已有很大变化。特别是化学活泼性及腐蚀性有了明显的降低，因而，进行各种反应时较易控制，应用领域也更加广阔。

### 2.2.1 烷氧基硅烷

烷氧基硅烷 $H_nSi(OR)_{4-n}$，是硅官能有机硅烷 $R_nSiX_{4-n}$ 中 R 为 H、X 为 OMe、OEt 等的一类硅烷。工业上最重要的烷氧基硅烷产品有 $HSi(OMe)_3$、$HSi(OEt)_3$、$Si(OMe)_4$ 及 $Si(OEt)_4$ 等。前两者既含有可水解的 Si—OMe 或 Si—OEt 键，又含有活泼的 Si—H 键。其中，Si—OR 键通过水解缩合可转化成聚硅氧烷，与格氏试剂反应可生成有机烷氧基硅烷；Si—H 键在铂系催化剂作用下，可与一系列含不饱和基的化合物发生氢硅化加成反应，得到各种碳官能硅烷、硅氧烷及硅基改性有机聚合物。$Si(OMe)_4$ 及 $Si(OEt)_4$ 既是制取各类有机烷氧基硅烷的主要原料，也是制备聚硅酸酯、聚硅氧烷（提供 Q 硅氧链节）、高补强湿法白炭黑、石英玻璃及石英纤维等的重要原料，它们都是有机硅工业的重要中间体。鉴于合成 $Si(OR)_4$ 的技术难度较小，下面着重介绍 $HSi(OR)_3$ 的制法及分离。

#### 2.2.1.1 制法

（1）氯硅烷醇解法。由 $HSiCl_3$ 或 $SiCl_4$ 出发与 ROH（主要为 MeOH 及 EtOH）进行醇解（酯化）反应是合成烷氧基硅烷最常用的方法。例如，由 $HSiCl_3$ 或 $SiCl_4$ 与 MeOH 的反应可表示如下：

$$HSiCl_3 + 3MeOH \longrightarrow HSi(OMe)_3 + 3HCl$$

$$SiCl_4 + 4MeOH \longrightarrow Si(OMe)_4 + 4HCl$$

除主反应外，还有下列副反应：

$$MeOH + HCl \longrightarrow MeCl + H_2O$$

$$HSi(OMe)_3 + MeOH \longrightarrow Si(OMe)_4 + H_2\uparrow$$

$$HSi(OMe)_2Cl + MeOH \longrightarrow ClSi(OMe)_3 + H_2\uparrow$$

$$HSiCl_3 [或 HSi(OR)_3] + H_2O \longrightarrow 含氢聚硅酸烷基酯 + \begin{cases} HCl \\ ROH \end{cases}$$

$$SiCl_4 [或 Si(OR)_4] + H_2O \longrightarrow 聚硅酸烷基酯 + \begin{cases} HCl \\ ROH \end{cases}$$

据此，防止或减少副反应的发生，对提高 $HSi(OMe)_3$ 收率及原料利用至关重要。采取的方法包括分段控制反应温度、降低醇解温度、分步醇解、加入溶剂及鼓入氮气等，目的均是为了使 HCl 尽快离开反应体系，减少 HCl 与 MeOH 接触反应的概率。由于 $FeCl_3$ 对 MeOH 与 HCl 的反应有催化作用，故原料 $HSiCl_3$ 及 MeOH 中应防止铁杂质混入，醇解系统也不得使用铁质设备。

工业上实施醇解反应，过去多用釜式间歇法，现在则多在连续化塔式反应器中进行。采用双塔法合成烷氧基硅烷可获得更满意的反应效果。

在醇解法制得的烷氧基硅烷中，不可避免含有 HCl，少则百万分之几十，多则百万分之数千。后者对烷氧基硅烷的水解缩合反应影响极大，必须加以清除。使用的中和方法不适宜时，将导致烷氧基硅烷大量损失。一般情况下，除去 Si(OR)$_4$ 中的 HCl 比较容易，可以通过加入能与 HCl 反应的试剂，如 Na、NaOR、R$_3$N、(H$_2$N)$_2$CO、AgNO$_3$、金属（Ca、Mg、Zn 等）氧化物、氢氧化物及羧酸盐，甚至是 MeMgCl 等，均可使 Si(OR)$_3$ 中的 HCl 含量降至 $10 \times 10^{-6}$ 以下。但是，上述方法中，特别是强碱性试剂不适于中和 HSi(OMe)$_3$，它们在除去 HCl（中和）的同时，还将引起 Si—H 键断裂。为此，有人提出使用环氧化物。此外，使用 HC(OR)$_3$（R 为 Me、Et）作中和剂，不仅可作为未反应 Si—Cl 的烷氧基化试剂，而且中和生成的副产物沸点较低（如 MeCl 为 -23.8℃；EtCl 为 13℃），容易逸离反应体系，不致影响产物性能。

（2）直接合成法。1948 年，直接法合成有机氯硅烷的发明人 Rochow 提出了由低级脂肪醇与硅粉反应制取烷氧基硅烷的方法。但当时的反应效果较差，未引起人们的注意。随着市场对烷氧基硅烷需求量的增加，近 20 年来，人们对该法又产生浓厚兴趣。直接法合成烷氧基硅烷，是在 Cu 催化剂及高沸点有机介质作用下，由硅粉与甲醇或乙醇（还可用 PrOH 及 BuOH）反应而得到目的产物，其主反应及副反应式示意如下：

$$2Si + 7ROH \xrightarrow[250℃]{CuCl} HSi(OR)_3 + Si(OR)_4 + 3H_2$$

$$2Si + 7ROH \longrightarrow RSiH(OR)_2 + RSi(OR)_3 + 2H_2O + 3H_2$$

$$HSi(OR)_3 + ROH \longrightarrow Si(OR)_4 + H_2$$

$$2 \equiv SiOR + H_2 \longrightarrow 2 \equiv SiOH \xrightarrow{-H_2O} \equiv SiOSi \equiv$$

其中，制取 HSi(OMe)$_3$ 的难度更大，这是由于 HSi(OMe)$_3$ 不仅可与 MeOH 形成质量比为 52：48 及沸点为 58℃ 的共沸物，而且 HSi(OMe)$_3$ 很不稳定，即便在室温下也很容易与 MeOH 反应生成 Si(OMe)$_3$。因此，直接法合成烷氧基硅烷的技术核心，突出表现在反应中如何提高 HSi(OMe)$_4$ 的选择性，粗产物储存中如何稳定 HSi(OMe)$_3$ 以及如何有效分离 HSi(OMe)$_3$—MeOH 共沸物。影响直接法反应的因素比较复杂。催化体系（包括主催化剂及助催化剂）的组成及活化方法，高沸点有机介质的性质及用量，硅粉的反应活性及粒度分布，甲醇或乙醇的纯度及含水量，稳定剂的组成及用量，反应器结构及搅拌效率，反应温度、压力及停留时间等都对反应有不同程度的影响。

迄今为止，所述的直接法合成烷氧基硅烷，MeOH 及 Si—Cu 触体多在高沸点有机介质中接触反应，亦即在气-液-固三相条件下进行反应。虽然。近年来通过对催化体系、液体介质工艺流程及条件的改进，在提高 MeOH 转化率、硅粉利用率、反应选择性、触体产率、粗产物分离及稳定 $HSi(OMe)_3$ 等方面与已有了长足的进展；但是，此法仍然存在设备生产强度不高、MeOH 单程转化率偏低、工序多及成本较高等缺点。因此人们正致力于更深层次的改进，去掉有机介质。虽然，有机高沸点介质并不参与反应，但不可避免会带出反应器，从而增加分离负担；还有少部分发生裂解损耗，须经过滤精制才能回收再用，既增加了操作工时，又提高了生产成本。现已成功开发出一种不需使用有机介质的合成方法，即应用流化床作反应器，使 MeOH 及 Si-Cu 触体在气固相条件下直接接触反应，从而有效提高 $HSi(OMe)_3$ 的选择性。

（3）酯交换法。低级烷氧基硅烷 $H_nSi(OR)_{4-n}$ （式中，R 为 Me、Et；$n$ 为 0 或 1）可与较高级的一元醇、多元醇、聚二醇及苯酚等进行酯交换反应，生成相应的烷氧基硅烷或芳氧基硅烷。酯交换反应可被醇钠、钛酸酯、硫酸、三氟乙酸、胺类及季铵碱等所加速。例如，$HSi(OMe)_3$ 在加热下即可和 EtOH 发生酯交换反应得到 $HSi(OEt)_3$，副产的 MeOH 可加入苯进行共沸分馏而除去，并从最后一个馏分中获得纯度为 96.4%（质量分数）的 $HSi(OEt)_3$。

（4）烷氧基硅烷转化法。如同前述，$HSi(OR)_3$ 特别是 $HSi(OMe)_3$ 易与 MeOH 反应转变成稳定性较高的 $Si(OMe)_4$。使用催化剂可加快转化速率，并获得相当高的收率。例如，将 $MeOH—HSi(OMe)_3—Si(OMe)_4$ 混合物通入含有 CaO 及 MeOH 的反应管中反应，$HSi(OMe)_3$ 可全部转化成 $Si(OMe)_4$。若使用 Zn、ZnO、$Zn(OH)_2$、阴离子交换树脂或它们中的混合物作催化剂，则只需在 25℃ 下反应 20min，即可获得 99% 收率的 $Si(OMe)_4$。

（5）$HSi(NMe_2)_3$ 醇解法。$HSi(NMe_2)_3$ （可由 $HSiCl_3$ 与 $HNMe_2$ 反应而得）在惰性气氛及催化剂作用下，可与 EtOH 反应，得到 96%（质量分数）收率的 $HSi(OEt)_3$ 及 3%（质量分数）的 $Si(OEt)_4$。适用的催化剂有 $CO_2$、HCl、$AlCl_3$、AcOH、$Et_2N^+ H_2Et_2NCO_2^-$ 及 $Me_2N^+ H_2Me_2NCO_2^-$ 等。除 EtOH 外，i-PrOH、t-BuOH 及 $CH \equiv CCMe_2OH$ 等亦可用于反应。

（6）由 $SiO_2$ 出发制取。在加热、加压及碱金属氢氧化物作用下，$SiO_2$ 可和 ROH 发生如下式所示的反应。

$$SiO_2 + 4ROH \longrightarrow Si(OR)_4 + 2H_2O$$

当及时除去副产的水分时，即可得到近乎定量的 $Si(OR)_4$。

### 2.2.1.2 性质

一般情况下，Si—OC 键比 Si—C 键活泼得多，特别是当硅原子上连接 OMe 或 OEt 的时候。但当—SiOR 中的 R 具有庞大空间位阻时，则变得很不活泼，当 R 为芳基时，还具有良好的耐热性。下面主要讨论低级烷氧基硅烷的物理化学性质。

A 物理性质

$H_nSi(OR)_{4-n}$（$n=0$，1），特别是 $Si(OR)_4$ 的热稳定性较高，如 $Si(OEt)_4$ 可耐 $200\sim250℃$。但烷氧基硅烷的耐热性随 R 链增长及支化度增加而下降。当 R 为芳基时，耐热性提高。如 $Si(OPh)_4$ 在 $417\sim420℃$ 下分馏不分解。

表 2-1 为 $H_nSi(OR)_{4-n}$ 的主要物理常数。

**表 2-1  $H_nSi(OR)_{4-n}$ 的主要物理常数**

| 烷氧基硅烷 | 沸点/℃ | 熔点/℃ | 相对密度 | 折射率 | 黏度/mPa·s | 闪点/℃ | 偶极矩/D |
|---|---|---|---|---|---|---|---|
| $HSi(OMe)_3$ | 86~87(101.3kPa) | -114 | 0.860(20℃) | 1.3687(20℃) | | -9 | |
| $HSi(OEt)_3$ | 131.5(101.3kPa) | | 0.875(20℃) | 1.337(20℃) | $0.6mm^2/s$ | | 1.78 |
| $HSi(OPr)_3$ | 190~194(100kPa) | | 0.882(25℃) | | | | |
| $HSi(OBu-n)_3$ | 228~237(101.3kPa) | | 0.889(25℃) | | | | |
| $HSi(OBu-i)_3$ | 224~228(100kPa) | | 0.891(25℃) | | | | |
| $HSi(OBu-s)_3$ | 213~215(101.3kPa) | | 0.866(20℃) | 1.4054(20℃) | | | |
| $HSi(OPh)_3$ | 206~208(1.6kPa) | | 1.116(26℃) | 1.5336(20℃) | | | |
| $HSi(OSiMe_3)_3$ | 64(1.33kPa) | | 0.852(20℃) | 1.3865(20℃) | | | |
| $Si(OMe)_4$ | 121~122(101.3kPa) | 4~5 | 1.032(20℃) | 1.3688(20℃) | 0.5 | 20 | 1.71 |
| $Si(OEt)_4$ | 169.1(101.3kPa) | -85 | 0.934(20℃) | 1.3838(20℃) | 0.7 | 46 | 1.61 |
| $Si(OPr-i)_4$ | 186(101.3kPa) | -22 | 0.887(20℃) | 1.3845(20℃) | 1.2 | 60 | |
| $Si(OPr-n)_4$ | 225(101.3kPa) | <-80 | 0.916(20℃) | 1.4012(20℃) | 1.7 | 95 | 1.48 |
| $Si(OBu-n)_4$ | 115(0.4kPa) | <-80 | 0.899(20℃) | 1.4126(20℃) | 2.3 | 110 | 1.61 |
| $Si(OBu-s)_4$ | 87(0.27kPa) | | 0.855(20℃) | 1.4000(20℃) | 2.1(38℃) | 104 | |
| $Si(OCH_2CHEt_2)_4$ | 166~171(0.27kPa) | <-70 | 0.892(20℃) | 1.4309(20℃) | 4.4(38℃) | 116 | |
| $Si(OCH_2CHEtBu)_4$ | 194(0.13kPa) | <-80 | 0.880(20℃) | 1.4388(20℃) | 6.8(38℃) | 188 | |
| $Si(OPh)_4$ | 237(0.13kPa) | 48~49 | 1.141(60℃) | 1.554(60℃) | 6.5(55℃) | | |
| $Si(OSiMe_3)_4$ | 103~106(0.27kPa) | -60 | 0.8677(20℃) | 1.3895(20℃) | | | |

B 化学性质

（1）水解反应。$H_nSi(OR)_{4-n}$ 在一定条件下均可发生水解反应。

$$\equiv SiOR + H_2O \rightleftharpoons \equiv Si—OH + ROH$$

但是，Si—OR 键的水解活性比 Si—X（卤素）低得多。此外，烷氧基硅烷的结构及水解条件对水解反应也有很大影响。$Si(OR)_4$ 的水解活性随 OR 中 R 的碳原子数增加而下降。表 2-2 列出了 4 种 $Si(OR)_4$ 在酸性及 20℃ 下的水解速率常数。

表 2-2　Si(OR)$_4$ 在酸性水解速率常数（20℃）

| R | $k/L \cdot (mol \cdot s \cdot [H^+])^{-1}$ | R | $k/L \cdot (mol \cdot s \cdot [H^+])^{-1}$ |
|---|---|---|---|
| $C_2H_5$ | $5.1 \times 10^2$ | $C_6H_{13}$ | $0.8 \times 10^2$ |
| $C_4H_9$ | $1.9 \times 10^2$ | $(CH_3)_2CHC(CH_3)_2CH(CH_3)CH_2$ | $0.3 \times 10^2$ |

在 Si(OR)$_4$ 中，Si(OMe)$_4$ 最易水解，四芳氧基硅烷则具有水解稳定性，这与芳基位阻大及具有共轭效应有关。常用的 Si—OC 键水解反应催化剂有 HCl、H$_2$SO$_4$、MeC$_6$H$_4$SO$_3$H、AcOH、HNR$_2$、NaOR、Al$_2$O$_3$、ZnO 及 M(OH)$_n$（M 为金属；$n=1$，2）等。

（2）醇解（酯交换）反应。和水解反应一样，烷氧基硅烷与醇或酚的酯交换反应具有可逆性，反应式示意如下：

$$\equiv Si—OR + R'OH \Longleftrightarrow \equiv Si—OR' + ROH$$

一般情况下，是以较高级的醇或酚置换较低级的烷氧基。此时，只需不断蒸出副产的低级醇，酯交换反应即可顺利进行。若要使低级烷氧基置换高级烃氧基，则需使用过量的低级醇，加热回流，甚至加入催化剂，方能加速反应的进行。常用的催化剂有 MOH、MOR、MOSi$\equiv$（M 为碱金属），Al、Ti、Fe 等的烷氧化物或卤化物，胺、酰胺，各种酸（包括固体酸）等。催化活性顺序为：盐酸>醇钠>乙酸；AlCl$_3$>TiCl$_4$>SnCl$_4$>ZrCl$_4$≈BCl$_3$>BF$_3$>ZnCl$_2$>HgBr$_2$>GeCl$_4$>HgCl$_2$。此外，R 及 R' 的位阻较大，酯交换反应的活性越低。

（3）卤代反应。Si(OR)$_4$ 易与 HX、RCOCl、BX$_3$、PX$_3$ 及 PX$_5$ 等反应生成卤代硅烷，生成的 $\equiv$Si—Cl 还可进一步与 $\equiv$Si—OR 反应，生成硅氧烷及 RX。

一般情况下，Si(OR)$_4$ 与卤化试剂反应时，主要生成部分卤代的烷氧基硅烷。当加入 C$_5$H$_5$N、AlCl$_3$、FeCl$_3$、TiCl$_4$ 等作催化剂时，可加速上述反应进行，并获得较高收率的产物。

（4）与有机金属化合物反应。例如：

$$HSi(OR)_3 + nR'MgX \longrightarrow R'_n SiH(OR)_{3-n} + nMg(OR)X$$

$$Si(OEt)_4 + nRMgX \longrightarrow R_n Si(OEt)_{4-n} + nMg(OEt)X$$

$$Si(OEt)_4 + nRLi \longrightarrow R_n Si(OEt)_{4-n} + nLiOEt$$

$$Si(OEt)_4 + nRX + 2nNa \longrightarrow R_n Si(OEt)_{4-n} + nNaX + nNaOEt$$

对于同时含有 Si—OR 及 Si—X 键的硅烷，则 Si—X 键首先被置换；OR 中 R 的位阻越大，反应越难进行。

（5）与羧酸及羧酸酐的反应。Si(OR)$_4$ 与 RCOOH 可按两种方式进行反应，并主要生成部分置换的产物。

$$\equiv Si—OR + R'COOH \begin{cases} \longrightarrow \equiv SiOCOR' + ROH \\ \longrightarrow \equiv SiOSi\equiv R'COOR + H_2O \end{cases}$$

当 $Si(OEt)_4$ 与 $Ac_2O$ 反应时，主要得到部分置换的产物。

$$2Si(OEt)_4 + 3Ac_2O \longrightarrow AcOSi(OEt)_3 + (AcO)_2Si(OEt)_2 + 3AcOEt$$

$HClO_4$、$H_2SO_4$、$MeC_6H_4SO_3H$、$FeCl_3$ 等可加速上述反应。当由 $HSi(OEt)_3$ 出发与 $Ac_2O$ 作用时，Si—H 键也可参与反应。

（6）与金属及其氢化物反应。芳氧基硅烷可与金属钠反应生成二硅烷，而烷氧基硅烷需在加热下方能与金属钠反应生成 $\equiv$ Si—ONa。

金属氢化物如 $LiH$、$AlH_3$ 及 $LiAlH_4$ 等，可使 Si—OR 键还原成 Si—H。

（7）与其他硅官能硅烷反应。$Si(OR)_4$ 可与含 Si—OAc、Si—OH 及 Si—Cl 键的硅烷发生缩合反应，生成硅氧烷及相应的缩合产物。

（8）与碱金属氢氧化物反应。烷氧基硅烷在碱金属氢氧化物作用下，可生成硅醇的碱金属盐。

（9）与其他硅烷的再分配反应。烷氧基硅烷在加热或催化剂作用下，可以和含 Si—R 键、Si—H 键、Si—Cl 键及 Si—F 键的硅烷或硅氧烷发生基团再分配效应，该反应可以在分子间或分子内发生。

### 2.2.1.3　用途

（1）制取硅官能硅烷及碳官能硅烷。主要通过格利雅法、钠缩合法、有机锂法、加成法及再分配法制取。

（2）制取聚硅氧烷。$HSi(OR)_3$ 可为聚硅氧烷提供含 Si—H 键的三官能（T）硅氧链节，$Si(OR)_4$ 则可提供四官能（Q）硅氧链节，它们在制备高交联度立体结构的硅树脂有多方面的应用。例如，由 $Si(OMe)_4$ 或 $Si(OEt)_4$ 与 $MeSi(OMe)_3$ 等一起共水解缩合制成的透明增硬涂料，已广泛用作透明塑料制品的表面耐磨涂层、树脂改性剂、涂料改性剂、信息记录材料用改性剂、无机或金属表面改性剂等，可有效提高表面硬度及耐油性等。$Si(OR)_4$ 还是双组分室温硫化硅橡胶用量最大的交联剂。

（3）制取硅溶胶。$Si(OMe)_4$ 及 $Si(OEt)_4$ 用于制取硅溶胶，所得硅溶胶的凝胶化时间可通过碱催化剂加入量及温度来控制。这种活性溶胶可用作铸模、耐火材料及富锌涂料的黏合剂。

（4）保护涂层。将 $Si(OMe)_4$ 或 $Si(OEt)_4$ 涂在基材表面，经水解缩合成 $SiO_2$ 薄膜，可有效保护玻璃及陶瓷表面。具有提高力学及电气性能，防止不纯物扩散等作用。

（5）制取玻璃。由 $Si(OR)_4$ 出发，经过催化水解、凝胶化及高温处理制取玻璃的工艺，可使熔融温度由 2000℃ 降为 900℃，还能获得传统工艺无法制得的玻璃。

（6）制取 $SiO_2$ 纤维。以氧气作载气将 $Si(OEt)_4$ 导入 700℃ 下的石英板上，使之氧化分解生成纤维状 $SiO_2$。后者可用作橡胶及塑料的补强剂，还可用作高温绝缘材料、隔热材料及催化剂载体。

（7）特种液体介质。如 $Si(OCH_2CHEtC_4H_9)_4$、$Si(OC_9H_{19})_4$ 等具有优良的水解稳定性、凝固点低（-60℃以下）、沸点高（在 0.13kPa 下分别为 210～220℃ 及 230℃）、耐热性及润滑性能好等优点，可用做工作油、发动机润滑油、绝缘油、导热介质及扩散泵油等，可在广阔温度范围内使用。

（8）制取高补强湿法白炭黑。由 $Si(OMe)_4$ 出发与 $Me_3SiNHSiMe_3$ 共水解缩合制得的湿法白炭黑（WPH），可使硅橡胶的拉伸强度提高到 13.8MPa，达到气相高补强白炭黑的效果。

（9）氧化镁憎水防黏处理制剂。工业及民用的各类电热管，多由电阻丝及导热介质 MgO 制成。由于 MgO 容易吸潮而导致电器绝缘性能下降。如果使用 $Si(OEt)_4$ 乙醇水溶液、$MeSi(OEt)_2$ 及 $Mesi(OEt)_3$，处理 MgO 粉，则可在 MgO 表面上形成一层憎水防黏薄膜，从而有效提高电热管的性能及使用寿命。

### 2.2.2 有机烷氧基硅烷

有机烷氧基硅烷的通式为 $R_nSi(OR')_{4-n}$，式中，R 及 R′ 为相同或不同的有机基；$n$ 为 1～3。有机烷氧基硅烷是制备聚硅氧烷的重要中间体，它在有机硅工业中的重要性仅次于有机卤硅烷。如同相应的卤硅烷一样，$R_3SiOR'$ 可形成 M 硅氧链节，$R_2Si(OR')_2$ 则形成 D 硅氧链节，$RSi(OR')_3$ 形成 T 硅氧链节。

#### 2.2.2.1 制法

有机烷氧基硅烷的制法较多，下面侧重介绍有机氯硅烷醇解法、酯交换法、格利雅法、钠缩合法及直接法。

A 有机氯硅烷醇解法

$R_nSiCl_{4-n}$（R 为 Me、Et、Vi、Pr、Bu、Ph、⬡-、◯-）与 R′OH（R′ 为 Me、Et、$MeOC_2H_4$、Ph 等）进行醇解（即酯化）反应，是工业上合成有机烷氧基硅烷最重要的方法之一。其主反应通式及副反应式可表示如下：

$$\equiv SiCl + R'OH \longrightarrow \equiv'Si—OR' + HCl$$

$$R_nSi(OR)_{4-n} + H_2O \longrightarrow 聚硅氧烷 + ROH$$

$$R'OH + HCl \longrightarrow R'Cl + H_2O$$

有机氯硅烷醇解反应是可逆过程。使用过量的醇，有利平衡向形成 $\equiv Si—OR$ 的方向移动。及时从反应体系中去除副生的 HCl（通 $N_2$，加入溶剂加热回流，加入碱性化合物作 HCl 吸收剂等），也有利于正反应进行，从而防止或减少 R′OH 和 HCl 的反应发生。有机氯硅烷的醇解速率取决于亲核进攻速率。故硅原子上连接的电负性基团越多，醇解速率越快；有机氯硅烷及醇中的有机基位阻越大，反应速率越慢。加入碱性催化剂或 HCl 吸收剂可加速反应进行，常用的 HCl 吸收剂有 $C_5H_5N$、$PhNMe_2$、$NH_3$、$NR_3$（R 为 Me、Et 等）、RONa、$C_9H_7N$（喹啉）、$(H_2N)_2CO$、$HO(OR)_3$、Mg、金属氧化物、氢氧化物及其盐等。

有机氯硅烷醇解速度随硅原子上有机基及烷氧基数量的增加而降低，故反应速度按下列顺序递降：

$MeSiCl_3 > MeSi(OEt)Cl_2 > Me_2SiCl_2 > MeSi(OEt)_2Cl > Me_2Si(OEt)Cl > Me_3SiCl$

因而，最后一个 Si—Cl 的醇解反应较为困难，需要使用催化剂（如 RONa 等）或采取其他措施解决。此外，醇解的工艺条件对目的物收率也有明显的影响。

工业上，$R_nSiCl_{4-n}$ 的醇解反应，早期多在釜式反应器中进行，现多采用连续塔式反应器（包括单塔法及双塔法）。使用塔式反应器可大大强化汽提效果，加速 HCl 解吸、离开反应体系，甚至无需使用中和剂，即可获得中性、不含醇的烷氧基硅烷。

B　酯交换法

烷氧基硅烷与醇之间的交换反应为可逆平衡过程：

$$\equiv Si-OR + R'OH \rightleftharpoons Si-OR' + ROH$$

由低级烷氧基出发，在催化剂作用下与高级醇反应，可以获得部分置换的混合烷氧基硅烷或全置换的高级烷氧基硅烷。此法，已被广泛用于合成新型有机烷氧基硅烷。所用醇，除一元醇外，多元醇、聚二醇及苯酚等也可用于反应。酯交换反应，如不使用催化剂，反应速度很慢，若在酸、碱催化下，就可很快达到平衡。此外，及时除去副产物 ROH，也有利于平衡向右移动。由于低级醇易从反应体系中蒸出，故此法特别适用由 $\equiv$ SiOMe 或 $\equiv$ SiOEt 转化成较高级的烷氧基硅烷。例如，由 $MeSi(OEt)_3$ 出发与反式 $PrCH=CHCH_2OH$ 在通 $N_2$ 及 150 ~ 200℃下反应 12h，可以得到不同置换度的产物，包括 $MeSi(OCH_2CH=CHPr)_3$、$Me(OCH_2CH=CHPr)_2OEt$ 及 $MeSi(OCH_2CH=CHPr)(OEt)_2$。

当前，应用酯交换法可方便地制取硅烷偶联剂及烯烃聚合高效催化助剂有机烷氧基硅烷，特别是制取通式为 $RSi(OR')_\alpha(OR'')_{3-\alpha}$ 的硅烷。式中，R 为烷基、芳基、环烷基、链烯基等；R' 为 Me、Et；R'' 为 i—Pr、s—Bu、t—Bu、t—$C_5H_{11}$、$CH_2=CHCMe$、$EtOC_2H_4$、$Me_2C=CHCH_2$、$HC\equiv CCMe_2$、$MeOCH_2CHMe$、$MeOCH_2CHEt$ 等。

C　格利雅法

1938 年，安德里安诺夫首先提出由 $Si(OEt)_4$（原料兼溶剂）出发与 RMgX（R 为 i—Pr、i—Bu、i—Am）反应制取 $R_nSi(OEt)_{4-n}$ 的方法。$R_nSi(OR)_{4-n}$（R 为 Me、Et、Ph 等；n 为 0~3）进行格氏反应的活性不如氯硅烷，故很难制得全置换烃基硅烷，而且生产成本也较高。但其优点是可以不用溶剂，一步完成反应，得到腐蚀性小、水解稳定性较高、组分间沸点差距较大、易于分离纯化的产物。

Si—OR 键对 R'MgX 试剂的反应活性顺序为 MeO>EtO>n-PrO>n-BuO>i-BuO>t-BuO。但是 $R_nSi(OMe)_{4-n}$ 较少用于反应，这与 MeOH 对人体的毒害性有关。硅原子上连接的 R 基越大，反应也愈难进行。实践表明，加入碘、Cu、Ag、Mg、Al 的卤化物，Na、K、Mg、Zn、Cd、Cu 的硝酸盐，PhBr、PhNO₂ 或者是上次留下的反应物，均可活化反应，加快反应速度。对某些较难进行的反应，使用溶剂特别是混合溶剂将有利于目的产物收率的提高。

D 钠缩合法

由卤硅烷出发的沃尔茨-弗悌希反应很难控制取代度，而多以 SiR₄ 为最终产物。若由烷氧基硅烷出发反应，则容易制得有实用性的低取代度（n 为 1 或 2）目的物。而且有机烷氧基硅烷在工业上易得，反应速度适中，组分间沸点差距大，易于分离提纯，腐蚀性小。因此，钠缩合法合成有机烷氧基硅烷在我国获得了广泛的应用，其反应式表示如下：

$$R_nSi(OR')_{4-n} + R''Cl + 2Na \longrightarrow R_nR''Si(OR')_{3-n} + NaCl + NaOR'$$

式中，R，R″为相同或不相同的烷基、链烯基、芳基等；R′为 Me、Et 等；n 为 1，2。

E 直接法

直接法在 20 世纪 90 年代，在合成有机氯硅烷及烷氧基硅烷取得巨大成效的基础上，在合成有机烷氧基硅烷方面又取得可喜的进展，它推动有机硅工业进入新的发展纪元。直接法合成有机烷氧基硅烷，是在加热及铜催化剂作用下，使 ROH、RCl 及其他烷氧基化试剂直接与硅粉反应而获得目的物。

2.2.2.2 性质

A 物理性质

有机烷氧基硅烷具有较高的热稳定性；但结构不同，差别很大。当 $R_nSi(OR')_{4-n}$ 中 R 及 R′为 $C_1 \sim C_6$ 的烷基时，一般说在 200~250℃下稳定。有机烷氧基硅烷的热稳定性随烷氧基中烷基的长度及歧化度的增加而降低。当 R 为 Ph 时，热稳定性明显提高。因而，芳基芳氧基硅烷具有更高的耐热性，可耐 300~450℃。烷氧基硅烷在碱金属及其氢氧化物、ZnCl₂ 或硅酸盐存在下，热稳定性显著下降，不仅 Si—O 键断开，Si—R 键也可同时断裂，例如：

$$PhSi(OEt)_3 \xrightarrow{EtONa} C_6H_6 + Si(OEt)_4 + Ph_2Si(OEt)_2 + Ph_3SiOEt + SiPh_4$$

$$RSi(OEt)_3 \xrightarrow[150℃]{EtONa} Si(OEt)_4 + R_2Si(OEt)_2 \quad (R \text{ 为 } CH_3CH=CH、CH_3CH=CHCH_2)$$

当 R 为 Me 时，其热稳定性介于其他烷基及芳基之间。表 2-3 列出部分有机烷氧基硅烷的物理常数。

表 2-3　部分有机烷氧基硅烷的物理常数

| 有机烷氧基硅烷 | 沸点（压力条件/kPa）/℃ | 相对密度（温度/℃） | 折射率（温度/℃） |
|---|---|---|---|
| EtSi(OMe)₃ | 124.3（101.3） | 0.9488（20） | 1.3838（20） |
| Pr₃SiOMe | 63（0.53） | 0.8126（20） | 1.4276（20） |
| Pr₂Si(OMe)₂ | 169.3（101.3） | 0.8764（20） | 1.4088（20） |
| Bu₂Si(OMe)₂ | 205.4（101.3） | 0.8731（20） | 1.4184（20） |
| BuSi(OMe)₃ | 164~165（101.3） | 0.9312（20） | 1.3979（20） |
| i-BuSi(OMe)₃ | 154~157（101.3） | 0.9330（20） | 1.3960（20） |
| Ph₂Si(OMe)₂ | 286（101.3） | 1.0771（20） | 1.5447（20） |
| PhSi(OMe)₃ | 211（101.3） | 1.0641（20） | 1.4733（20） |
| C₆H₁₃Si(OMe)₃ | 202~203（101.3） | — | — |
| C₆H₄CH₂CH₂Si(OMe)₃ | 95~96（0.27） | — | — |
| MeEtSi(OMe)₂ | 105.5（100） | 0.8731（20） | 1.3854（20） |
| MeC₈H₁₇Si(OMe)₂ | 107~108（1.33） | — | — |
| Me₃SiOEt | 76（101.3） | 0.755（25） | 1.3737（25） |
| MeSi(OEt)₃ | 143.0~143.5（101.3） | 0.899（25） | 1.3844（25） |
| Et₃SiOEt | 154~155（101.3） | 0.8160（20） | — |
| Et₂Si(OEt)₂ | 155.5 | 0.875（20） | 1.4986（20） |
| EtSi(OEt)₃ | 158~160（101.3） | 0.928（22） | 1.3853（22） |
| EtSiH(OEt)₂ | 94~95（101.3） | 0.829（20） | 1.3275（20） |

**B　化学性质**

有机烷氧基硅烷的化学性质，包括卤代反应、酯交换反应、水解反应、与金属及金属氢化物的反应、与羧酸及羧酸酯的反应、与金属有机化合物的反应、与其他硅官能硅烷的反应、与碱金属氢氧化物的反应以及再分配反应等，均与烷氧基硅烷的性质相似，因此本节不再赘述。

**2.2.2.3　用途**

（1）制取其他硅官能硅烷。由 $R_nSi(OR')_{4-n}$（$n$ 为 1~3）出发，通过格利雅法、钠缩合法及再分配法等，可以制得烃基化程度更高、带有混合烃基以及生产上需要的烷氧基硅烷。

（2）制备聚硅氧烷。有机烷氧基硅烷是制备硅油、硅橡胶及硅树脂等的重要中间体之一，其用量仅次于有机氯硅烷。相应用途可用反应式示意如下（R 为 Me、Ph；R′为 Me、Et）：

$$2R_3SiOR' + H_2O \xrightarrow{-2R'OH} 2R_3SiOH \xrightarrow{-H_2O} R_3SiOSiR_3$$

$$nR_2Si(OR')_2 + nH_2O \xrightarrow{-2nR'OH} [nR_2Si(OH)_2] \begin{array}{l} \xrightarrow{-H_2O} HO(R_2SiO)_nH + H_2O \\ \xrightarrow{-nH_2O} (R_2SiO)_n + H_2O \end{array}$$

$$nR_2Si(OR')_2 + 2R_3SiOR' \xrightarrow[\text{②}-H_2O]{\text{①}H_2O} R_3SiO(R_2SiO)_nSiR_3$$

$$RSi(OR')_3 \xrightarrow[\text{②}-H_2O]{\text{①}H_2O} 高度交联硅树脂或梯形硅树脂$$

$$RSi(OR')_3 + R_2Si(OR')_2 \xrightarrow[\text{②}-H_2O]{\text{①}H_2O} 柔性硅树脂$$

（3）制备耐磨增硬涂层。由 $MeSi(OMe)_3$ 或 $MeSi(OEt)_3$ 通过水解缩合制得的透明涂料，广泛用作塑料制品如阳光板、眼镜片、量镜及汽车尾灯等的表面增硬、耐磨及耐溶剂涂层；在聚氨酯、丙烯酸树脂、聚酯及酚醛树脂中，加入有机烷氧基硅烷或由其制成的预聚物，同改进耐热性、耐寒性、耐水性、防带电性及加工性，甚至可以实现室温下固化，用作静电复印增色剂、照相胶片、磁带改性剂。

（4）$MeSi(OMe)_3$ 或 $MeSi(OEt)_3$。是脱醇型单组分室温硫化硅橡胶及羟基硅油乳液织物整理剂的重要交联剂。由其出发，还可制成其他类型的交联剂。

（5）合成带位阻烃基的烷氧基硅烷。由 $RSi(OMe)_3$（R 为 Me、Pr、$C_5H_{11}$、Ph 等）出发，通过格利雅法、钠缩合法及酯交换法等制成 $Ph_2Si(OMe)_2$、$MeSi(OMe)_2$、$n\text{-}Pr_2Si(OMe)_2$、$C_5H_{11}Si(OC_2H_4OMe)_n(OMe)_{3-n}$ 等带位阻烃基的烷氧基硅烷，它们可用作烯烃聚合催化剂的重要助剂，从而有效提高聚合收率、反应选择性及产品性能。

（6）用作特种介质及树脂改性剂。$MeSi(OC_8H_{17}OC_8H_{17-s})_3$ 及 $MeSi(OPh)_3$ 具有优良的水解稳定性，适合用作热载体工作油及润滑油。$MeSi(OPh)_3$ 还可用作苯酚树脂改性剂及杀菌剂等。

（7）长链烷基烷氧基硅烷 $C_nH_{2n+1}SiOR_3(n \geq 3)$ 适合用作无机填料表面处理剂（憎水、防黏）、涂料改性剂。由其制成的共聚硅油还可用作工作油及润滑油等。

（8）用于制取杂氮硅三环。由 $RSi(OR')_3$ 出发与 $N(CH_2CH_2ON)_3$ 反应制成的杂氮硅三环，通过改变 R 的结构可获得不同性能的生理活性化合物，有的可用作杀鼠药，有的能促进伤口愈合及头发生长，有的还能提高母鸡的产蛋率。

## 2.2.3 有机氢硅烷

有机氢硅烷主要可分为两类：其一，是硅原子上仅连有烃基及氢原子的硅烷，其通式为：$R_nSiH_{4-n}$（n 为 1~3）；其二，是硅原子上同时连有卤素或烷氧基等官能团的硅烷，其通式为：$R_nH_mSiX_{3-(n+m)}$，式中，R 为烷基、芳基；X 为卤素、烷氧基、酰氧基等；$n$、$m$ 为 1，2；$(n+m)$ 为 2 或 3。工业实践上广泛应用的主要是后一类有机氢硅烷。含 Si—Cl、Si—OR 或 Si—OAc 键的有机氢硅烷既是制备含氢硅油、加成型硅橡胶及硅树脂等的主要原料，还可通过氢硅化加成反应合成一系列重要的碳官能硅烷。此外，它们在有机合成中还广泛用作还原剂。

### 2.2.3.1 制法

#### A 直接制法

1941 年，罗乔（E. G. Rochow）首先提出了直接法合成有机氯硅烷。直接法是在加热及铜催化剂作用下，由卤代烃与元素硅直接反应合成有机氯硅烷。在直接法合成甲基氯硅烷的产物中，$MeSiHCl_2$ 及 $Me_2SiHCl$ 的含量合计只有 3%~5%（质量分数），其中 $Me_2SiHCl$ 仅占 0.5%（质量分数）左右。因此，提高直接法产物中 $MeSiHCl_2$ 及 $Me_2SiHCl$ 的含量，成为人们致力解决的目标之一。

1967 年，北京化工研究院开展了直接合成提高 $MeSiHCl_2$ 含量的研究。具体方法是在 Si—CuCl 触体中加入 Ag 粉作助催化剂，同时在 MeCl 中掺入 HCl 作氢源，最终使合成产物中的 $MeSiHCl_2$ 提高达 30%~40%（质量分数），但 $MeSiCl_3$ 也成倍增加。孙宇等在 Si—CuCl—Zn 触体中，通过加入 Ni 作助催化剂，促进 MeCl 部分分解成 HCl，从而使 $MeSiHCl_2$ 在产物中的含量提高到 13%~17%（质量分数）。

提高合成产物中 $MeSiHCl_2$ 及 $Me_2SiHCl$ 的含量固然重要，有效分离并纯化 $MeSiHCl_2$ 及 $Me_2SiHCl$ 同样重要。特别是分离出含量少而价值高的 $Me_2SiHCl$ 尤为困难与重要。在研究 $Me_2SiHCl$ 的分离纯化方法中，有研究表明，在截取的 33~37℃馏分中，加入少许 $H_2PtCl_6$，再行分馏，可得到沸点为 35~36℃的 $Me_2SiHCl$，收率达 79%~85%，纯度可达到 97%（质量分数）以上。

#### B 高沸物裂解法

在直接法合成甲基氯硅烷的产物中，高沸点化合物约占 5%（质量分数）。其中，主要为含≡Si—S≡、≡Si—CH₂—Si≡及≡SiOSi≡键的化合物。前两者在催化剂及 HCl、$H_2$ 或 $Cl_2$ 的作用下，可裂解成富含 $MeSiHCl_2$ 及 $Me_2SiHCl$ 的甲基氯硅烷。例如，有人以沸点为 120~170℃的二硅烷为原料，加入 $(EtHN)_2C$ =O 或 $(Mo_2N)_3P$ =O 作催化剂，在 120~160℃下通入 HCl 将二硅烷裂解成单硅烷，产物中含 $MeSiHCl_2$ 36.3%（质量分数）。若改用 $Bu_3N$ 作催化剂，则裂解产物中可含有 45%的 $MeSiHCl_2$（质量分数）。

#### C 再分配法

有机氯硅烷、烷氧基硅烷及氢硅烷在催化剂作用下，连接于硅原子上的 Cl、R、OR 及 H 可以相互交换（再分配反应），从而生成不同于原料的硅烷。因而，由氢硅烷出发，通过再分配反应制取实用性的有机氢氯硅烷等单体是比较方便有效的。例如，由 $MeSiH_2Cl$ 及 $Me_3SiCl$ 出发，在 $AlCl_3$ 催化下进行再分配反应，可获得 $Me_2SiHCl$。而由 $Me_2SiH_2$ 与 $Me_2SiCl_2$ 出发，在 $AlCl_3$ 催化及减压下，可实现低温（33℃）下再分配反应，并获得 100%（质量分数）的转化率，$MeSiHCl$ 的选择性可高达 9%（质量分数）。

D 氯硅烷或烷氧基硅烷还原法

$R_nSiX_{4-n}$（X 为卤素或烷氧基；$n$ 为 1~3）中的 Si—X 键易被强还原剂所还原，获得收率较高的 $R_nH_mSiX_{4-(n+m)}$。常用的还原剂有 $LiAlH_4$、$LiH$、$NaH$、$CaH_2$、$MgH_2$、$LiBH_4$、$NaAlH_4$、$NaBH_4$、$Al(BH_4)_3$ 及 $R_2AlH$ 等。有机氯硅烷及有机烷氧基硅烷的还原反应式如下：

$$\equiv SiCl（或\equiv SiOR）+MH \longrightarrow \equiv SiH+HCl（或 MOR）$$

式中，M 表示金属元素。

当有机氯硅烷中有机取代基数目越多及位阻越大时，Si—C 键越难被还原。当使用强还原剂如 $LiAlH$、$LiBH_4$、$NaAlH_4$、$NaBH_4$ 及 $AlH_3$—$Et_3N$ 等时，可不用催化剂而在低于 50℃ 下完成还原反应；若使用还原性稍弱的 LiH 进行还原，则需在较高温度（约 100℃ 下）及极性溶剂中进行反应；若使用还原性更弱的还原剂，则需在催化剂作用下方能顺利完成还原反应。已知 $H_2$ 的还原能力较弱，故需在高温及 Al、Zn、Cu、Ni 等催化下才能将 Si—Cl 键还原成 Si—H 键。由于还原法适应性广，且收率可观，因而在制取有机氢氯硅烷方面已受到人们青睐。

E 格利雅法

含 Si—H 键的氯硅烷或烷氧基硅烷，在使用格利雅法烃基化时，Si—H 键可以保持不变，最终得到有机氢氯（或烷氧基）硅烷。例如，由 HSiCl 与 PhMgBr 反应制取 $PhSiHCl_2$：

$$HSiCl_3+PhMgBr \longrightarrow PhSiHCl_2+MgBrCl$$

再如，由 $MeSiHCl_2$ 出发，在 CuBr 催化下与 t-BuMgCl—THF 溶液反应，可得到收率 74%（质量分数）的 Me(t-Bu)SiHCl；如果从 $HSiCl_2$ 出发，先与 MeMgCl 反应制成 $Me_2SiH_2$，后者在 $AlCl_3$ 催化下再与 $Me_2SiCl_2$ 进行再分配反应，则可得到收率达 84%（质量分数）的 $Me_2SiHCl$。依同理，由 $H_2SiCl_2$ 与 t-BuMgCl 反应可制得 $t-BuSiH_2Cl$。

#### 2.2.3.2 性质

A 物理性质

由于 Si 的电负性比 H 小，而 C 的电负性比 H 大，故 Si—H 键的极性及方向性与 C—H 键不同。Si、H 的电负性差值与 C、Br 的电负性差值均为 +0.3，故 Si—H 键与 C—Br 键的极性相近。但 Si—H 键区别于 M（碱金属）—H，后者为离子键，前者主要为共价键。Si—H 键键能为 354.7kJ/mol，键折射为 3.2，特征振动频率为 2100~2300cm$^{-1}$，与 C—H 键相比均有较大的差异。

最简单的无机硅氢化物 $SiH_4$ 在 380℃下开始分解，多硅烷的热稳定性随硅链增长而下降，$Et_nSiH_{4-n}$ 在 440℃下开始分解。由于 Si 原子可利用 3$d$ 轨道与供电子元素形成新键，故氢硅烷易与胺、尿素及四氢呋喃等形成配合物。某些有机氢（氯或烷氧基）硅烷的物理常数见表 2-4。

表 2-4  有机氢硅烷的物理常数

| 氢硅烷 | 熔点/℃ | 沸点（压力条件/kPa）/℃ | 相对密度（温度/℃） | 折射率（温度/℃） |
|---|---|---|---|---|
| $Me_3SiH$ | −135.9 | 6.7（101.3） | 0.6375（6.7） | — |
| $Me_2SiH_2$ | −150.2 | −19.6（101.3） | 0.6377（−19.6） | — |
| $MeSiH_3$ | −156.8 | −57.5（101.3） | 0.6277（−57.5） | — |
| $MeSiHCl_2$ | −90.6 | 40.4（101.3） | 1.1047（20） | 1.4222（20） |
| $MeSiH_2Cl$ | −134.1 | 7~8（101.3） | 0.935（−80） | — |
| $Me_2SiHCl$ | −111 | 36（101.3） | 0.868（20） | 1.3827（20） |
| $Et_3SiH$ | −156.9 | 108.8（101.3） | 0.7318（20） | 1.4119（20） |
| $Et_2SiH_2$ | −134.4 | 59.0（101.3） | 0.6832（20） | 1.3920（20） |
| $EtSiH_3$ | −179.7 | −13.7（101.3） | 0.6396（−14） | — |
| $EtSiHCl_2$ | −107 | 74.9（101.3） | 1.0926（20） | 1.4148（20） |
| $EtSiH_2Cl$ | — | 42（99.9） | 0.8887（20） | 1.3960（20） |
| $Et_2SiHCl$ | −143 | 99.7（101.3） | 0.8895（20） | 1.4133（20） |
| $ViSiH_3$ | −172~−179 | −22.8（101.3） | 0.666（−23） | — |
| $Vi_3SiH$ | — | 92.5（101.3） | 0.7725（25） | 1.4498（25） |
| $ViSiHCl_2$ | — | 65.2（99.5） | 1.2114（20） | 1.4254（20） |
| $CH_2=CHCH_2SiHCl_2$ | — | 97（101.3） | 1.086（27） | — |

B 化学性质

在有机氢氯（或烷氧基）硅烷中，硅原子上同时连有两个性质不同的官能团，即 H 与 Cl（或 OR）。有关 Si-Cl 及 Si-OR 键的化学性质前面已介绍，本节将重点介绍 Si—H 键的化学性质。

(1) 氢硅化（又称硅氢化）反应。1947 年，Sommer 首先发现 $HSiCl_3$ 在过氧化物引下，可与 1-辛烯加成，生成 Si—C 键结合的 $C_6H_{13}CH_2CH_2SiCl_3$。之后，便将 Si—H 键与不饱和烃基及羰基的加成反应称为氢硅化反应。反应式如下：

$$\equiv SiH+CH_2=CHR \xrightarrow{\text{催化剂}} \equiv SiCH_2CH_2R$$

氢硅化反应在室温下不易进行，即使借助催化剂，有时还需加热方能顺利进行。而铂类催化剂，特别是 $H_2PCl·6H_2O$ 是应用最广的催化剂，为了提高催化剂对反应体系的相容性，达到缩短诱导期，避免或减少副反应及提高 β-加成产物的目的，常将 $H_2PtCl_6 \cdot 6H_2O$ 事先与 i-PrOH、四氢呋喃以及含链烯基的硅氧烷作用，成为铂的配合物，并将四价铂还原成二价铂及零价铂。起催化作用的主要是低价铂，第八族过渡元素中的 Pd、Rh、Ni 等及其化合物对加成反应也很有效。此外，UV、γ 射线、过氧化物及有机碱等也有不同程度的催化作用。

硅烷结构（诱导效应、共轭效应、立体效应等）对氢硅化反应有明显作用，如在 $H_2PtCl_6$ 催化下，对 1-庚烯的加成反应速度，随 Si—H 键中 H 的电子云密度变大而降低，其顺序为：$HSiCl_3 > EtSiHCl_2 > Et_3SiH > EgSiH$；$HSiCl_3 > HSi(OEt)_3 > HSiEt_3$；对乙烯基硅烷的加成反应速度则顺序为：$HSiCl_3 > MeSiHCl_2 > Me_2SiHCl > Et_3SiH$；对含 Si—H 键的环状有机硅化合物与 $CH_2 =CMeC_6H_5$ 的加成反应速度顺序为：$(MeHSiO)_4 > (EtHSiO)_4 > (MeHSiNH)_4 > (EtHSiNH)_4 > (EtHSiS)_3$。

不饱和化合物结构对加成反应同样也有影响。一般说，在 $H_2PtCl_6$ 作用下，$CH_2 =CH—$ 或 $HC \equiv C—$ 的加成反应速度随重键上电子云密度增加而提高，并随位阻增加而降低。故 $Me_2SiHCl$ 与硅原子上的不饱和基团的反应速度顺序为：$HC \equiv C—>CH_2 =CH—>CH_2 =CHCH_2—>CH =CMeCH_2—$。

氢硅化反应一般无需使用溶剂，但溶剂有时可改变反应方向及收率。常用的溶剂有己烷、苯、甲苯、丙酮及三氯乙烯等。

常见的氢硅化反应如下：

1) α-烯烃的氢硅化反应。包括乙烯、双烯及环烯烃等均可进行加成反应，例如：

$$MeSiHCl_2 + C_6H_{13}CH =CH_2 \xrightarrow{Pt(PPh)_4} C_8H_{17}SiMeCl_2$$

2) 带极性取代基烯烃的氢硅化反应。

3) 与炔烃的氢硅化反应。当 $HC \equiv CH$ 进行氢硅化反应时，依据所用试剂及工艺条件，可以生成单加成产物及双加成产物。

4) 羰基的氢硅化反应。醛、酮中的 C =O 羰基在 Pt、Rh、Ru 的配合物，$ZnCl_2$、$GaCl_2$、$InCl_2$、$CsCl$ 等的催化下，可与 Si—H 键进行氢硅化反应，生成相应的烷氧基硅烷。

(2) 热缩合反应。Si—H 键与烃类或其氯代衍生物的热缩合反应。

1) 与氯代链烯烃的气相缩合反应，例如：

$$MeSiHCl_2 + ViCl \xrightarrow{500\sim600℃} MeViSiCl_2 + HCl$$

$$MeSiHCl_2 + Cl_2C =CHCl \xrightarrow{500\sim600℃} Me(Cl_2C =CH)SiCl_2 + HCl$$

2) 与芳烃或氯代芳烃的液相非催化缩合反应，例如：

$$MeSiHCl_2 + PhCl \xrightarrow{360℃} MePhSiCl_2 + HCl$$

3) 与芳烃或氯代芳烃的液相催化缩合反应，例如：

$$MeSiHCl_2 + C_6H_6 \xrightarrow[250\sim300℃]{H_3BO_3} MePhSiCl_2 + H_2$$

4）与氯代芳烃的气相缩合反应，例如：

$$MeSiHCl_2 + PhCl \xrightarrow{620\sim680℃} MePhSiCl_2 + HCl$$

5）与脂烃的气相缩合反应，例如：

$$MeSiHCl_2 + H_2C =\!\!= CH_2 \xrightarrow{600℃} MeViSiCl_2 + HCl$$

（3）卤代反应。Si—H 键可被卤代成 Si—X，所用卤化剂可以是卤素，也可以是卤化物。

1）卤素直接卤化法。氢硅烷与卤素的反应非常剧烈。在气态下反应很难控制，而多以 $CCl_4$ 为溶剂在低湿下进行反应。例如：

$$R_3SiH + Cl_2 \xrightarrow[-20℃]{CCl_4} R_3SiCl + HCl$$

2）卤化物卤化。Si—H 可被 RCl、RCOCl、$PCl_5$、$HgCl_2$ 等所卤化，例如：

$$PhH_3 + HCl \xrightarrow{HgCl_2} PhSiH_2Cl + H_2$$

（4）氧化反应（还原作用）。$Si_nH_{2n+2}$（$n\geqslant1$）可在空气中自燃，反应式如下：

$$nSiH_4 + n/_2O_2 \longrightarrow [H_2SiO]_n + nH_2$$

硅烷分子中引入的有机基或卤素越多，抑制自燃的倾向越强。$MeSiHCl_2$ 中的 Si—H 已不易与空气中的氧作用。由于 Si—H 键在较高温度下易被氧化，故它可用作还原剂。例如，氢硅烷在高温及铜盐/胺作用下，可转化成 Si—OH 及 Si—O—Si 键。$HSiCl_3$ 室温下可还原 $NO_2$ 及 $SO_3$，而在加热下可还原 $Cr_2O_3$、$SO_2$、$As_2O_3$ 及 $Sb_2O_3$；发烟硫酸可被氢硅烷还原成 $SO_2$；在加热及 $Bu_2Sn$（$OCOC_{11}H_{23}$）$_2$ 作用下，含氢硅氧烷可将酮还原成醇，将 $NO_2$ 还原成 $NH_2$。

（5）水解、醇解及酸解反应。在无催化剂条件下，SiH 键不易和水、醇、酸反应。酸、碱可催化 Si—H 的水解反应，且碱的作用比酸强得多。氢硅烷水解先生成硅醇，继而缩合成硅氧烷。氢硅烷在催化剂作用下可与醇、酚、酸反应，生成烃氧基硅烷或酰氧基硅烷，常用的催化剂有 MOH、MOR、$MO_x$（M 为碱金属）；有机碱，Zn、Al、B、Sn、Cr、Co、Pt、Pd 的卤化物以及 Ni、Fe、Cu、Co、Pd、Pt 等。

（6）与碱金属及其烷基化合物的反应。氢硅烷与碱金属在溶剂存在下易反应生成硅基金属化合物。

由于 Si—X 及 Si—OR 键的反应活性高于 Si—H 键，故使用含 Si—X 或 Si—OR 键的氢硅烷出发反应时，Si—H 键可依反应条件参与或不参与反应。由 Na 出发反应，同样也可依条件保留 Si—H 或参与反应。

### 2.2.3.3  用途

工业上应用价值较大的氢硅烷，大都同时含有 Si—X（卤素）键或 Si—OR

键，这里侧重讨论 Si—H 的应用。

（1）制取碳官能硅烷等。利用 Si—H 键与 C—C 重键的加成反应，可以方便地制得碳官能硅烷或长链烷基硅烷等，例如：

$$RSiHCl_2 + HC \equiv CH \xrightarrow{Pt} RViSiCl_2$$

$$RSiHCl_2 + CH_2 = CHCH_2Cl \xrightarrow{Pt} R(ClC_3H_6)SiCl_2$$

$$RSiHCl_2 + CH_2 = CHCH_2NH_2 \xrightarrow{Pt} R(H_2NC_3H_6)SiCl_2$$

$$RSiHCl_2 + CH_2 = CHCH_2OCOCMe = CH_2 \xrightarrow{Pt} R(CH_2 = CMeCOOC_3H_6)SiCl_2$$

$$RSiHCl_2 + C_6H_{13}CH = CH_2 \xrightarrow{Pt} R(C_8H_{17})SiCl_2$$

式中，R 为 Me、Et、Ph、$C_3H_6$、$C_6H_{11}$ 等。

（2）制取混合烃基硅烷。利用 Si—H 与烃或卤代烃的缩合反应，可制得一系列混合烃基硅烷，反应如下：

$$RSiHCl_2 + ViCl \xrightarrow{580\sim590℃} RViSiCl_2 + HCl$$

$$RSiHCl_2 + CH_2 = CHCH_2Cl \longrightarrow R(CH_2 = CHCH_2)SiCl_2 + HCl$$

$$RSiHCl_2 + PhCl \longrightarrow RPhSiCl_2 + HCl$$

$$RSiHCl_2 + C_6H_6 \xrightarrow[hv]{催化剂} RPhSiCl_2 + HCl$$

（3）制取其他有机氢（氯）硅烷。通过格利雅法或再分配法，可制得其他实用的硅烷，如：

$$2MeSiHCl_2 + 3PhMgCl \longrightarrow MePhSiHCl + MePh_2SiH + 3MgCl_2$$

$$2EtSiHCl_2 \xrightarrow{AlCl_3} EtSiH_2Cl + EtSiCl_3$$

$$4PhSiHCl_2 \xrightarrow{AlCl_3} Ph_2SiCl_2 + PhSiCl_3 + PhSiH_2Cl + H_2SiCl_2$$

（4）用作还原剂氢硅烷。可用作还原剂的氢硅烷见表 2-5。

表 2-5　氢硅烷还原剂

| 反　应 | 适用还原剂 | 反　应 | 适用还原剂 |
|---|---|---|---|
| $\diagup C = C \diagdown \longrightarrow \diagup CH — CH \diagdown$ | $Et_3SiH$，$Ph_2SiH_2$ | $(RCO)_2O \longrightarrow RCH_3$ | $HSiCl_3$ |
| $\diagup C = O \longrightarrow \diagup CH_2$，$\diagup CHOH$，$\equiv COR$ | $Et_3SiH$，$HSiCl_3$ | $RCOCl \longrightarrow RCO$ | $HSiCl_3$ |
| | | $RCOOR' \longrightarrow RCH_2OR'$ | $Et_3SiH$，$HSiCl_3$ |
| $ROH \longrightarrow RH$ | $Ph_3SiH$ | $—CN \longrightarrow —CHO$ | $Et_3SiH$ |
| $—COOH \longrightarrow —CH_3$ | $HSiCl_3$ | $\equiv P = O \longrightarrow \diagup PH$ | $PhSiH_3$，$HSiCl_3$ |

（5）制取含氢硅氧烷：

$$2Me_2SiHCl \xrightarrow{2H_2O} 2Me_2SiH(OH) \xrightarrow{H_2O} HMe_2SiOSiMe_2H$$

$$MeSiHCl_2 \overset{①H_2O}{\underset{②-H_2O}{\nearrow}} \begin{array}{l} HO(MeHSiO)_nH \\ (MeHSiO)_n \end{array}$$

$$2Me_2SiHCl+nMe_2SiCl_2 \xrightarrow[②-H_2O]{①H_2O} HMe_2SiO(Me_2SiO)_nSiMe_2H$$

$$2Me_3SiHCl+mMeSiHCl_2+nMe_2SiCl_2 \xrightarrow[②-H_2O]{①H_2O} Me_3SiO(MeHSiO)_m(Me_2SiO)_nSiMe_3$$

（6）用作加成型硅橡胶的交联剂及加成型硅树脂的固化交联剂。

### 2.2.4　有机硅醇及硅醇盐

有机硅醇的通式为 $R_nSi(OH)_{4-n}$。式中，R 为一价烃基，$n$ 为 1~3。由于 Si—OH 极易脱水缩合成硅氧烷，而且随着硅原子上羟基数量的增加而加快，故三硅醇仅在空间位阻较大的硅烷中才能存在，如 $PhSi(OH)_3$，$2,4-Cl_2C_6H_3Si(OH)_3$ 等。含 Si—OH 键的聚硅氧烷称为硅氧烷醇，本节只重点阐述有机硅醇单体。硅醇盐是由硅醇与碱金属或碱金属氢氧化物反应得到的产物，通式为 $R_nSi(OM)_{4-n}$，M 为 Li、Na、K 等。

#### 2.2.4.1　制法

A　有机硅醇

有机硅醇，主要通过有机硅官能硅烷水解而得，并以有机氯硅烷水解最为重要。

（1）有机氯硅烷水解。有机氯硅烷极易与水反应，生成相应的有机硅醇并副生 HCl。

$$R_nSiCl_{4-n}+(4-n)H_2O \longrightarrow R_nSi(OH)_{4-n}+(4-n)HCl$$

由于 HCl 具有强烈促进硅醇脱水缩合的作用，故低级烷基氯硅烷的水解产物很难获得单体状的硅醇，而是它们的缩合物—聚硅氧烷：

$$R_3SiOH+HOSiR_3 \longrightarrow R_3SiOSiR_3+H_2O$$

$$2nR_2Si(OH)_2 \xrightarrow{H^+} HO(R_2SiO)_nH+(R_2SiO)_n+(2n-1)H_2O$$

碱同样可促进硅醇的缩合反应。

（2）其他硅官能硅烷水解法。为了提高有机硅醇收率，可将有机氯硅烷转化成相应的烷氧基、酰氧基、酰氨基硅烷，氢硅烷或硅氮烷，再由它们出发，在中性或接近中性的介质中水解，但这种方法生产成本要高很多。

B　有机硅醇盐

三烃基硅醇盐在有机硅醇盐中占有重要地位，其主要制法有下述 3 种。

（1）由 $R_3SiOH$ 出发制取。由 $R_3SiOH$ 与碱金属或碱金属氢氧化物反应是制取 $R_3SiOM$（M 为碱金属）最简单和最重要的方法，例如：

$$2Me_3SiOH+2Li \longrightarrow 2Me_3SiOLi+H_2$$

$$2Ph_3SiOH+2Na \longrightarrow 2Ph_3SiONa+H_2$$

$$Me_3SiOH+NaOH \longrightarrow Me_3SiONa+H_2O$$

（2）由 $Me_3SiOSiMe_3$ 出发制取。$Me_3SiOSiMe_3$ 可与 MOH、$MNH_2$、$M_2O$ 及 MR（M 为碱金属）等反应，生成 $Me_3SiOM$。

$$PhMe_2SiOSiMe_2Ph+2NaOH \longrightarrow 2PhMe_2SiONa+H_2O$$

$$Me_3SiOSiMe_3+2NaNH_2 \longrightarrow 2Me_3SiONa+ (Me_3Si)_2NH+NH_3$$

$$Me_3SiOSiMe_3+Na_2O \xrightarrow{\text{吡啶/甲醇}} 2Me_3SiONa$$

$$Me_3SiOSiMe_3+LiMe \longrightarrow Me_3SiLi+SiMe_4$$

（3）由 $R_3SiOR$ 出发制取。

$$R_3SiOR'+KOH \longrightarrow R_3SiOK+R'OH$$

### 2.2.4.2 性质

**A 物理性质**

Si—OH 具较强的极性，能够形成分子间氢键。但它与线型连接的一般氢键不同，Si—OH 形成的氢键呈缔合型，可表示如下：

$$\equiv Si-O \underset{\cdots}{\overset{H}{\cdots}} O-Si \equiv$$
$$\overset{}{H}$$

分子间形成的氢键对有机硅醇沸点及熔点的影响，大大超过了摩尔质量的作用。例如，$Me_3SiOH$ 的沸点为 100℃，而 $Me_3SiOMe$ 只有 55.5℃。氢键也影响硅醇的溶解性，如 $PhSi(OH)_3$ 微溶于水，较易溶于 MeOH 及 $Me_2C$ =O 中，却不溶于甲苯及石油醚中；$Ph_2Si(OH)_2$ 难溶于水，而溶于普通有机溶剂中；$Ph_3SiOH$ 则完全不溶于水。二烷基硅二醇在水中的溶解度随烷基增大而降低；在有机溶剂中的溶解度则相反。$R_3SiOH$ 与相应的碳醇相比，具有较强的酸性，而 $Ph_3SiOH$ 的酸性明显比 $Me_3SiOH$ 强，但两者遇碱均可成盐。由三烃基硅醇制得的碱金属醇盐是极易吸潮，且易溶于有机溶剂的固体，它在熔化之前多已发生分解或升华。部分有机硅醇及某些有机硅醇盐物理常数见表 2-6。

**表 2-6 部分有机硅醇及硅醇盐的物理常数**

| 硅醇（盐） | 熔点/℃ | 沸点(压力条件/kPa)/℃ | 相对密度(温度/℃) | 折射率(温度/℃) |
|---|---|---|---|---|
| $Me_3SiOH$ | -4.5 | 98.9（101.3） | 0.8184（20） | 1.3889（20） |
| $Me_2Si(OH)_2$ | 99~100(分解) | — | 1.097（20） | 1.454（20） |
| $Et_3SiOH$ | — | 63（8.4） | 0.8638（20） | 1.4329（20） |

| 硅醇（盐） | 熔点/℃ | 沸点(压力条件/kPa)/℃ | 相对密度(温度/℃) | 折射率(温度/℃) |
|---|---|---|---|---|
| $Et_2Si(OH)_2$ | 96 | 140（分解）（101.3） | 1.134（20） | 1.4471（20） |
| $n-Pr_3SiOH$ | — | 206~208（101.3） | 0.848（20） | 1.439（20） |
| $i-Pr_3SiOH$ | — | 196（100） | — | 1.4532（21） |
| $n-Pr_2Si(OH)_2$ | 99~100 | | | |
| $i-Pr_2Si(OH)_2$ | 114 | | | |
| $n-Bu_3SiOH$ | — | 99.0~99.5（0.13） | 0.8505（20） | 1.4470（20） |
| $n-Bu_2Si(OH)_2$ | 95~97 | — | — | |
| $i-Bu_2Si(OH)_2$ | 100~101 | | | 1.487（20） |
| $Ph_3SiOH$ | 155 | | | 1.1777（20） |
| $Ph_2Si(OH)_2$ | 137~141 | | | 1.648（20） |
| $MePhSi(OH)_2$ | 74~75 | — | — | — |
| $HOMe_2SiC_6H_4SiMe_2OH$ | 135 | | | |
| $PhSi(OH)_3$ | 128~130 | — | — | — |

**B  化学性质**

**a  有机硅醇**

（1）脱水缩合反应。有机硅醇的突出特性之一是容易脱水缩合（包括分子内及分子间）生成硅氧烷：

$$\equiv SiOH + HOSi \equiv \longrightarrow \equiv SiOSi \equiv + H_2O$$

而且，根据硅原子上所连接的 Si—OH 数，分别缩合成线型或环状低摩尔质量聚硅氧烷、高摩尔质量线型聚硅氧烷、支链型聚硅氧烷及立体结构型聚硅氧烷。硅醇的缩合反应活性受自身结构及反应条件的影响，硅原子上连接的羟基越多，其稳定性越差。因此，当 R 相同时，硅醇缩合反应的活性顺序如下：

$$RSi(OH)_3 > RSi(OH)_2 > R_3SiOH$$

R 的结构及尺寸对硅醇的稳定性有很大影响。在羟基数相同的条件下，硅醇的稳定性随 R 中碳链增长、支化度及位阻增加而提高。例如，$HOMe_2SiOSiMe_2OH$ 在室温下稳定，受热下可发生脱水缩合反应。硅氧烷二醇的稳定性随硅氧链节增加而提高。

催化剂对硅醇的缩合反应影响极大，各种质子酸、路易士酸、碱及盐类均可促进硅醇的缩合。但是，不同的催化剂，作用机理不一样。如硫酸、磷酸、卤化磷、五氧化二磷、氯化磷腈（$PNCl_2$）、酰卤、异氰酸酯、三氟化硼、三氟乙酸、沸石、活性白土及阳离子交换树脂等主要起脱水作用，促使反应向右进行，使用此类催化剂可同时导致硅氧主链重排；而 HX、碱、胺等则主要是催化 Si—OH

的缩合；有的催化剂，如2-乙基已酸、四甲基胍及2-乙基己酸正己胺盐等则属于非平衡催化剂，它不会引起 S—O—Si 链断裂，只是促进选择性的缩合反应；有的催化剂，如硼酸酯、钛酸酯及硅酸酯等是通过自身的官能团与 Si—OH 反应，而引入 Si—O—Si 主链中成为交联单元或衔接单元。

在不同催化剂条件下，不同取代基硅醇的缩合反应活性差别甚大。而在盐酸作用下，硅醇的缩合反应速度按下列顺序递降：

$$Me_2Si(OH)_2 > MeViSi(OH)_2 > ClCH_2SiMe(OH)_2 > Cl_2CHSiMe(OH)_2$$
$$Me_2Si(OH)_2 > MePhSi(OH)_2 > Ph_2Si(OH)_2$$

但在碱性催化剂，如 $Et_3N$ 催化下，则硅醇缩合反应的活性顺序正好与上述相反。所以在 $Et_3N$ 作用下，$Ph_2Si(OH)_2$ 的稳定性反而不如 $Me_2Si(OH)_2$。

在硅醇及硅氧烷醇缩合固化催化剂中，还常用金属有机化合物，如由 Pb、Sn、Sr、Al、Ca 及碱金属制得的金属有机化合物具有较高的催化活性，而由 V、Cr、Mn、Fe、Co、Ni、Cu、Zn、Cd、Hg、Ti、Tn、Ce 及 Mg 制得金属有机化合物，催化活性较低。为了改善金属催化剂对聚硅氧烷体系的相溶性，常将它们制成环烷酸盐、羧酸盐、二硫代氨基甲酸盐、醇盐、酚盐或配合物等使用，可以收到更佳的催化效果。此外，温度可以促进催化剂活性。而为使配入催化剂后的硅氧烷醇在室温下有合理的保存时间，加入配合剂使硅氧烷醇在室温下少受金属催化剂的作用，即可收到这一效果。适用作配合剂的化合物有乙酰丙酮、乙酰丙酸酯、丙二酸及联乙酰等。

上述催化剂中，多数在促进硅醇缩合的同时，还常引起 Si—O—Si 键重排反应，故将它们称为平衡化催化剂。当然，平衡与非平衡有时也是相对的。如 LiOH 在 200℃ 以下时是非平衡催化剂；而在 250℃ 以上时，则变成平衡催化剂。使用非平衡催化剂，可顺利将不同取代基的 α，ω-二羟基聚硅氧烷缩合成嵌段共聚物。

（2）与其他硅官能硅烷反应。硅醇除自我缩合形成 Si—O—Si 键外，还可与其他硅官能硅烷缩合形成 Si—O—Si 键。

（3）与卤化物的反应。有机硅醇可与若干卤化物反应生成有机卤硅烷。已知有机氨硅烷的水解反应是一个可逆过程，在稀酸条件下，氯硅烷优先与水反应生成硅醇；但在一定条件下，也可使平衡朝着生成有机氯硅烷的方向移动。如果有机硅醇与氢氟酸反应，即使在稀酸水溶液条件下，仍能生成有机氟硅烷。有机硅醇可与酰卤反应，生成有卤硅烷。有机硅醇与酰氧的反应，与硅原子上所带取代基的性质、Si—OH 基的缩合倾向以及反应条件等有关。当芳基或芳烷基硅醇与酰氯反应时，生成氯硅烷及酰氧基硅烷；当 $Et_2Si(OH)_2$ 与 $SOCl_2$ 反应时，生成 $Et_2SiCl_2$；$Ph_3SiOH$ 与 $PCl_3$ 反应时，生成 $Ph_3SiCl$。

（4）其他反应。

1）与酸酐及无机酸的反应：

$$Et_3SiOH+Ac_2O \longrightarrow Et_3SiOAc+AcOH$$

$$Et_3SiOH+H_2SO_4 \longrightarrow Et_3SiHSO_4+H_3^+O+HSO_4^-$$

2）与醇反应

$$Me_3SiOH+ROH \longrightarrow Me_3SiOR+H_2O$$

$(p-PhC_6H_4)_3SiOH$ 在 $ZnCl_2$ 催化下，也可与 MeOH 反应得到 $(p-PhC_6H_4)_3SiMe$。

3）与碱及碱金属反应：

$$2Me_3SiOH+2Na \longrightarrow 2Me_3SiONa+H_2O$$

$$Me_3SiOH+NaOH \longrightarrow Me_3SiONa+H_2O$$

4）与异氰酸酯反应：

$$2R_3SiOH+OCNR'NCO \longrightarrow R_3SiOCONHR'NHOCOSiR_3$$

5）与乙烯基乙基醚反应：

$$Me_3SiOH+CH_2=CH-O-Et \longrightarrow Me_3SiO\overset{\overset{\displaystyle Me}{\displaystyle |}}{C}H-O-Et$$

6）与乙炔反应。

$$R_3SiOH+HC\equiv CH \longrightarrow R_3SiOCH=CH_2$$

7）与重氮甲烷反应。

$$Ph_3SiOH+CH_2N_2 \longrightarrow Ph_3SiOMe+N_2$$

8）与还原剂反应。

$$R_3SiOH+LiAlH_4 \longrightarrow R_3SiH+LiAlH_3(OH)$$

b 有机硅醇盐主要可发生下列 3 种反应

（1）水解反应。$R_3SiOM$ 及 $R_2Si(OM)_2$ 可按下式进行水解反应，得到硅醇：

$$\equiv SiONa+H_2O \longrightarrow \equiv SiOH+NaOH$$

$$\equiv SiOH+HOSi\equiv \overset{OH^-}{\longrightarrow} \equiv SiOSi\equiv+H_2O$$

（2）与氯硅烷反应。有机硅醇钠易与各种氯硅烷反应，生成硅氧烷。

$$4Me_3SiONa+SiCl_4 \longrightarrow (MeSiO)_4Si+4NaCl$$

$$2Me_3SiONa+Et_2SiCl_2 \longrightarrow Et_2Si(OSiMe_3)_2+2NaCl$$

空间位阻对上述反应也有明显的影响。如 $(O-MeC_6H_4)_3SiONa$ 可与 $Ph_3SiCl$ 反应，而—SiONa 则不仅不能与 $Ph_3SiCl$ 反应，甚至也不能和 $Me_3SiCl$ 反应。

（3）与卤化物反应。有机硅醇盐可与金属卤化物及有机卤化物反应，生成相应的甲硅烷氨基化合物。

### 2.2.4.3 用途

有机硅醇除了是制取各类聚硅氧烷产品最重要的中间体外，还有许多其他用途。

（1）用作杂缩法制硅氧烷的原料。硅醇可与多种硅官能硅烷 Si—Y（Y 为卤素）、OR、H、AcO、NHR、ON =CR$_2$、R'NCOR、OCMe—CH$_2$ 等缩合生成硅氧烷，特别适用于制取特种硅氧烷。

（2）用作硅橡胶的结构控制剂。Ph$_2$Si(OH)$_2$ 以及 MePhSi(OH)$_2$ 大量在高温硫化硅橡胶中用作结构控制剂，防止胶料过早凝胶化及提高物理机械性能。例如，未加入 Ph$_2$Si(OH)$_2$ 的混炼胶胶料只能存放 1 天，硫化胶拉伸强度为 5.5MPa，相对伸长率为 150%；若在每 100 份（质量）胶料中混入 5 份 Ph$_2$Si(OH)$_2$ 作结构化控制剂，则储存期可延长到 15 天，硫化胶拉伸强度可提高到 6.5MPa，相对伸长率为 280%。此外，Ph$_2$Si(OH)$_2$ 等在脱醇型室温硫化硅橡胶中还可用作补强填料的助剂。

（3）制取硅基化试剂。t-BuMe$_2$SiCl 作为位阻型硅基化试剂被广泛用于合成前列腺素及药物色谱分析研究。

（4）用于制取不对称及支链型硅氧烷等。由有机硅醇盐出发较容易制得不对称及支链型硅氧烷，它们还可用于制取三烃基硅胺衍生物。

### 2.2.5 有机酰氧基硅烷

有机酰氧基硅烷的通式为 R$_n$Si(OCOR')$_{4-n}$。式中，R 为 Me、Et、Vi、Ph 等；R'为 H、Me 等；n 为 0~4（整数）。其中，以 RSi(OAc)$_3$ 的用量最大。Si—OAc 键容易水解，但速度比 Si—Cl 键慢，副生的 AcOH 腐蚀性也较 HCl 小得多。有机酰氧基硅烷在单组分室温硫化硅橡胶大量用作交联剂，还可用作酰氧基化试剂及微量碱的中和剂。

#### 2.2.5.1 制法

有机酰氧基硅烷的制法较多，但工业上主要通过有机硅官能硅烷与酰氧化剂反应而得。常用的有机硅官能硅烷有有机氯硅烷、有机烷氧基硅烷、有机氢硅烷、有机硅醇及有机氨基硅烷等。常见的酰氧化剂有羧酸、羧酸酐、羧酸酯（盐）等。合成工艺有间歇法及连续法两种。

（1）有机氯硅烷酰氧化：

1）以羧酸作酰氧化剂。有机氯硅烷与羧酸的反应是一个可逆过程：

$$R_nSiCl_{4-n} + nAcOH \Longrightarrow R_nSi(OAc)_{4-n} + nHCl$$

为使平衡往右移动，获得较高的目的物收率，必须采取有效措施，将副生的 HCl 及时移出反应体系，或者加入 HCl 吸收剂。此外，所用原料、溶剂及系统中的水分以及其他有害杂质均需严格控制。为了及时除去 HCl，既可加入低沸点惰性有机溶剂，并在回流温度下进行反应，以便将副生的 HCl 及时排出反应体系；

也可通入惰性气体赶出 HCl；还可使用塔式反应器以强化传质传热效率，加快 HCl 离析速度，减少副反应发生。

2）以羧酸酐作酰氧化剂。使用 $Ac_2O$ 为酰氧化剂与有机氯硅烷反应，是工业上制取有机酰氧基硅烷最常应用的方法之一。此法常在溶剂存在下进行反应，将 3 种原料混合，只需回流数小时，甚至在室温下长时间放置即可完成反应，回收溶剂及蒸出 AcCl 副产物后，即可得到目的产物。此法适用于制取多种酰氧基硅烷。

3）以羧酸盐为酰氧化剂。使用羧酸盐（主要是碱金属盐及银盐）与有机氯硅烷反应制取有机酰氧基硅烷时，多半在惰性有机溶剂（如石油醚、苯、甲苯、二甲苯等）中进行。若由羧酸银出发反应，甚至无需使用溶剂即可取得满意的反应效果，但成本太高。

4）以羧酸酯作酰氧化剂。例如，$SiCl_4$ 与过量的 t-BuOAc 在室温下反应，可近乎定量地生成 $Si(OAc)_4$。若由 $Me_nSiCl_{4-n}$（$n$ 为 1, 2）出发与 t-BuOAc 反应，则可获得 $Me_nSi(OAc)_{4-n}$。其他酰氧基硅烷，如丙酰氧基硅烷等，亦可采用此法制取。

（2）有机烷氧基硅烷酰氧化。由于有机烷氧基硅烷的反应活性较差，故使用 AcOH 作酰氧化剂的反应效果不佳。即使以 $Ac_2O$ 作酰氧化剂，仍需在加热下才能顺利进行反应，甚至蒸出副产物乙酸烷基酯后才可获得较高的目的物收率，硫酸有催化效果。

（3）有机硅醇及硅醇盐的酰氧化。由有机硅醇或硅醇盐出发与酰基化剂如 AcOH、$Ac_2O$、AcCl 等反应，可得到有机酰氧基硅烷。

（4）有机氢硅烷酰氧化。在催化剂作用下，由 $R_3SiH$ 与 AcOH 作用可得到 $R_3SiOAc$。常用的催化剂有碘及碘化铝。硫酸及碘酸虽有催化作用，但效果较差。随后发现，铑的化合物及配合物对催化氢硅烷的酰氧化反应十分有效。

（5）有机氨基硅烷酰氧化。有机氨基硅烷可与羧酸酐反应，生成有机酰氧基硅烷。

（6）有机拟卤基硅烷酰氧化。有机拟卤硅烷、$R_nSiX_{4-n}$（X 为 CN、NCO、NCS）可与羧酸根反应，生成相应的酰氧基硅烷。

（7）二硅氧烷硅酰氧化。在 $ZnCl_2$ 催化下，$R_3SiOSiR_3$（R 为低级烷基）与 $Ac_2O$ 或 $(PhCO)_2O$ 共热，可反应得到 $R_3SiOAc$ 或 $R_3SiOCOPh$。然而，$Ph_3SiOSiPh_3$ 由于空间位阻过大，无法进行上述反应。

（8）酰氧基交换法。酰氧基硅烷可与羧酸或羧酸根之间发生酰氧基交换反应，生成不同酰氧基的硅烷。反应均为可逆过程，若及时除去副产的羧酸，可获得较高收率的目的产物。

## 2.2.5.2 性质

### A 物理性质

有机酰氧基硅烷具有羧酸气味，室温下有的为液态，有的则呈固态。它们的热稳定性不如相应的烷氧基硅烷，而较易分解成相应羧酸酐及聚硅氧烷。低级酰氧基硅烷，如 $Si(OCOR)_4$ 一般在 160℃ 左右即行分解，而 $Si(OCOPh)_4$ 甚至在 90℃ 下即可分解。它们大都溶于情性有机溶剂中。常见有机酰氧基硅烷的物理常数见表 2-7。

**表 2-7 有机酰氧基硅烷的物理常数**

| 酰氧基硅烷 | 溶度/℃ | 沸点（压力条件/kPa）/℃ | 相对密度（温度/℃） | 折射率（温度/℃） |
|---|---|---|---|---|
| $Si(OAc)_4$ | 110 | — | — | — |
| $MeSi(OAc)_3$ | −40 | 94~95（1.2） | 1.1677（25） | 1.407（6） |
| $MeSiH(OAc)_2$ | — | 83~84（6） | 1.0761（25） | — |
| $Me_2Si(OAc)_2$ | — | 44~45（0.4） | 1.0485（25） | 1.403（10） |
| $Me_3SiOAc$ | −32 | 30~31（4.67） | 0.8961（6） | 1.386（6） |
| $EtSi(OAc)_3$ | | 97（0.53） | 1.1426（25） | |
| $Et_2Si(OAc)_2$ | | 70~72（0.53） | 1.0190（25） | |
| $Et_3SiOAc$ | — | 108（101.3） | 0.9039（0） | |
| $Ph_2Si(OAc)_2$ | | 176~178（0.4） | — | |
| $Ph_3SiOAc$ | 97 | — | — | |

B 化学性质

（1）水解。有机酰氧基硅烷的水解活性介于有机氯硅烷与有机烷氧基硅烷之间，在室温下无需催化剂即可发生水解反应。

$$\equiv SiOAc + H_2O \longrightarrow \equiv SiOH + AcOH$$

酸、碱及碱金属羧酸盐等对酰氧基硅烷的水解反应有催化作用。酰氧基硅烷的水解反应速度随硅原子上酰氧基数目的增加而加快，因此 $R_3SiOAc$ 的水解速度已相当慢。此外，空间位阻对酰氧基硅烷的水解反应也有很大的影响。

（2）醇解。有机酰氧基硅烷易与低级脂肪醇反应，生成相应的烷氧基硅烷及羧酸：

$$R_nSi(OAc)_{4-n} + nR'OH \longrightarrow R_nSi(OR')_{4-n} + AcOH$$

有机酰氧基硅烷的醇解速度随硅原子上酰氧基数目的减少和酰氧基中烃基位阻的增大而下降。

（3）与羧酸的反应。适于由低级酰氧基硅烷制取高级酰氧基硅烷（$R' > C_1$），如：

$$R_nSi(OCOCH_3)_{4-n} + R'COOH \longrightarrow R_nSi(COOR')_{4-n} + CH_3COOH$$

（4）与卤化剂反应。有机酰氧基硅烷可与卤化剂（如 $RCOCl$、$PBr_3$、$AgCl$ 等）反应生成有机卤硅烷及羧酸衍生物。

$$3Me_3SiOCOCH_2Cl + PBr_3 \longrightarrow 3Me_3SiBr + P(OCOCH_2Cl)_3$$

$$3Et_3SiOAc+AlCl_3 \longrightarrow 3Et_3SiClr+Al(OAc)_3$$
$$Et_3SiOAc+AgF \longrightarrow Et_3SiF+AgOAc$$

（5）与硅官能硅烷或硅氧烷反应。有机酰氧基硅烷可与含 Si—X（卤）、Si—OH 及 Si—OR 等的硅烷或硅氧烷发生缩合反应生成硅氧烷。

$$\equiv SiOAc+ClSi \overset{AlCl_3}{\Longrightarrow} \equiv SiOSi \equiv +AcCl$$

（6）与金属烷氧化物反应。有机酰氧基硅烷可与 MOR（M 为 Al、Ti、Zr、Ta 等）反应生成甲硅烷基金属化合物 M（OSiR_3）_x 及羧酸酯，如：

$$nR_3SiOAc+(R'O)_nM \longrightarrow M(OSiR_3)_n+nAcOR'$$

### 2.2.5.3 用途

（1）制取硅醇及硅氧烷醇。利用有机酰氧基硅烷的可水解性以及副产物 AcOH 催化硅醇缩合较弱的特点，可由其制得较高收率的活性硅醇，如 $R_2Si(OH)_2$ 及 $RSi(OH)_3$ 等。需要时，还可使 $R_2Si(OH)_2$ 缩合成低聚合度（$n<10$）的 $HO(R_2SiO)_nH$，后者在混炼硅橡胶及液体硅橡胶中广泛用作结构控制剂、增链剂及活性稀释剂，还可用作有机聚合物改性剂。

（2）制取酰氧基封端硅油。由不同聚合度的 $HO(Me_2SiO)_nH$ 出发，与 $R_2Si(OAc)_2$ 或 $RSi(OAc)_3$（R 为 Me、Et、Vi、H、Ph 等）反应，得到酰氧基封端硅油。

$$2Me_2Si(OAc)_2+HO(Me_2SiO)_nH \longrightarrow AcOMe_2SiO(Me_2SiO)_{n-1}SiMe_2OAc+2AcOH$$

$$2MeSi(OAc)_2+HO(Me_2SiO)_nH \longrightarrow (AcO)_2MeSiO(Me_2SiO)_nSiMe(OAc)_2+2AcOH$$

其中，$(AcO)_2MeSiO(Me_2SiO)_nSiMe(OAc)_2$ 是脱醋酸型单组分室温硫化硅橡胶的基础聚合物，而 $AcOMe_2SiO(Me_2SiO)_{n-1}SiMe_2OAc$ 可用作聚硅氧烷的扩链剂及有机聚合物的改性剂。

（3）制取特种硅氧烷。通过有机酰氧基硅烷与含 Si—Cl、Si—H、Si—OR 及 Si—M（金属）键的硅烷或硅氧烷缩合反应，可制成带有特定活性基团的硅氧烷，从而扩大聚硅氧烷的用途。

（4）用作酰氧化试剂。某些金属、非金属及有机物的卤化物与有机酰氧基硅烷反应，可得到相应的酰氧化物，如 AgOAc、Al(OAc)_3、P(COCH_2Cl)_3 等。

（5）用作玻璃纤维表面处理剂。由于 $ViSi(OAc)_3$ 较之 $ViSi(OEt)_3$；更易水解，且水溶性更佳，因此 1% 浓度的 $ViSi(OAc)_3$ 水溶液仍清澈透明，而且储存时间也较长。经其处理过的玻璃纤维，特别适于制取聚酯层压制品，具有用量少、偶联效果好、层压制品的压缩强度及弯曲强度高等优点。

（6）用作偶联剂及硅基化剂。有机酰氧基硅烷既有亲无机的可水解基团（Si—OAc），又可连有亲有机的烷基、芳基、芳烷基、烷芳基、链烯基或碳官能基等。其水解缩合速度快于通用的烷氧基硅烷偶联剂，有利提高作业效率；再者，水解析出的 AcOH 酸性较弱，对反应体系危害较小，因而用作硅基化剂时，具有适宜的反应速度及副作用小等优点。

（7）用作中和剂。在硅油及硅橡胶生产中，常用少量的 KOH 或硅氧烷醇钾作开环聚合催化剂，结束反应后，如不予以中和，将严重影响产品性能。

（8）用作活泼羟基清除剂。在脱醇型及脱酮肟型单组分室温硫化硅橡胶以及高温硫化硅生胶中，倘若 Si—OH 及其他含 OH 化合物过多，将导致胶料储存期变短或过早硫化。加入酰氧基硅烷可有效地与活泼 OH 反应，既可提高硅橡胶的储放稳定性，且对产物性能无害。

### 2.2.6 有机氨基硅烷

有机氨基硅烷的通式为：$R_n Si(NH_a R'_b)_{4-n}$。式中，R、R′为相同或不同的一价有机基；$n$ 为 1~3，$a$、$b$ 为 0~2；$a+b=2$。

#### 2.2.6.1 制法

（1）有机卤硅烷氨（胺）解。有机卤硅烷与氨或胺反应是制取有机氨基硅烷的经典方法，反应式表示如下：

$$\equiv SiX + 2NHR_2 \longrightarrow \equiv SiNR_2 + NHR_2 \cdot HCl$$

上述反应也可看成是氨或胺的硅基化反应。反应通常是在惰性有机溶剂或在铵盐氨（胺）溶液中进行。有机卤硅烷的氨或胺解速度取决于 $R_n SiCl_{4-n}$ 以及 $H_a NR_{3-n}$ 中 R、R′的数目及大小。

1）卤硅烷中有机基的影响。当位阻较小的单官能氯硅烷，如 $MeiH_2Cl$ 与 $NH_3$ 反应时，得到的主产物为 $(MeSiH_2)_3N$；当有机取代基位阻增加到一定程度时，主产物成为二硅氮烷；只有当有机取代基位阻足够大时，才能部分或全部生成有机氨基硅烷。当二官能或三官能氯硅烷与 $NH_3$ 反应时，至少须有一个大位阻有机基，才能生成 $R_2Si(NH_2)_2$，由于 $R_2Si(NH_2)_2$ 很不稳定，容易发生分子间脱 $NH_3$ 缩合反应，最后得到线型或环状聚硅氮烷。

2）胺中有机基的影响。当低级伯胺，如 $MeNH_2$ 与 $MeSiCl$ 反应时，可得到三烃基氨基硅烷，如 $Me_3SiNHMe$。当伯胺或仲胺与 $R_2SiCl_2$ 反应时，可生成相应的二烃基二氨基硅烷。当伯胺与 $MeSiCl_3$ 反应时，可得到 $MeSi(NHR')_3$。

（2）有机（H）烷氧基硅烷氨（胺）解。$HSi(OEt)_3$ 在羰基钴催化下，可在温和条件下与叔胺反应制得 $R_2NSi(OEt)_3$。若由 $RSiH(OR^1)_2$ 或 $RSi(OR^1)_3$ 出发，在有机溶剂中与 $R^2R^3NH$ 反应，则可得到 $RSi(OR^1)_n(NR^2R^3)_{3-n}$。式中，R 为氢、烷基芳基，链烯基；R′为烷基、芳基，至少有一个是 Et；$R^2R^3$ 为相同或不同的烷基；$n$ 为 0~3。

(3) 其他有机硅化合物氨解。

1) 硅醇、硅基硫酸酯及硅氧烷的氨解。

$$\equiv SiOH + Bu_2NH \longrightarrow \equiv SiNBu_2 + H_2O$$

$$(Me_3SiO)_2SO_2 + 3NH_3 \longrightarrow (Me_3Si)_2NH + (H_4N)_2SO_4$$

$$2(Me_3Si)_2O + 2NaNH_2 \longrightarrow (Me_3Si)_2NH + 2Me_3SiONa + NH_3$$

2) 氢硅烷氨解

$$Et_3SiH + KNH_2 \longrightarrow Et_3SiNH_2 + KH$$

$$Ph_3SiH + Me_2NLi \longrightarrow Ph_3SiNMe_2 + LiH$$

过渡金属 Ni、Pt, Pd、Ru、Rh 的卤化物对上述反应有催化作用。

3) Si—Si 键氨解。二硅烷与氨基钠反应可得到二硅氮烷。

$$Ph_3SiSiPh_3 + Na_2NH_2 \longrightarrow Ph_3SiNHSiPh_3 + NaH$$

4) Si—M（金属）键氨解。

$$Ph_3SiLi + Bu_2NH \longrightarrow Ph_3SiNBu_2 + LiH$$

5) $Me_3SiN$—$CMeOSiMe_3$ 胺解。反应瓶中加入 $Me_3SiN$—$CMeOSiMe_3$，在 20~60℃下慢慢加入 $Et_3N$，反应 1h 后，在 50~60℃下静置 2h，即可获得收率为 90%（质量分数）的 $Me_3SiNEt_2$。

6) $Me_3SiNPhCOPh$ 胺解。例如，在 50~60℃下，将 $Me_2NH$ 通入 $Me_3SiNPhCOPh$ 中进行氨解，而后在 60~70℃下静置 10h，即可得到收率 78%（质量分数）的 $Me_3SiNMe_2$。

(4) 氨基交换反应。将低沸点氨基硅烷与高级胺作用，可制得高级氨基硅烷：

$$\equiv SiNHR + R'NH_2 \longrightarrow \equiv SiNR' + RNH_2$$

式中，R′ 的碳原子数大于 R 的碳原子数时，反应才能顺利进行。

(5) 直接合成法。即从硅粉出发，直接与胺反应制得氨基硅烷。所使用的工艺条件与直接合成 $HSiCl_3$ 接近，以铜作催化剂，在 230~270℃下，将 $Me_2NH$ 通入 Si—Cu 触体中进行气-固相接触反应，得到 $H_nSi(NMe)_{4-n}$（$n$ 为 0~2）。

(6) 加成法。以直接法制得的 $HSi(NMe_2)_3$ 为原料，在过渡金属化合物催化下与 HC≡CH 进行氢硅化加成反应，可获得高收率的 $ViSi(NMe_2)_3$。

### 2.2.6.2 性质

A 物理性质

由于 Si、N 两元素的电负性差别较大，故 Si—N 键具有很高的热稳定性。部分有机氨基硅烷的物理常数见表 2-8。

表2-8 部分有机氨基硅烷的物理常数

| 氨基硅烷 | 熔点/℃ | 沸点（压力条件/kPa）/℃ | 相对密度（温度/℃） | 折射率（温度/℃） |
|---|---|---|---|---|
| $Et_3SiNH_2$ | — | 134（101.3） | — | 1.4267（20） |
| $Pr_3SiNH_2$ | — | 70~72（1.2） | — | — |
| $Ph_3SiNH_2$ | 55~56 | — | — | — |
| $Me_3SiNHMe$ | — | 71（100.7） | 0.7395（20） | 1.3905（20） |
| $Me_2Si(NHMe)_2$ | — | 105（101.3） | — | — |
| $MeSi(NHMe)_3$ | — | 61（5.3） | 0.8942（20） | 1.4339（20） |
| $Me_3SiNMe_2$ | — | 85~86（101.3） | — | — |
| $Me_2Si(NMe_2)_2$ | -98 | 128.4（101.3） | 0.809（20） | 1.4169（20） |
| $MeSi(NMe_2)_3$ | -11 | 161（101.3） | 0.850（20） | 1.4324（20） |
| $HSi(NMe_2)_3$ | — | 145~148（101.3） | 0.838（20） | — |
| $Si(NMe_2)_4$ | -2 | 180（101.3） | 0.973（20） | — |
| $Ph_3SiNMe_2$ | 80~81 | — | — | — |

B 化学性质

（1）水解、醇解及酸解反应。Si—N键可以水解，但远无Si—C及Si—OR键敏感。酸及有机极性溶剂可促进水解反应。但Si、N原子上连接的有机基数目及位阻对水解反应也有影响。位阻愈大，水解速度愈慢；有机取代基上连接的亲电子基越多，Si—N键愈易水解。根据有机氨基硅烷特点，可以在无催化剂条件下水解，并获得高收率的有机硅醇。有机氨基硅烷与脂肪反应的影响因素，与水解反应相近，唯碱性化合物对反应的影响比较复杂，产物均为有机烷氧基硅烷。有机氨基硅烷还可与其他含活泼氢的化合物，如羧酸等反应，生成甲硅烷基酯及胺。

（2）卤化反应。有机氨基硅烷可与多种含卤化合物反应，生成有机卤硅烷。

1）与HX反应。有机氨基硅烷既可在乙醚中与无水HCl反应，也可直接与浓硫酸反应。

2）与酰卤反应。

$$2(Me_3Si)_2NH + SO_2Cl_2 \longrightarrow 2Me_3SiCl + (Me_3SiN)_2SO_2 + H_2$$

3）与共价卤化物反应。

$$4Me_3SiNHPh + SiBr_4 \longrightarrow 4Me_3SiBr + Si(NHPh)_4$$

$$(H_3Si)_2NMe + BCl_3 \longrightarrow H_3SiCl + MeN(SiH)_3(BCl_2)$$

（3）与酸酐反应。有机氨基硅烷可与酸酐反应生成有机酰氧基硅烷。

$$Et_3SiNH_2 + Ac_2O \longrightarrow Et_3SiOAc + AcNH_2$$

$$Me_2SiNHCH_2Ph + Ac_2O \longrightarrow Me_3SiOAc + AcNHCH_2Ph$$

（4）自缩合反应。有机氨基硅烷，特别是 N 原子上不带有机基的氨基硅烷，有类似硅醇的自缩合倾向，即通过两个 $NH_2$ 之间脱 $NH_3$ 缩合反应生成含 $\equiv$ SiNHSi $\equiv$ 结构的化合物。

$$Me_3SiCl+2NH_3 \longrightarrow Me_3SiNH_2+NH_4Cl$$
$$2Me_3SiNH_2 \longrightarrow Me_3SiNHSiMe_3+NH_3$$

当由 $Me_2SiCl_2$ 出发与液氨反应时，则生成六甲基环三硅氮烷（$Me_2SiNH$）$_3$ 及八甲基环四硅氮烷（$Me_2SiNH$）$_4$。

（5）其他反应。有机氨基硅烷还可与异氰酸酯、二氧化碳、二硫化碳、三氧化硫及碱金属等反应。

$$Me_3SiNEt_2+PhNCO \longrightarrow Me_3SiNPhCONEt_2$$
$$Me_3SiNEt_2+CO_2 \longrightarrow Me_3SiOCONEt_2$$
$$Me_3SiNEt_2+CS_2 \longrightarrow Me_3SiOSCSNEt_2$$

### 2.2.6.3 用途

（1）制备耐高温、高模量的纤维或精细陶瓷。由 $Me_3SiNH_2$ 出发制成 $Me_3SiNHSiMe_3$，进而掺入聚碳硅烷中，在 450℃ 下反应制得含 Si—N 健的聚碳硅烷，可有效提高特种纤维或精细陶瓷的使用性能。

（2）用作单组分脱胺型室温硫化硅橡胶的交联剂。$RSi(NHR')_3$ 及（$RO$）$Si(NHR')_3$ 是脱胺型 RTV-1 胶常用的交联剂，并以 $MeSi(NHC_6H_{11})_3$ 用得最多。即 $HO(Me_2SiO)_nH$ 先与 $MeSi(NHC_6H_{11})_3$ 反应，生成（$C_6H_{11}NH$）$_2MeSiO(Me_2SiO)_nSiMe(NHC_6H_{11})_2$，后者接触湿气后，即发生水解缩合反应成为弹性体。

（3）用作硅基化试剂。例如，$Me_3SiNEt_2$ 及（$Me_3Si$）$_2NH$ 适用作通用型硅基化试剂，前者优先对前列腺素中的平展醇基及 11-羟基进行硅基化，对 C 核苷及 C 苷进行选择性保护，从而有效提高目的物收率；含氨基的硅基化试剂还可用作氨基酸盐酸盐转化成氨基酸的保护基；$Me_3SiNMe_2$ 既可用作气相色谱分析样品的硅基化试剂，使一些样品的分析得以顺利进行，而且还可用作反应混合物的除胺剂；此外，$Me_2Si(NEt_2)_2$、$Me_2HSiNMe_2$ 及 $MeSiCl(NMe_2)_2$ 等也可用作有机合成的硅基化试剂。

（4）用作有机合成的中间体。例如，$Me_2Si(NHBu)_2$ 可与质子酸反应，$>$N—H可被 BuLi 或 PhLi 所裂解，生成 $>$N—Li化合物，后者在有机合成中可用于制取特种中间体。

（5）制备硅醇及氯硅烷。由有机氨基硅烷出发进行非催化水解，可高收率的制得有机硅醇。

（6）用作织物憎水整理剂。含羟基的材料，包括识物经 $HSi(NMe_2)_3$ 处理，并中和后，可获得憎水表面，而其强度及耐磨性不变。

### 2.2.7 有机酰氨基硅烷

有机酰胺基硅烷亦为含 Si—N 键化合物的一员，其通式为：

$$R_a R_b^1 Si(NR^2 \overset{\overset{\displaystyle O}{\|}}{C} R^3)_{4-(a+b)}$$

式中，R、$R^1$、$R^2$ 为氢，相同或不同的一价有机基；$R^3$ 为一价有机基；$a$ 为 $0\sim2$；$b$ 为 $0\sim2$；$a+b$ 为 $0\sim3$。根据应用需要，有机酰胺基硅烷还常带有 Si—OR 键。

#### 2.2.7.1 制法

（1）有机卤硅烷酰氨化。有机卤硅烷与酰胺通过脱 HX 反应即可生成有机酰氨基硅烷，这是合成有机酰氨基硅烷最主要的方法之一。以 $Me_3SiCl$ 与 $AcNH_2$ 的反应为例，反应式如下：

$$Me_3SiCl + AcNH_2 \xrightarrow{Et_3N} Me_3SiNHAc + Et_3N \cdot HCl$$

为促使反应往右进行，反应中常加入碱性化合物（如 $Et_3N$ 等）作 HCl 的吸收剂，从而提高目的产物收率。当 $Me_3SiCl$ 及 $Et_3N$ 过量时，则 $Me_3SiNHAc$ 可进一步反应生成 $Me_3SiN = C(OSiMe_3)Me$。

（2）有机氨基硅烷酰化。有机氨基硅烷与酰化剂（如 RCOCl、RCOOH、$Ac_2O$ 等）通过缩合反应，可制得有机酰氨基硅烷。

（3）三甲硅基衍生物与酰胺反应。例如，将 $MeC(OSiMe_3) = NSiMe_3$ 及 $CF_3CONHMe$ 加入苯中，于 80℃ 下搅拌反应 3h，即可得到收率为 91% 的 $Me_3SiNMeCOCF_3$。

#### 2.2.7.2 性质

A 物理性质

有机酰氨基硅烷为中性化合物。由于分子中间可以形成氢键，故沸点及耐热稳定性均较高，在室温下呈固态。表 2-9 列出了几种常见有机酰氨基硅烷的物理学常数。

表 2-9 有机酰氨基硅烷的熔点及沸点

| 有机酰氨基硅烷的熔点及沸点 | 熔点/℃ | 沸点（压力条件/kPa）/℃ |
|---|---|---|
| $Me_3SiNHCOH$ | — | 84~85（0.12） |
| $Me_3SiNHCOMe$ | 52~54 | 185~186（101.3） |
| $Me_3SiNHCOEt$ | 66~67 | 132（1.32） |
| $Me_3SiNHCOPh$ | 118~120 | 142~143（0.07） |
| $MeSi(OEt)(NMeCOPh)_2$ | — | 210（0.13） |

| 有机酰氨基硅烷的熔点及沸点 | 熔点/℃ | 沸点（压力条件/kPa)/℃ |
|---|---|---|
| MeViSi(NMeCOMe)$_2$ | — | 85 (0.07) |
| Me$_3$SiNMeCOCF$_3$ | — | 52~54 (5.33) |
| Me$_2$iSi(NMeCOMe)$_2$ | — | 87~92 (0.13) |
| MeSi(NEtCOMe)$_2$(OSiMe$_3$) | — | 100 (0.2) |

**B 化学性质**

（1）亲核取代反应。由于有机酰氨基硅烷分子中含有羰基（$\diagup\diagdown$C=O），故而易受亲核试剂进攻，发生取代反应。当有机酰氨基硅烷与 $H_2O$、ROH、RCOOH、$H_2NR'COOH$、$R_2NH$、RSH 及 $\equiv$ SiOH 等进行取代反应时，生成相应的甲硅烷基衍生物及酰胺。

（2）还原反应。在强原剂如 $LiAlH_4$ 等的作用下，有机酰氨基硅烷可被还原成有机氨基硅烷。

**2.2.7.3 用途**

（1）用作硅基化试剂。有机酰氨基硅烷，特别是 $CH_3C\overset{\displaystyle OSiMe_3}{=}NSiMe_3$、$CF_3C\overset{\displaystyle OSiMe_3}{=}NSiMe_3$、$CH_3\overset{\displaystyle O}{C}NHSiMe_3$、$CF_3\overset{\displaystyle O}{C}NHSiMe_3$ 及（$Me_3SiNH$)$_2$C=O 等适用作各种含醇基、羧基、氨基羧基、氨基及硫醇基有机化合物的甲硅烷基化试剂，副产物为中性的乙酰胺，因而对酸、碱敏感的反应体系更为有用，被广泛用于合成青霉素、头孢菌素、前列腺素等药物，使目的物收率得以大幅度提高。

（2）室温硫化硅橡胶交联剂及扩链剂。脱酰胺型及氨氧型单组分室温硫化硅橡胶具有很低的模量，即很高的断裂伸长率（>1000%），对许多基材黏接性良好，而被广泛用作宽接缝建筑密封胶。它们中除使用三官能 MeSi(NRCOR)$_3$ 和多官能的氨氧基硅氧烷作交联剂外，有时还同时使用二官能团的 Me$_2$Si(NEtCOMe)$_2$ 或 MeViSi(NMeCOMe)$_2$ 作扩链剂，后者是保证橡胶性能的关键成分。

（3）室温硫化硅橡胶稳定剂（羟基清除剂）。脱醇型单组分室温硫化硅橡胶对基材无腐蚀性，且生产成本比较低，但存在储存不稳定、硫化速度较慢及黏接性较差等缺点。如果加入含烷氧基的有机酰氨基硅烷，如 MeSi(NMeAc)(OMe)$_2$、MeSi(NMeAc)$_2$OMe、AcNMe(MeO)$_2$SiOSi(OMe)$_2$NMeAc 等活泼羟基清除剂，既可提高产品的储存稳定性，还可收到增黏及加速硫化的效果。

（4）其他。$MeSi(OMe)_2NMeAc$ 还可与 $HO(Me_2SiO)_nH$ 反应，制成多甲氧基封端的聚二甲基硅氧烷。后者是脱醇型单组分室温硫化硅橡胶使用的基础聚合物。

### 2.2.8 有机酮肟基硅烷及有机异丙烯氧基硅烷

有机酮肟基硅烷及有机异丙烯氧基硅烷的通式有以下两种形式：

$$R_nSi(ON=\!\!=CR'R'')_{4-n}$$
$$R_nSi(OCMe=\!\!=CH_2)_{4-n}$$

式中，R 为氢、烷基、芳基、链烯基等；R'，R″为相同或不相同的烷基；n 为 0~3。它们多由相应的硅官能有机硅烷转化而得，并主要用作单组分室温硫化硅橡胶的交联剂，异丙烯氧基硅烷还可用作硅基化试剂。

#### 2.2.8.1 有机酮肟基硅烷制法

有机酮肟基硅烷可由有机氯硅烷、有机烷氧基硅烷或有机酰氧基硅烷出发，在酸吸收剂（如吡啶、2-甲基吡啶，三乙胺及氨等）或催化剂作用下与酮肟 $(HON=\!\!=CR'R'')$ 反应而得。

（1）由有机氯硅烷出发制备。下面分别介绍甲基三丙酮肟基硅烷、甲基（或乙烯基）三丁酮肟基硅烷及其他类型的有机酮肟基硅烷的具体制法。

1）甲基三丙酮肟基硅烷。由 $MeSiCl_3$ 与丙酮肟出发制取 $MeSi(ON=\!\!=CMe_2)_3$：

$$MeSiCl_3 + 3Me_2C=\!\!=NOH \xrightarrow{C_5H_5N} MeSi(ON=\!\!=CMe_2)_3 + 3C_5H_5N \cdot HCl$$

当 $MeSi(ON=\!\!=CMe_2)_3$ 用作单组分室温硫化硅橡胶交联剂时，为了提高 $MeSi(ON=\!\!=CMe_2)_3$ 在 $HO(Me_2SiO)_nH$ 中的相溶性，常将 $MeSi(ON=\!\!=CMe_2)_3$ 配成甲苯溶液，以便快速生成 $(Me_2C=\!\!=NO)_2MeSiO(Me_2SiO)_nSiMe(ON=\!\!=CMe_2)_2$。

2）甲基（或乙烯基）三丁酮肟基硅烷。老合成工艺多采用间歇法，新工艺则多使用连续法。两种合成方法的收率都很高。

例如，采用间歇法合成 $MeSi(ON=\!\!=CMeEt)_3$ 时，可将甲苯、$MeSiCl_3$、$MeEtC=\!\!=NOH$ 及 $C_5H_5N$ 加入反瓶中，在搅拌及维持 45℃ 下反应 5h，即可得到 99.7%（质量分数）收率的 $MeSi(ON=\!\!=MeEt)_3$。过滤得到的 $C_5H_5N \cdot HCl$，置入甲苯中通 $NH_3$ 处理，即可回收 $C_5H_5N$，返回用作中和剂。

当采用连续法合成 $ViSi(ON=\!\!=CMeEt)_3$ 时，一般由三个工序组成：第一，连续将有机溶剂、氨气及有机氯硅烷或有机酮肟基硅烷混合反应；第二，从反应产物中除去 $NH_4Cl$ 固渣；第三，分馏取得目的产物。推荐配比为 $NH_3/Si\text{—}Cl = 1.04~1.46$（摩尔比）；酮肟/Si—Cl = 1.0~1.2（摩尔比）。反应是在 2L 反应器内进行，保持 49~50℃ 下，连续通入 $FCl_2CCF_2Cl$ 2072g/h，$NH_3$ 91.5g/h，$MeEtC=\!\!=NOH$ 396g/h 及 $ViSiCl_3$ 223g/h 进行反应，可获得收率达 93%（质量分数）的 $ViSi(ON=\!\!=CMeEt)_3$。

3）其他酮肟基硅烷。由不同的氯硅烷与酮肟在己烷中反应，还可制成多种酮肟基硅烷。

（2）由有机烷氧基硅烷制取。由有机氯硅烷出发制有机酮肟基硅烷，须大量使用溶剂及有毒、恶臭的叔胺作 HCl 吸收剂，并生成大量胺盐沉淀，使产物分离纯化困难。若改由有机烷氧基硅烷出发制取，则无须使用溶剂，且无固渣形成。

（3）由有机酰氧基硅烷制取。有机酰氧基硅烷与过量的 $MeEtC=NOH$ 在酸吸收剂存在下反应，可制得有机酮肟基硅烷。

#### 2.2.8.2  有机异丙烯氧基硅烷制法

有机异丙烯氧基硅烷主要由有机氯硅烷与丙酮在 HCl 吸收剂作用下反应而得，反应式如下所示：

$$Me_nSiCl_{4-n}+(4-n)(CH_3)_2C=O \xrightarrow[催化剂]{Et_3N} Me_nSi(OCMe=CH_2)_{4-n}+(4-n)Et_3N \cdot HCl$$

具体合成方法为：在 2L 搪玻璃高压釜中，加入 100g 苯、250g（2.47mol）$Et_3N$、232g（4mol）$(CH_3)_2C=O$、1g 无水 $ZnCl_2$ 及 120g（0.8mol）$MeSiCl_3$。搅拌下升温至 110℃，反应 16h；而后在干燥氮气保护下滤去 $Et_3N \cdot HCl$（320g）；滤液再经减压（2.67kPa 下）分馏，收集 73℃ 馏分得 83g 粗产物；加入 8g 活性炭，于 50~60℃ 下保持 4h 以除去残留 HCl，得到折射率为 1.4246 的目的物。

#### 2.2.8.3  性质

A  物理性质

表 2-10 列出了有机酮肟基硅烷及有机异丙烯氧基硅烷的主要物理常数。

**表 2-10  有机酮肟基硅烷及有机异丙烯氧基硅烷的物理常数**

| 硅烷 | 沸点（压力条件/kPa）/℃ | 相对密度（温度/℃） | 折射率（温度/℃） |
|---|---|---|---|
| $MeSi(ON=CMeEt)_3$ | 110~111（0.27） | — | 1.4578（25） |
| $ViSi(ON=CMeEt)_3$ | 115（0.02） | 0.982（25） | — |
| $MeViSi(ON=CMeEt)_2$ | — | 0.92（20） | — |
| $MeSi(OCMe=CH_2)_3$ | 73（2.67） | — | 1.4246（25） |
| $Me_2Si(OCMe=CH_2)_2$ | 142~143（101.3） | — | — |
| $Me_3Si(OCMe=CH_2)$ | 94~95（101.3） | — | — |
| $ViSi(OCMe=CH_2)_3$ | 73~75（1.6） | — | 1.4360（26） |
| $t-BuMe_2Si(OCMe=CH_2)$ | 150~151（101.3） | 0.809（23） | 1.4206（20） |

B  化学性质

（1）亲核取代反应。有机酮肟基硅烷中的 $SiON=$ 键以及有机异丙烯氧基硅烷中的 Si—OC 键，如同其他硅官能硅烷一样，易受亲核试剂进攻，发生取代反应，例如：

$$\equiv SiON \!\!=\!\! CMeEt + H_2O \longrightarrow \equiv SiOH + MeEtC \!\!=\!\! NOH$$

$$\equiv SiON \!\!=\!\! CMeEt + ROH \longrightarrow \equiv SiOR + MeEtC \!\!=\!\! NOH$$

$$\equiv SiON \!\!=\!\! CMeEt + HOSi \!\!\equiv\!\! \longrightarrow \equiv SiOSi \!\!\equiv\!\! + MeEtC \!\!=\!\! NOH$$

$$\equiv SiOCMe \!\!=\!\! CH_2 + H_2O \longrightarrow \equiv SiOH + Me_2C \!\!=\!\! O$$

$$\equiv SiOCMe \!\!=\!\! CH_2 + ROH \longrightarrow \equiv SiOR + Me_2C \!\!=\!\! O$$

$$\equiv SiOCMe \!\!=\!\! CH_2 + HOSi \!\!\equiv\!\! \longrightarrow \equiv SiOSi \!\!\equiv\!\! + Me_2C \!\!=\!\! O$$

有机锡化合物、钛酸酯及其配合物等可加快酮肟基硅烷的水解反应及与硅醇的缩合反应速度；而 3-（二甲氨基胍基）丙基三甲氧基硅烷、（$Me_2N$）$_2C$＝N（$CH_2$）Si（OMe）$_3$ 可加快异丙烯氧基硅烷的水解以及与硅醇的缩合反应速度。

（2）酮肟基与烷氧基的交换反应。酮肟基与烷氧基在加热或催化剂作用下可发生基团交换反应。

### 2.2.8.4 用途

（1）用作室温硫化硅橡胶交联剂。三官能度的有机酮肟基硅烷及有机异丙烯氧基硅烷，如 $MeSi(ON \!\!=\!\! CMe_2)_3$、$MeSi(ON \!\!=\!\! CMeEt)_3$、$ViSi(ON \!\!=\!\! CMeEt)_3$、$MeHSi(ON \!\!=\!\! CMeEt)_2$、$MeSi(OCMe \!\!=\!\! CH_2)_3$、$ViSi(OCMe \!\!=\!\! CH_2)_3$、$MeHSi(OCMe \!\!=\!\! CH_2)_2$ 等是脱酮肟型及脱丙酮型单组分室温硫化硅橡胶主要使用的交联剂，其用量约为基础聚合物的 5%~8%（质量分数）。而脱酮肟型产品是当前销量最大的室温硫化硅橡胶品种。

（2）用作硅橡胶扩链剂。二官能度的有机酮肟基硅烷及有机异丙烯氧基硅烷，如 $Me_2Si(ON \!\!=\!\! CMeEt)_2$、$MeViSi(ON \!\!=\!\! CMeEt)_2$、$Me_2Si(OCMe \!\!=\!\! CH_2)_2$ 及 $MeViSi(OCMe \!\!=\!\! CH_2)_2$ 等可用作室温硫化硅橡胶的扩链剂。

（3）用作羟基清除剂。单官能度的有机酮肟基硅烷及有机异丙烯氧基硅烷，如 $Me_3Si(ON \!\!=\!\! CMeEt)$、$Me_3Si(OCMe \!\!=\!\! CH_2)$ 等可用作室温硫化硅橡胶基础聚合物的活泼羟基清除剂，从而提高胶料的储存稳定性，避免过早发生凝胶化。

（4）制取烷氧基封端的基础聚合物。$MeSi(OR)_2(ON \!\!=\!\! CMeEt)$ 及 $MeSi(OR)_2(OCMe \!\!=\!\! CH_2)$ 不仅可用作室温硫化硅橡胶的稳定剂，而且还可用作制取烷氧基封端聚二甲基硅氧烷的原料，后者是高性能脱醇型单组分室温硫化硅橡胶的基础聚合物。

（5）有机异丙烯氧基硅烷还可用作硅基化试剂。其中，$Me_3Si(OCMe \!\!=\!\! CH_2)$ 已用于合成光学活性的 β-烷氧基酮。

## 2.3 碳官能有机硅烷

### 2.3.1 链烯基硅烷

链烯基硅烷中以乙烯基硅烷最为重要。乙烯基硅烷可用通式 $Vi_aR_bSiX_{4-(a+b)}$

表示。式中，R 为氢、烷基、芳基；X 为卤素或烷氧基等；$a$ 为 1，2；$b$ 为 0，1，2；$(a+b)$ 为 1~4。

### 2.3.1.1　制法

**A　直接法**

在加热及铜催化剂作用下，ViCl 或 $CH_2$ =$CHCH_2Cl$ 可直接与硅粉反应，生成乙烯基硅烷或烯丙基硅烷。在理想情况下，反应式表示如下：

$$2ViCl+Si \xrightarrow{Cu} Vi_2SiCl_2$$

$$2CH_2=CHCH_2Cl+Si \xrightarrow{Cu} (CH_2=CHCH_2)_2SiCl_2$$

实际上，反应伴生一系列副产物，以 ViCl 与 Si 的反应为例，由于 $CH_2$ =$CHCl$ 中的 Cl 紧靠双键（$\alpha$-位），故而受到制约，反应活性较差。即使在 300~350℃ 高温及 10%（质量分数）（按 Si 计）的铜催化下，乙烯基氯硅烷的收率仍然很低[1]。例如，使用 Si—Cu 合金（$m$（Si）：$m$（Cu）= 8：2）作触体，在 350~400℃ 下与 ViCl 反应，只能获得 20%（质量分数）收率的 $ViSiCl_3$ 以及 15%（质量分数）收率的 $Vi_2SiCl_2$。

相比之下，由于 $CH_2$ =$CHCH_2Cl$ 中的 Cl 受双键约束较少，反应活性明显高于 ViCl，在 250℃ 下即可与 Si—Cu 触体反应。但所得产物（$CH_2$ =$CHCH_2$）$_nSiCl_{4-n}$ 较易聚合及裂解，故总收率也只能达到 60%（质量分数）左右。如果使用 CuS 作催化剂，则可使烯丙基氯硅烷的收率提高到 80%（质量分数）。

除 ViCl 及 $CH_2$ =$CHCH_2Cl$ 外，$CH_2$ =$CMeCH_2Cl$、$CH_2$ =$CClCH_2Cl$、$ClCH_2CH$ =$CHCl$、$C_2$ =$CHCHClCH_2Cl$、$ClCH_2CH$ =$CHCH_2Cl$、$CH_3CH$ =$CHCH_2Cl$ 及 $CH_2$=$C(CH_2Cl)_2$ 等也可用于反应，但同样存在副反应多及目的产物收率低等缺点。

**B　有机金属化合物法**

下面从格利雅法、有机锂法及钠缩合法三个应用较为广泛的方法介绍有机金属化合物法。

（1）格利雅法。不饱和烃基格氏试剂，在溶剂存在下可与含 Si—X 键或 Si—OR 键的硅烷进行取代反应，使不饱和烃基与硅原子连接得到链烯基硅烷。从烷氧基硅烷出发反应，甚至无需使用其他溶剂，也可获得良好的收率。在早期的格氏反应中，多使用乙醚、石油醚、二甲苯、氯苯、四氢呋喃及烷氧基硅烷等作溶剂。后来发现，用 $(Me_2N)_3PO$ 作溶剂可有效促进芳族化合物、共轭双烯及多氯脂烃的格氏反应，得到了以往较难合成的有机硅化合物。格利雅法一直是试验室合成链烯基硅烷的主要方法之一，而且近来目的物收率也有了很大的提高。例如，由 $Me_2PhSiCl$、$CH_2$ =$CHCH_2Cl$ 与 Mg 反应，可获得收率高达 78%~98%（质量分数）的 $Me_2PhSiCH=CH_2$。

（2）有机锂法。含不饱和烃基的有机锂试剂，可和 Si—X 键反应，得到链烯基硅烷。使用有机锂法合成（$BuC\equiv C)_2SiCl_2$ 特别方便，即先将 $BuC\equiv CH$ 及 BuLi 在 $5\sim20℃$ 下的乙醚-己烷溶液中反应制得 $BuC\equiv CLi$。再将后者慢慢加入 $SiCl_4—Et_2O$ 溶液中反应，即可得到（$BuC\equiv C)_2SiCl_2$，并被用作合成 σ—π 共轭聚硅烷及聚硅氧烷的原料。此外，ViLi 或 $CH_2=CHCH_2Li$ 等还可与氯封端聚硅氧烷，如 $ClMe_2SiO(Me_2SiO)_nSiMe_2Cl$ 反应，得到链烯基封端的聚硅氧烷。

（3）钠缩合法。应用钠缩合法将含 Si—X 或 Si—OR 键的硅烷与链烯基氯化物反应，或者由有机氯硅烷直接与链烯基钠反应，即可得到链烯基硅烷。

C　加成法

在铂、钯、钌、有机过氧化物、偶氮二异丁腈及紫外线等催化下，Si—H 键可与炔基或双烯化合物进行加成反应，得到链烯基硅烷。在各种加成反应催化剂中，以第八族过渡金属元素的配合物效果最好，目的产物收率可超过 70%（质量分数）。

D　热缩合法

含 Si—H 键的化合物，在高温（大于 450℃）下可与烯烃，特别是与氯代烯烃发生脱 $H_2$ 或 HCl 缩合反应，使链烯基与硅原子连接，生成链烯基硅烷。氢硅烷的反应活性随硅原子上有机取代基的数目和位阻的增加而降低，使用促进剂可以缓和反应条件。

由烯烃出发的热缩合反应，因其活性较差，故需在更高的反应温度下进行反应，而且目的物收率往往低于 20%（质量分数），故未能在生产中获得应用。

但是，氯代烯烃，如 ViCl，很容易和 $HSiCl_3$、$MeSiHCl_2$ 及 $Me_2SiHCl$ 等进行热缩合反应，得到收率达 50%～70%（质量分数）的 $ViSiCl_3$、$MeViSiCl_2$、$Me_2ViSiCl$。

热缩合反应合成链烯基硅烷有一定放大效应，设计生产用反应器时，应予充分注意。在热缩合反应中，反应温度、接触时间及等物质量的配比是三个重要的工艺参数。其中，反应温度的选定尤为关键。温度偏低时，转化率剧降；温度过高，则原料及产物裂解严重。早期使用的反应温度以 $500\sim600℃$ 居多，将增加副反应，使产物组分复杂化；维持 ViCl 适当过量对反应有好处，过多则易导致碳化。随着经验的积累和认识的提高，现在更多地选择在 $450\sim550℃$ 下进行反应，相应的接触时间为 $10\sim35s$，这不仅可减轻反应器的腐蚀，还可减少副反应的发生，有利目的产物的分离与纯化。在较低温度下进行缩合反应，虽然单程转化率及收率有所降低，但有效收率（目的产物/氢硅烷）却可提高，可望达到 90%（质量分数）以上，未反应的氢硅烷还可收回再用。

提高热缩合反应选择性及目的物收率的有效途径之一是使用催化剂或添加

剂。例如，在 ViCl 与 MeSiHCl$_2$ 的热缩反应中，如果混入 2%~5%（按 ViCl 体积计）的 HCF$_3$Cl，则 MeViSiCl$_2$ 的收率可提高近 1 倍。用在合成 ViSiCl$_3$ 上同样有效。

E　由氯代烷基硅烷脱 HCl

氯代烷基硅烷通过脱 HCl 反应可制得链烯烃硅烷，但此法多半用在实验室制备。常用的脱 HCl 剂主要是叔胺及仲胺，如喹啉、二甲胺、二乙胺、二乙基苯胺、吡啶、哌啶及脂族二腈等。其中，喹啉特别适合作 β-卤代烷基硅烷的脱 HCl 吸收剂，它既不引起 Si—C 键断裂，又不易与 Si—X 键反应，使目的产物收率可达 60% 左右。如果是 γ-氯代烷基硅烷脱除 HCl，则使用异喹啉的效果更佳。

氯代烷基硅烷脱除 HCl 的反应活性，随硅原子上电负性取代基的增加而提高。但需指出，当氯甲基硅烷与喹啉共热时，可发生 Si—C 键断裂。

F　其他方法

其他方法反应式如下所示：

$$PhBr + CH_2 =\!\!=CHSiMeCl_2 \xrightarrow[Et_3N]{PdCl_2(PPh_3)_2} PhCH =\!\!=CHSiMeCl_2(92\%) + HBr$$

$$SiH_4 + HC \equiv CH \xrightarrow{MgO} H_3SiC \equiv CH(4.4\%) + H_2$$

$$Me_3SiCl + PhC \equiv CH \xrightarrow{Zn_3MeCN} Me_3SiC \equiv CPh + HCl$$

### 2.3.1.2　性质

A　物理性质

链烯基硅烷的沸点通常低于相同碳原子数的饱和烷基硅烷，并随摩尔质量提高而差距变小。不饱和键的位置对沸点也有影响，如 CH$_2$=CHCH$_2$SiCl$_3$ 的沸点为 117℃，而 CH$_3$CH=CH$_2$SiCl$_3$ 为 123℃。但是，Me$_3$SiCH$_2$CH=CH$_2$ 的沸点又与 Me$_3$SiCH=CHCH$_3$ 相近。链烯基硅烷中 Si—C 键的裂解难易程度也与重键位置有关。当重键位于 γ-碳原子以远时，其牢固性与饱和烃基相近；β-碳碳原子上的重键最易裂解；α-位重键次之。故 Si—C 键的裂解顺序为：

$$CH_2 =\!\!=CHCH_2Si \equiv > CH_2 =\!\!=CHSi \equiv > CH_2 =\!\!=CHCH_2CH_2Si \equiv$$
$$> CH_2 =\!\!=CH(CH_2)_nSi \equiv \quad (n>2)$$

表 2-11 列出某些链烯基硅烷的物理常数。

表 2-11　链烯基硅烷物理常数

| 链烯基硅烷 | 沸点（压力条件/kPa）/℃ | 相对密度（温度/℃） | 折射率（温度/℃） |
|---|---|---|---|
| SiVi$_4$ | 130（99.5） | 0.7999（20） | 1.4625（20） |
| MeSiVi$_3$ | 102（99.6） | 0.7692（20） | 1.4405（20） |
| Me$_2$SiVi$_2$ | 80（101.3） | 0.7337（20） | 1.4176（20） |

| 链烯基硅烷 | 沸点（压力条件/kPa）/℃ | 相对密度（温度/℃） | 折射率（温度/℃） |
|---|---|---|---|
| $Me_3SiVi$ | 54.6（99.2） | 0.6903（20） | 1.3910（20） |
| $ViSiCl_3$ | 92.5（100） | 1，2735（20） | 1.4349（20） |
| $Vi_2SiCl_2$ | 118（102） | 1.0962（20） | 1.4503（20） |
| $ViSiHCl_2$ | 65.2（99.5） | 1.1214（20） | 1.4254（20） |
| $ViMeSiCl_2$ | 91（98.9） | 1.0868（20） | 1.4270（20） |
| $ViMe_2SiCl$ | 82（101.3） | 0.8744（20） | 1.4141（20） |
| $ViEtSiCl_2$ | 119（99.7） | 1.0664（20） | 1.4385（20） |
| $ClCH\!=\!CHSiCl_3$ | 133（97.5） | 1.4364（20） | 1.4715（20） |
| $CH_2\!=\!CMeSiHCl_2$ | 90（101.1） | 1.0787（20） | 1.4310（20） |
| $(CH_2\!=\!CHCH_2)_4Si$ | 103.4（13.8） | 0.8355（20） | 1.4864（20） |
| $(CH_2\!=\!CHCH_2)_3SiMe$ | 180.3（24） | 0.8059（20） | 1.4662（20） |
| $CH_2\!=\!CH(CH_2)_4SiMe_2Cl$ | 183～184（101.3） | 0.8968（20） | 1.4423（20） |
| $CH_2\!=\!CH(CH_2)_4SiCl_3$ | 33～34（0.09） | — | — |
| $CH_2\!=\!CH(CH_2)_6SiMe_2Cl$ | 9.8（1.47） | 0.80（20） | 1.4455（20） |
| $CH_2\!=\!CH(CH_2)_6SiCl_3$ | 223～224（101.3） | 1.07（20） | — |
| $HC\!\equiv\!C—SiMe_3$ | 52（101.3） | 0.709（20） | 1.390（20） |
| $MeC\!\equiv\!C—SiMe_3$ | 99～100（101.3） | 0.758（20） | 1.4091（20） |
| $PhC\!\equiv\!C—SiMe_2H$ | 33～34（0.04） | — | 1.5407（20） |
| $ViSi(OMe)_3$ | 52.9（6.5） | 0.9700（20） | 1.3930（20） |
| $ViSi(OEt)_3$ | 63（2.67） | 0.9027（25） | 1.3960（25） |
| $ViSi(OPr-i)_3$ | 179～181（101.3） | 0.863（25） | 1.396（25） |
| $ViSiMe(OSiMe_3)_2$ | 48（1.07） | 0.8365（20） | 1.3951（20） |
| $CH_2\!=\!CHCH_2Si(OMe)_3$ | 146～148（101.3） | 0.9630（25） | 1.4036（25） |
| $CH_2\!=\!CHCH_2Si(OEt)_3$ | 175.8（98.7） | 0.9032（25） | 1.4063（25） |

B 化学性质

（1）聚合及共聚反应。链烯基硅烷中 Si 原子上连接的不饱和基，在光、热或催化剂作用下可以进行均聚反应，或与其他不饱和烃及其衍生物共聚反应，得到相应的均聚物或共聚物。基于此，当聚硅氧烷中的甲基部分被链基取代后，即可成为链间交联的活性点。链烯基硅烷均聚的能力取决于链烯基的结构及数目、硅原子上其他取代基（原子）的性质以及催化剂的特性等。一般说，重键离硅原子越远、硅原子上连接的重键越多，则越易进行均聚。故 $CH_2\!=\!CHCH_2$—比 $CH_2\!=\!CH$—更易聚合，而且均聚反应可被自由基型及离子型催化剂加速。

含 Si—H 键的乙烯基硅烷，在无水的金属醇盐作用下，可顺利进行聚合反应，而不会导致 Si—H 键断裂或 Si—H 对双键的加成。

$CH_2$ =$CHCH_2Si(OE)_3$、（$CH_2$ =$CHCH_2$ )$_2Si(OEt)_2$ 及 $Me(CH$ =$CHCH_2)Si$ (OEt)$_2$ 等在过氧化物作用下均可发生聚合反应，甚至在无催化剂条件下，于室温下长期放置也可发生聚合反应。故蒸馏上述化合物时，如不加入阻聚剂，势必生成聚合物，堵塞管道或分馏塔。此外，含丙烯酰氧基或甲基丙烯氧基等的硅烷，在加热下也可发生均聚反应，而含苯乙烯基的硅烷则需在催化剂作用下方能发生聚合反应。

链烯基硅烷中的可水解基团对共聚反应影响很大。例如，$ViSiCl_3$ 中由于抗聚合作用，而不能与乙烯基丁基醚、乙烯基己内酰胺及乙烯基吡咯烷发生共聚反应；而 $ViSi(OR)_3$（R 为 Me、Et 等）却很容易和 $CH_2$ =CHPh 及 $CH_2$ =CHCN 等共聚；$PhCH$ =$CHSi(OMe)_3$、$PhCH$ =$CHSiMe_3$ 可与 $CH$ =CHPh、$CH_2$ =CMeCOOMe 及 $CH_3COOCH$ =$CH_2$ 等共聚；$Me_2Si(CH_2CH$ =$CH_2)_2$、$MePhSi$ $(CH_2CH$ =CH)$_2$ 在加压及 $Et_3Al$—$TiCl_3$ 催化下，可与 $CH_3CH$ =$CH_2$ 等共聚。

（2）加成反应。 ≡ Si—CH =$CH_2$ 或 ≡ Si—$CH_2CH$ =$CH_2$ 在铂系催化剂或有机过氧化物等作用下，很容易和 Si—H 键发生氢硅化（加成）反应。依此原理，在聚硅氧烷分子中引入 Si—H 及 Si—Vi 或≡Si—$CH_2CH$ =$CH_2$，即可在较低温度下进行催化加成反应，形成交联结构，这正是加成型硅橡胶及无溶剂硅树生产及应用的基础。 ≡ Si—CH =$CH_2$ 或 ≡ Si—$CH_2CH$ =$CH_2$ 还可与卤素或卤化氢进行加成反应。HX 对 $CH_2$ =$CHCH_2$—或更高级链烯基硅烷的加成遵循马尔柯夫尼柯夫规则，即卤原子加到含 H 少的碳原子；面对 $CH_2$ =CH—的加成则与此相反，X 加到 H 多的碳原子上。

（3）链烯基的其他反应。 ≡ Si—CH =$CH_2$ 及 ≡ Si—$CH_2CH$ =$CH_2$ 可与臭氧作用生成臭氧化物。后者易于水解生成及甲醛： ≡ SiCH =$CH_2$ 可与过乙酸作用转化成环氧基。

（4）硅官能团的反应。链烯基硅烷中的硅官能团（如卤素、烷氧基、酰氧基等）反应特性，与卤硅烷、烷氧基硅烷及酰氧基硅烷基本相似。含 Si—X 或 SiOR 键的链烯基硅烷经水解缩合后，同样生成聚硅氧烷。但 CH—CHCH—Si 键对 HCl 或 $H_2SO_4$ 比较敏感，故水解时宜用弱碱作 HCl 吸收剂。

### 2.3.1.3 用途

（1）制备硅橡胶及无溶剂硅树脂。在热硫化硅橡胶中，甲基乙烯基硅橡胶是产量最大的品种。乙烯基硅氧链节（主要是 MeViSiO 及 $Me_2ViSiO_{0.5}$ 等）虽仅占 0.05%~0.5%（摩尔分数）（通过 $MeViSiCl_2$ 及 $Me_2ViSiCl$ 水解缩合引入），但对促进硅橡胶硫化和提高橡胶制品性能的效果却十分显著。由于乙烯基活性交联点的存在，得以使用活性较低的有机过氧化物作催化剂，并可实现常压热空气硫化，大大提高挤出成型效率，同时在硅橡胶拉伸强度、抗撕裂强度、相对伸长率及压缩永久变形等方面获得显著改进；在热硫化硅生胶分子中，如果引入 $ViMe_2SiO$ 作活性封端基，由其配制成的混炼胶，既可使用过氧化物硫化，也可采用铂催化加成硫化，还可进一步提高硅橡胶制品的力学性能；$MeViSiO$ 及 $Me_2ViSiO_{0.5}$ 是加成型液体硅橡胶不可缺少的链节，是通过 $\equiv SiCH=CH_2$ 与 $\equiv Si—H$ 进行铂催化加成反应而实现交联。加成型硅橡胶从混料到硫化，能耗较低，既不需热硫化硅橡胶所用的混炼及加压成型等设备，又不需单组分室温硫化硅橡胶那么长的硫化时间，还能制得高强度透明制品；使用烯丙基封端的聚二甲基硅氧烷作液体硅橡胶的基础聚合物，具有较佳的黏接性，且不易丧失硫化活性；加成型无溶剂硅树脂系使用含乙烯基硅氧链节的基础聚合物及活性稀释剂，在铂催化下与含氢硅氧烷加成反应而实现交联固化，固化时无副产物产生，形变极小，可通过控制交联密度，获得不同硬度的硅树脂，而广泛用于电机电器线圈浸渍漆，还可用作层压材料黏接剂等。

（2）用作共聚单体改进有机材料性能。链烯基硅烷可和烯烃或其衍生物共聚得到含硅侧基的聚合物；由链烯基硅烷、含氢硅烷及可聚合的有机单体出发，通过同步聚合法制取互穿聚合物网络（IPN），后者兼具聚硅氧烷与热塑性树脂的特性，可有效提高有机聚合物的抗疲劳性、耐水解性、耐磨性、抗冲击性、润滑性及生理惰性等。

（3）制取交联聚烯烃产品。交联聚乙烯（XLPE）电缆的综合性能，明显优于聚乙烯（PE）及聚氯乙烯（PVC）电缆，前者能经受较高的工作温度，且具有电缆载流能力大及易于架设等优点。聚乙烯交联可选用化学、辐射及硅烷交联3种方法。

（4）用作硅烷偶联剂。$ViSiCl_3$、$ViSi(OR)_3$ 以及 $CH_2=CHCH_2Si(OR)_3$（R 为 Me、Et、$CH_2CH_2OMe$、Bu 等）是硅烷偶联中用量最大的品种之一。其中，$ViSiCl_3$ 是聚酯及玻璃纤维常用的表面处理剂，并可用于制取负型光刻胶；$ViSi(OR)_3$ 是乙丙橡胶、硅橡胶、不饱和聚酯、聚乙烯、聚苯乙烯及聚酰亚胺等常用的处理剂，$ViSi(OCH_2CH_2OMe)_3$ 是乙丙橡胶、顺丁橡胶、聚酯、环氧树脂及聚丙烯等常用处理剂。经链烯基硅烷处理过的材料具有良好的黏接性，并可显著提高制品的机械强度、耐热性、憎水性及电绝缘性，它们是高性能复合材料不可缺少的配套助剂。

（5）制取其他活性单体及中间体。例如，由 $PhC=C—SiR(OEt)_2$（R 为 Me、Et）与四苯基环戊二烯进行狄尔斯－奥德尔反应，可得到 $C_6Ph_5SiR(OEt)_2$。后者可进一步用于制取耐高温的多苯基硅橡胶。例如，$ViSi(OEt)_3$—$MePhC=O$ 溶液，在汞灯辐照及低于 30℃ 下，慢慢加入

$HSCH_2CHOHCH_2OH$，接着在室温下维持反应 2h，得到 91.4% 收率的 $HOCH_2CHOHCH_2SCH_2CH_2Si(OEt)_3$，后者既可用于制聚硅氧烷，还可用作有机树脂改性剂。

### 2.3.2　氟烃基硅烷

典型的聚二甲基硅氧烷具有优良的耐热性、耐候性、憎水性及脱模性，而被广泛用于国民经济各部门。但其耐油、耐溶剂性能较差，限制了应用的进一步扩展。随后开发出的含氟烃基聚硅氧烷产品，使其得以在汽车、飞机、宇航、石油化工及机械等工业部门获得成功的应用。制备含氟烃基的硅油或硅橡胶，关键是氟烃基硅烷的合成。早期的氟烃基主要是 3，3，3-三氟丙基（$CF_3CH_2CH_2$）。近年来，随着织物防水、防油、防污整理的高档化，消泡剂及脱模剂的高性能化，均要求使用含氟烃基的聚硅氧烷，而且重点是引入长链氟烃基及含氧原子的氟烃基。

#### 2.3.2.1　制法

氟烃基硅烷主要通过金属有机化合物法及加成法制取，在工业化生产中尤以后法为多。

A　金属有机化合物法

（1）格利雅法。由氟烃基格氏试剂与卤硅烷或烷氧基硅烷作用，氟烃基即可与 X 或 OR 发生取代反应，而获得氟烃基硅烷，例如：

$$SiCl_4+nCF_3CH_2CH_2MgBr \longrightarrow (CF_3CH_2CH_2)_nSiCl_{4-n}+nMgBrCl$$

$$HSiCl_3+3CF_3C_6H_4MgBr \longrightarrow HSi(C_6H_4CF_3)_3+3MgBrCl$$

$$HSiCl_4+2FC_6H_4MgBr \longrightarrow (FC_6H_4)_2SiCl_2+2MgBrCl$$

$$Si(OEt)_4+C_3F_7CH_2CH_2MgBr \longrightarrow (C_3F_7CH_2CH_2)_nSi(OEt)_{4-n}+nMgBrCl^{[52]}$$

当氟烃基格氏试剂同时与含有 Si—X 及 C—X 键的硅烷作用时，它优先与 Si—X 反应。从双格氏试剂出发与卤硅烷或烷氧基硅烷反应时，还可制得含氟代亚烃基及氟代亚芳醚基的有机硅化合物。

（2）有机锂法。氟烃基锂试剂可与氯硅烷反应，制得氟烃基硅烷。但是，氟烃基锂试剂很难与烷氧基硅烷等反应。

B　加成法

在催化剂作用下，氟代烯烃与 Si—H 键加成，可得到一系列实用的氟烃基硅烷。由于此法工艺较为简便，目的产物收率较高、副产物少，加之原料较易获得、适用性广，故已成为当前制取氟烃基硅烷的主要生产方法。但此法不能制取全氟烃基硅烷。

适用作 Si—H 键与不饱和烃基加成的催化剂，同样适用于此法。例如，铂族元素配合物、胺及臭氧等都是有效的催化剂，而以 $H_2PtCl_6$ 用得最多。由于加成反应为自由基引发机制，故 $MeSiHCl_2$ 与 $CF_2$＝$CFCl$ 或 $CF_2$＝$CF_2$ 等加成时，常伴随发生聚合反应得到聚合产物。

使用过量的氯硅烷，可抑制调聚反应，有利于生成加成产物。需要指出，氟代烯烃的结构对加成反应收率影响很大。如 $CF_3CH$＝$CH_2$、$CF_3CF_2CH$＝$CH_2$ 与 $HSiCl_3$ 或 $MeSiHCl_2$ 在 200℃ 及 Pt/C 催化下加成时，目的产物收率可达 72%（质量分数）；若由 $CF_2$＝$CFCl$ 出发，则相应的加成反应产物收率仅达 25%（质量分数）。此外，氟代乙烯与 Si—H 键的加成反应速度，随氟原子数增加而降低。

长链多氟烷基的憎水憎油性能优于短链氟烷基，而含氧长链多氟烷基（氟醚基）属于柔性基团，且其憎水憎油及抗污性能更优于多氟烷基。因此，当用作织物的整理剂及高效消泡剂、脱模剂等时，更受到人们的青睐。

C　其他方法

（1）直接法。在 Cu 催化剂作用下，氟代烃基氯化物可与硅粉反应生成氟代烃基氯硅烷，但反应过程裂解比较严重，目的物含量低，缺乏工业化价值。

（2）热缩合法。氟代烃及其氯化衍生物在加热及催化剂作用下可与含氢氯硅烷进行脱 $H_2$ 或脱 HCl 反应制得氟烃基硅烷，此法同样存在裂解严重及目的物收率低等缺点。

（3）加聚法。氟代烯烃及其衍生物与链烯基氯（或烷氧基）硅烷在加压及催化剂作用下，可进行加聚反应得到氟烃基硅烷，但同时伴有聚合反应发生。

此外，通过氯硅烷氟醇解，二硅烷与 $CF_3CH$＝$CH_2$ 或 $CF_3C_6H_4MgBr$ 反应，苯甲酰硅烷与氟烃基格氏试剂反应，溴氟乙烷与硅基炔反应，过氧化氟烷基甲酰与乙烯基硅烷反应等，也可制得氟烃基硅烷。

### 2.3.2.2　性质

A　物理性质

氟是元素周期表中电负性最强的一个元素，由其与碳原子连结成的 C—F 键相当稳定，耐热性也较高。某些氟烃基硅烷的主要物理常数见表 2-12。

**表 2-12　氟烃基硅烷的物理常数**

| 氟烃基硅烷 | 熔点/℃ | 沸点（压力条件/kPa）/℃ | 相对密度（温度/℃） | 折射率（温度/℃） |
|---|---|---|---|---|
| $HCF_2CH_2SiCl_3$ | | 105（101.3） | 1.430（25） | 1.4050（20） |
| $CFCl$＝$CFSiMeCl_2$ | | 121（98.7） | — | — |
| $CF_3CH_2CH_2SiCl_3$ | | 113（101.3） | 1.395（28） | 1.3850（28） |
| $CF_3CH_2CH_2SiHCl_2$ | | 90~91（101.3） | — | — |
| $CF_3CH_2CH_2SiMeCl_2$ | | 121（98.3） | 1.2611（20） | 1.3946（20） |

| 氟烃基硅烷 | 熔点/℃ | 沸点（压力条件/kPa)/℃ | 相对密度（温度/℃) | 折射率（温度/℃) |
|---|---|---|---|---|
| $CF_3CH_2CH_2SiMe_2Cl$ | | 118（101.3) | 1.113（25) | 13727（25) |
| $CF_3CH_2CH_2SiPhCl_2$ | | 99（1.33) | 1.3048（20) | 1.4737（20) |
| $(CF_3CH_2CH_2)_2SiCl_2$ | | 180（1.33) | 1.364（35) | 1.3715（35) |
| $(CF_3)_2CHCH_2SiCl_3$ | | 122（98.9) | — | 1.3661（25) |
| $(CF_3)_2CHCH_2SiMeCl_2$ | | 125（101.3) | — | — |
| $C_2F_5C_2H_4SiCl_3$ | | 131（101.3) | 1.3136（20) | 1.3691（20) |
| $CF_2ClCH_2CH_2SiMeCl_2$ | | 152（100) | 1.307（20) | 1.4138（20) |
| $HCF_2CF_2CH_2CH_2SiMeCl_2$ | | 152（101.3) | — | — |

### B 化学性质

在卤烃基硅烷中，C—X 键的反应活性按下列顺序递降：

$$\equiv C-I > \equiv C-Br > \equiv C-Cl > \equiv C-F$$

由于 C—F 键的化学活性很差，故氟烃基硅烷中的 F 很难被取代。实际上，人们合成氟烃基硅烷的目的，不在于 C—F 的反应活性，而在于它所赋予聚合物的优异耐油、耐溶剂、抗污、憎水、消泡及脱模性能。然而，氟的强电负性也可导致氟烃基硅烷中 Si—C 键能减弱，使其易受亲核试剂的进攻而断裂。

而且随着硅原子上氟烃基的增加，特别是多氟烃基的增加而更易受亲核试剂的进攻，例如，$Si(CH \equiv CF_2)_4$ 在碱溶液作用下，Si—C 键可全部断裂生成 $CH \equiv CFH$。在聚合物中也同样有此规律，如 $(HCF_2CF_2SiO_{1.5})_n$ 可被碱溶液所分解生成 $HF_2CCHF_2$。由于 F、Si 间的电负性相差很大，两者有强烈的亲和力，并使离硅原子较近（特别是 β-位及 α-位）的氟烃基硅烷的耐热性变差。

氟烃基硅烷抗亲核试剂进攻的能力，同样取决于氟原子对硅的相对位置，亦即 Si—C 键被亲核试剂进攻时，依 F 对 S 的位置按 β≫α～γ>δ 的顺序递降。可见 β-氟烃基硅烷是最不稳定的结构，它最易受亲核试剂及亲电子试剂的进攻，甚至简单加热下即可使 Si—C 键断裂。α-氟烃基硅烷对亲核试剂进攻的敏感性大为减弱，γ-氟烃基的作用与 α-氟烃基相近，而 δ-氟代的影响已很小。但从制备氟烃基硅烷的原料来源及合成工艺考虑，以 γ-氟烃基硅烷较为方便，所得产物既有足够的抗亲核试剂进攻的能力，又能较长时间经受 250℃ 高温的考核。

氟芳基硅烷与氟烷基硅烷一样，在强电负性氯原子的影响下，使 Si—C₆H₄F 键易受亲核试剂进攻而断裂，尤其是 $\equiv Si-C_6F_5$ 甚至在很弱的亲核试剂，如沸腾的乙醇作用下即可断裂。但是，$CF_3C_6H_4-Si\equiv$ 中的 Si—C 键对亲核试剂的进攻却比较稳定，在室温下能长时间（24h）经受 NaOH—EtOH 溶液的作用，对比 $C_6H_5-Si\equiv$ 在相同条件下 20min 后 Si—C 键即全部断裂。当氟芳基硅烷中 F 与 Si 为对位时在水溶液中的断裂速度，比其他取代位置的硅烷要慢得多，但是其

Si—C 键可被 $HNO_3$ 所断裂。

氟烃基硅烷中的硅官能团（如 Cl、OMe、OEt、H 等），其化学性质如同相应硅官能有机硅烷一样，可进行相似的化学反应，不用赘述。

### 2.3.2.3 用途

（1）制取耐油耐溶剂的硅橡胶。由 $Me(CF_3CH_2CH_2)SiO$、$MeViSiO$、$Me_2SiO$ 及链节组成的氟硅橡胶（FVMQ），其耐油、耐化学试剂性能优于通用的甲基乙烃基硅橡胶（VMQ）。

（2）制取高效消泡剂及织物防水、防油、防污整理剂。由氟烃基硅烷水解缩合制得的硅油，可在回收干洗溶剂中用作消泡剂，效果明显优于二甲基硅油。

含 $CF_3CH_2CH_2$ 的硅油，特别是含长链（$C_{4~7}$）全氟烃基的硅油，其防水、防油、防污性能优于通用的织物整理剂，加之其折射率只有 1.39~1.40（二甲基硅油为 1.403），故对染色增深具有良好的效果。此外，经含 $CF_3CH_2CH_2$ 的硅油处理过的玻璃布用作高温过滤袋效果良好。

（3）用作硅烷偶联剂。当硅树脂或氟树脂用作胶模剂及憎水剂时，因其对基材的黏结性差，故使用耐久性欠佳。若使用氟烃基硅烷作偶联剂，则可有效改善它们对各种基材的黏接性。

（4）制取导电材料。由 $CF_2{=}CFSiMe_3$ 出发催化聚合，可得到导电性聚合物。

（5）用于制化妆品。使用 $Me_3SiO[Me(R_fCH_2CH_2)SiO]_nSiMe_3$、$[Me(R_fCH_2CH_2)SiO]_4$、$R_fCF_2OCH_2OCONH(CH_2)_3SiMe(OMe)_2$、$R_fCH_2CH_2Si(NH_2)_2NHSi(NH)_2CH_2CH_2R_f$、$CF_3(CF_2)_nCH_2CH_2Si(OMe)_3$ 等（$R_f$ 为 $CF_3(CF_2)_n$、$C_3F_7O[CF(CF_3)CF_2O]_mCF(CF_3)$ 等）代替金属皂、卵磷酯、石油烃及氟硅油等添加剂，可获得更佳的憎水、憎油性，且不易变质。

（6）用作疏水性液相色谱填充剂。使用 $C_3F_7C(CF_3)_2CH_2CH_2CH_2SiMe_2Cl$ 处理 $SiO_2$ 后，可大大提高对 5-氟尿嘧啶等的分离能力。

（7）提高接触镜透氧率。由 $CH_2{=}C(CF_3)COOCH_2SiMe_3$ 与 $CH_2{=}CMeCOOMe$ 制成的共聚物，其透氧率比由 $CH_2{=}CMeCOOMe$ 与 $CH_2{=}CMeCOOH$ 制成的共聚物要高出 1.6 倍。

（8）制取润滑油。由含多氟烃基环硅氧烷开环聚合得到的共聚物，具有优良的耐热性及润滑性，其表面能特别低，广泛用作润滑脂的基础油，还可用作织物整理剂及涂料原料。

（9）消泡剂。通用硅油消泡剂的表面张力不够低，在有机溶剂体系中的消泡效果欠佳。若改用长链多氟烃基硅油，如 $Me_3SiO[Me(C_4F_9CH_2CH_2)SiO]_n(Me_3SiO)_m$，其表面张力低达 19.3mN/m，不溶于有机溶剂中，适合作涂料的消泡剂。

### 2.3.3   氯烃基硅烷

氯烃基硅烷区别于氯烃基硅烷，除用于制取含氯烃基的聚硅氧烷外，主要利用其 C—Cl 键进行取代反应，以制备含氯烃基、环氧烃基、甲基丙烯酰氧烃基、羧烃基、巯烃基及羟烃基等的硅烷。因而氯烃基硅烷是制备其他碳官能硅烷的重要中间体。氯烃基硅烷的代表性产品通式为 $Cl(CH_2)_a SiMe_b X_{3-b}$。式中，X 为卤素、烷氧基等；$a$ 为 1~4（主要为 3）；$b$ 为 0，1。

#### 2.3.3.1   制法

氯烃基硅烷的主要制法有金属有机化合物法、氢硅化加成法、热缩合法、烃基氯化法、卤素或卤化氢与重键加成法等。

**A   有机金属化合物法**

在使用有机金属化合物法合成氯烃基硅烷中，格利雅法是最主要的，即由氯烃基格氏试剂出发，在溶剂存在下与氯硅烷或烷氧基硅烷反应，得到氯烃基硅烷；也可先制成硅基格氏试剂，而后与两端带卤素的烷烃 $X(CH_2)_n X'$（X、X′为 Cl、Br、I；$n$ 为大于 1 的整数）反应，得到氯烃基硅烷。还可采用一步法制得氯烃基硅烷。例如，将 $ViMe_2SiCl$、Mg、$Cl(CH_2)_4Cl$ 及溶剂等加入反应瓶中，在搅拌下加热回流反应 2.5h，即可得到 $ViMe_2Si(CH_2)_4Cl$。

**B   氢硅化加成法**

在催化剂作用下，氯代烯烃容易与 Si—H 键加成，得到一系列重要的氯烃基硅烷。此法原料易得、工艺简便、目的物收率高、适用性广，是当前工业生产氯烃基硅烷最主要的方法。常用的氢硅化反应催化剂，特别是铂配合物催化剂，均适用于合成氯烃基硅烷。当采用 Pt/C 或 $H_2PtCl_6$ 作加成反应催化剂时，除生成正常加成产物（γ-加成产物）外，还伴生一定比例的、不稳定的 β-加成产物。后者在受热下易分解成 $SiCl_4$ 及 $CH_3CH{=\!=}CH_2$，从而降低了目的物收率。为了减少 β-加成产物的生成，使用均相催化剂（铂配合物）可收到良好效果。

**C   氯代烃与 Si—H 键缩合**

氢硅烷在高于 250℃ 及 $AlCl_3$ 催化下可与 PhCl 缩合得到以苯基氯硅烷为主的产物，同时伴生氯代苯基硅烷。

若在 $BCl_3$ 催化下，使 $MeSiHCl_2$ 与 PhCl 在 200℃ 下反应，则 $ClC_6H_4SiCl_2$ 的收率可达 29%（质量分数）。在高温（600℃）下，$HSiCl_3$ 与 p-$ClC_6H_4ClCl_3$ 反应，可获得收率达 30%（质量分数）的 $ClC_6H_4SiCl_3$。当氢硅烷与氯代烯烃反应，亦可得到氯烃基硅烷。

**D   烃基氯化法**

烃基硅烷中的有机基，在紫外光，偶氮二异丁腈，有机过氧化物，Al、Fe、

Sb、P 的卤化物，铁及碘等的催化下，易被氯化而得到氯烃基硅烷。例如，当 $Me_4Si$ 进行光氯化反应时，$CH_3$ 中 H 可逐个被 Cl 取代，而且反应越来越快，得到的是混合氯化物。有机基的氯化反应不仅与所用催化剂有关，也与工艺及操作有关。例如，在偶氮二异丁腈催化下，主产物为一氯代甲基硅烷。若能及时地将反应产物移出反应区，并进行分离，将未反应的硅烷返回重新氯化，则一氯甲基硅烷的收率可高达 90%（质量分数）左右。

已知，硅原子上连接的有机基越多，氯化就愈易进行。例如，$Me_3SiCl$、$Me_2SiCl_2$ 分别与 1mol 的 $Cl_2$ 反应时，产物组成分别为：

$$Me_2SiCl_2+Cl_2 \longrightarrow \begin{cases} Me(ClCH_2)SiCl_2(37\%) \\ Me(Cl_2CH)SiCl_2(38\%) \\ Me(Cl_2C)SiCl_2(7\%) \end{cases}$$

$$Me_3SiCl+Cl_2 \longrightarrow \begin{cases} Me_2(ClCH_2)SiCl(62\%) \\ Me_2(Cl_2CH)SiCl(23\%) \\ Me(ClCH_2)SiCl(9\%) \end{cases}$$

E　卤素或卤化氢对重键硅烷的加成

$Si—C\equiv H$ 键易被酸、碱断裂，故当其与 $X_2$ 或 HX 加成时，不得有水。$Si—CH\!=\!CH_2$ 键相对较为稳定，易与 $X_2$ 及 HX 加成。虽然 $ViSi(OEt)_3$ 的加成速度较慢，但仍能反应得到氯烃基硅烷。

由于 $Si—CH_2CH\!=\!CH_2$ 键易受亲电子试剂进攻，$Br_2$ 可使其断裂而难于进行加成反应。但 $CH_2\!=\!CHSi(OEt)_3$ 在 $CCl_4$ 为溶剂条件下可和 $Br_2$ 发生加成反应；$Cl_2$ 不会引起 $Si—CH_2CH\!=\!CH_2$ 键断裂，加成反应可顺利进行。但是，HCl 不能与 $CH_2\!=\!CHCH_2SiCl_3$ 发生加成反应。还需指出，HX 与不饱和径基硅烷加成时，多数违反马尔柯夫尼柯夫规则，即 H 加到含氢少的碳原子上，而 X 加到含氢多的碳原子上。

### 2.3.3.2　性质

A　物理性质

氯烃基硅烷易溶于有机溶剂，稳定性较高，一般可用蒸馏法纯制。表 2-13 列出某些氯烃基硅烷的物理常数。

表 2-13　氯烃基硅烷的物理常数

| 氯烃基硅烷 | 熔点/℃ | 沸点（压力条件/kPa）/℃ | 相对密度（温度/℃） | 折射率（温度/℃） |
| --- | --- | --- | --- | --- |
| $ClCH_2SiMe_3$ | | 97.1（97.9） | 0.8765（20） | 1.4180（20） |
| $(ClCH_2)_2SiMe_2$ | | 160（99.9） | 1.08（25） | 1.4573（25） |
| $(ClCH_2)_3SiMe$ | | 205（99.9） | 1.24（25） | 1.4857（25） |

| 氯烃基硅烷 | 熔点/℃ | 沸点（压力条件/kPa）/℃ | 相对密度（温度/℃） | 折射率（温度/℃） |
|---|---|---|---|---|
| $Cl_2CHSiMe_3$ | | 133（99.9） | 1.04（25） | 1.4430（25） |
| $Cl_3CSiMe_3$ | 60~66 | 146~156（99.9） | — | — |
| $Cl_3CH_2SiCl_3$ | | 116.5（100） | 1.4776（20） | — |
| $ClCH_2Si(OEt)_3$ | | 90~91（3.33） | 1.048（20） | 1.407（25） |
| $ClCH_2SiHMe_2$ | | 81（101.3） | 0.892（25） | 1.4168（25） |
| $ClCH_2SiMe_2Cl$ | | 115~116（101.3） | 1.067（20） | 1.436（20） |
| $ClCH_2SiMe_2(OEt)$ | | 132~133（101.3） | 0.944（25） | 1.412（25） |
| $ClCH_2SiMeCl_2$ | | 121~122（101.3） | 1.286（20） | 1.450（20） |
| $ClCH_2SiMe(OEt)_2$ | | 160~161（101.3） | 1.000（25） | 1.407（20） |
| $(ClCH_2)_2SiCl$ | | 58.5（2.13） | 1.4624（20） | — |
| $(ClCH_2)_2SiMeCl$ | | 172~173（101.3） | 1.08（20） | 1.471（25） |
| $Cl_2CHSiMe_2Cl$ | -49 | 149（101.3） | 1.237（20） | 1.4618（20） |
| $Cl_2CHSiMeCl_2$ | | 148~149（101.3） | 1.412（20） | 1.470（20） |
| $Cl_2CHSiCl_3$ | | 144~146（101.3） | 1.5518（20） | 1.4714（20） |
| $Cl_3CSiCl_3$ | 115~116 | 155（98.7） | — | — |

B 化学性质

氯烃基硅烷中 C—Cl 键的反应活性，与 Cl 原子的位置，即 Cl 对 Si 的相对距离有关。在外界条件作用下，可发生异裂反应，主要表现在亲核取代反应及消除 HCl 反应。C—Cl 键的反应活性顺序为：β≥α≈γ>δ。例如，β-氯烃基硅烷在室温下可与 NaOH 定量反应，生成乙烯及硅酸；而 α-氯代烃基硅烷，如 $CH_3CHClSiEt_3$ 则需在 141℃下才能与 NaOH 反应。

氯烃基硅烷中 Si—C 键的稳定性随烃基中 Cl 取代数的增加而降低。如 $Cl_3CSiCl_3$ 可被冷水分解而析出 $HCCl_3$；而 $ClCH_2SiCl_3$、$Cl_2CH_2SiCl_3$ 水解时仅生成硅氧烷，Si—C 键不断裂。Si—C 键的稳定性还与 Cl 的位置有关。由于 β-Cl 原子可促进亲核及亲电试剂对 Si—C 键的进攻，从而引起 β-消除反应，析出烯烃。当 β-氯烃基硅烷与格氏试剂反应时，也可观察到 β-消除反应。α-烃基虽可促进亲核试剂对 Si—C 键的进攻，但却抑制亲电试剂的进攻。如 $CH_3CHClSiCl_3$ 与 MeMgBr 反应时，仅发生取代反应，而 Si—C 键保持不变。

喹啉可促进氯烃基脱 HCl 反应，而抑制消除反应的发生。消除反应的倾向，按下列顺序递降：

$$ClCH_2CH_2SiR_3>ClCH_2CH_2SiR_2Cl>ClCH_2CH_2SiRCl_2>ClCH_2CH_2SiCl_3$$

在 $AlCl_3$ 作用下，β-氯烃基硅烷的反应也遵循这一顺序。如 $ClCH_2CH_2SiEt_3$ 在

发生 β-消除的同时，也伴随 Si—C 键及 C—Cl 键断裂，而 $ClCH_2CH_2SiCl_3$ 则仅发生脱 HCl 反应。由此可见，电负性基团（Si—Cl）有强化 C—Cl 键断裂的作用。

当 RONa(醇钠) 与 $ClCH_2SiMe_3$ 反应时，R 的碳原子数对反应产物有很大影响。

$$ClCH_2{\equiv} + NaOR/ROH \longrightarrow \begin{cases} ROSi{\equiv} & \quad (1) \\ ROCH_2Si{\equiv} & \quad (2) \end{cases}$$

当 R 为 Me 时，反应主要按（2）式进行；R 为 Et 时，则（1）式占 10%；R 为 Bu 时，（1）式占 30%。硫醇盐比醇盐更易与氯烃基硅烷反应。

氯烃基硅烷，特别是氯甲基硅烷很容易与氨或胺反应，生成相应的氨烃基硅烷。氯烃基硅烷可与 Me 反应生成相应格氏试剂，后者又可进一步用于制取羟烃基硅烷及羧烃基硅烷。但需指出，氯代芳基硅烷却不能进行上述反应。

### 2.3.3.3 用途

（1）制取其他硅烷偶联剂。$ClCH_2Si(OR)_3$ 及 $Cl(CH_2)_3Si(OR)_3$ 自身即可用作偶联剂，如 $ClCH_2Si(OR)_3$ 用作环氧树脂复合材料的偶联剂，可有效提高材料的综合性能。它们还可用于制取其他硅烷偶联剂，例如由 $ClCH_2Si(OR)_3$ 出发可制得一系列 α-碳官能硅烷偶联剂。

$$(RO)_3SiCH_2Cl + 2PhNH_2 \longrightarrow (RO)_3SiCH_2NHPh + PhNH_2 \cdot HCl$$
$$(RO)_3SiCH_2Cl + H_2N(CH_2)_6NH_2 \longrightarrow (RO)_3SiCH_2NH(CH_2)_6NH_2 + HCl$$

（2）制取活性硅油及润滑脂。由 $Cl(CH_2)_mSiMe_n(OR)_{3-n}$（R 为 Me、Et；$m$ 为 1，3；$n$ 为 0~2）与 $Me_2(OR)_2$ 或 $(Me_2SiO)_n$ 共水解缩聚可制得含氯烃基侧基的聚硅氧烷。后者通过 Cl 的取代反应可进一步制取含其他碳官能基的硅油；若由氯代苯基硅烷出发，通过水解缩聚可制成氯代苯基硅油，由其配制成的润滑脂具有良好的耐热性及润滑性。

（3）室温硫化硅橡胶交联剂及增黏剂。使用 $Cl_2CHSi(OR)_3$ 及 $ClCH_2Si(OR)_3$ 作单组分室温硫化硅橡胶的交联剂，其硫化速度比 $Si(OR)_4$ 及 $MeSi(OR)_3$ 快几倍至几十倍，但在干燥条件下储存稳定性好，且能显著提高对基材的黏接性。

（4）制取季铵盐用作防霉菌、防臭整理剂。由氯烃基硅烷制季铵盐的反应式可表示如下：

$$(RO)_3Si(CH_2)_3Cl + C_{10}H_{21}NMe_2 \xrightarrow{NaI} [C_{10}H_{21}Me_2N(CH_2)_3Si(OR)_3]^+Cl^-$$

$$(RO)_3Si(CH_2)_3Cl + Me_2NCH_2CH_2NMe_2 \xrightarrow[\Delta]{MeOH}$$

$$(RO)_3Si(CH_2)_3N^+Me_2C_2H_4N^+Me_2(CH_2)_3Si(OR)_3 \cdot 2Cl^-$$

含季铵盐阳离子的有机硅化合物，具有特殊的杀菌、防臭、抗静电及表面活性。而 Si—OR 键又可通过水解缩合反应与表面含烃基的基材实现化学键合，达到提高耐洗性及有效性的目的。有机硅季铵盐还可用作抗静电剂、血液凝固剂、海生物防污剂、液晶配向剂，以及电子复印机显像剂中的电控制剂等。

### 2.3.4 溴烃基硅烷

溴烃基硅烷中 Br 的反应活性高于相应的 F 代物及 Cl 代物，因而在有机合成中有其特殊用途。溴烃基硅烷的制法与氯烃基硅烷相近，但其生产成本远高于氯烃基硅烷，毒害性也大得多，故应用受到很大限制。

#### 2.3.4.1 制法

**A 烷基硅烷的溴化（取代法）**

甲基硅烷只有在紫外光照射及通氯条件下与 $Br_2$ 反应，甲基中的 H 才能被 Br 取代，生成溴甲基硅烷。据此认为，真正的溴化剂可能是 BrCl，反应式表示如下：

$$Me_4Si+Br_2 \xrightarrow[UV]{Cl_2} Me_3SiCH_2Br+HBr$$

随着烷基碳链的增长，溴代反应变得容易化，甚至可同时生成二溴代产物。例如，$Et_4Si$ 在加热下可与 $Br_2$ 发生下述取代反应：

$$2Et_4Si+3Br_2 \longrightarrow Et_3SiCHBrCH_3+Et_3SiCHBrCH_2Br+3HBr$$

苄基硅烷及二苯基甲基硅烷亦可顺利地与 $Br_2$ 作用，生成 2，2-二溴衍生物或 2-溴代衍生物。然而，芳基氯硅烷，如 $PhSiCl_3$，只有在 Fe 或 $ShCl_3$ 催化下方能溴化得到一溴及二溴代衍生物。三溴代产物未能获得，同时还可观察到 Si—C 键的断裂。

**B $Br_2$ 或 HBr 与不饱和烃基硅烷的加成**

炔基硅烷如同烯烃一样易与 $Br_2$ 加成得溴代乙烯基硅烷。例如，$CH_2=CHSiR_3$ 易与 $Br_2$ 加成，但 $CH_2=CHSiCl_3$ 则只有在通 $Cl_2$ 引发下方可与 $Br_2$ 反应得到 $BrCH_2=CHBrSiCl_3$。但是，$CH_2=CHCH_2SiR_3$ 却易被 $Br_2$ 所断裂，生成 $R_3SiBr$ 及 $CH_2=CHCH_2Br$，不能进行加成反应；然而 $CH_2=CHCH_2Si(OR)_3$ 在 $CCl_4$ 中却能正常地与 $Br_2$ 发生加成反应，得到 $BrCH_2=CHBrCH_2Si(OR)_3$。

$CH_2=CHSi(Me)_3$ 在有机过氧化物催化下可与 HBr 发生加成反应得 $BrCH_2CH_2Si(Me)_3$。当烯丙基以及 $\alpha$-或 $\beta$-位上带甲基的双键与 HBr 加成时，遵循马尔柯夫尼柯夫规律，即 Br 加到 H 原子少的 C 原子上。

**C 氢硅烷与溴代烯烃的加成**

溴代烯烃在铂系催化剂或紫外光作用下，如同氯代烯烃一样可和 Si—H 键发生加成反应，得到溴烃基硅烷。依同理，当由 HSiCl$_3$、MeSiHCl$_2$、HSi(OMe)$_3$ 及 MeSiH(OMe)$_2$ 出发与 CH$_2$=CHCH$_2$Br 进行加成反应时，则可相应得到 Br(CH$_2$)$_3$SiCl$_3$、Br(CH$_2$)$_3$SiMeCl$_2$、Br(CH$_2$)$_3$Si(OMe)$_3$、Br(CH$_2$)$_3$Si(OMe)$_2$ 等。但是，在 AlCl$_3$ 催化下，R$_3$SiH 与 CH$_2$=CHCH$_2$Br 不能发生加成反应，而是进行取代反应，生成 R$_3$SiBr 及 CH$_2$=CHCH$_3$。

### 2.3.4.2　性质

#### A　物理性质

表 2-14 列出某些溴烷基硅烷的物理常数。

**表 2-14　溴烷基硅烷的物理常数**

| 溴烷基硅烷 | 沸点（压力条件/kPa）/℃ | 相对密度（温度/℃） | 折射率（温度/℃） |
| --- | --- | --- | --- |
| BrCH$_2$SiMe$_3$ | 115.5（98.9） | 1.170（25） | 1.4423（25） |
| BrCH$_2$SiMe$_2$Cl | 130（98.7） | 1.375（25） | 1.4630（25） |
| Br$_2$CH$_2$SiMeCl$_2$ | 140~141（96.7） | 1.57（25） | 1.4750（25） |
| BrCHSiMeCl$_2$ | 86~91（3.3） | — | 1.5185（25） |
| BrCH$_2$SiBr$_3$ | 70（0.8） | 2.5730（20） | — |
| (BrCH$_2$)$_2$SiBr$_2$ | 107（1.2） | 2.4614（20） | — |
| (BrCH$_2$)$_3$SiBr | 123（0.67） | 2.3440（20） | — |
| BrCH$_2$SiMe(OEt) | 55（4.0） | — | 1.4409（20） |
| BrCH$_2$SiMe(OEt)$_2$ | 79（2.9） | — | 1.4350（20） |
| Br(CH$_2$)$_3$SiCl$_3$ | 85（2.1） | 1.118（20） | 1.4910（20） |
| Br(CH$_2$)$_3$Si(OMe)$_3$ | 130（6.0） | — | — |
| Br(CH$_2$)$_3$SiMe(OMe)$_2$ | 127（10） | 1.447（20） | — |

#### B　化学性质

由于 Br 的电正性较 Cl 大，故 Br 烃基硅烷转化成其他碳官能硅烷的反应活性比相应的氯烃基硅烷强，即 Br 可在比较缓和的条件下实现取代反应，很少引起裂解反应；由于硅原子上电负性取代基（包括 Si—O 键）的影响，故而提高了 α-碳原子上 Br 的反应活性，使得 BrCH$_2$Me$_2$SiOSiMe$_2$CH$_2$Br 比 BrCH$_2$SiMe$_3$ 更易与 RCOOH 等反应。

在溴甲基硅烷中，由于 Si 原子上连接的取代基不同，因而对 Br 的反应活性影响也不同。例如，含氧取代基可促进 Br—C 键反应，而含氮取代基则抑制 C—Br 键反应，因而对 H$_2$NCH$_2$CH$_2$NH$_2$ 的反应活性差别较大，并按下列顺序递降：

$$BrCH_2SiMe_2(OEt) > BrCH_2SiMe_2Et > BrCH_2SiMe_2(NEt_2)$$

例如，BrCH$_2$SiMe$_2$(OEt) 在室温下即可反应，而 BrCH$_2$SiMe$_2$(NEt$_2$) 甚至在

沸腾温度下仍反应得很慢。含 $BrCH_2$ 的硅烷可与氨或胺反应，而且反应活性比 $ClCH_2$ 硅烷更高，反应更为顺利。它特别适合于硅氧烷中引入氨烃基。$Cl—CH_2$ 键不易与 NaOH 反应，但 $Br—CH_2$ 键却可与 KOH 反应得到羟甲基硅烷。$Br—CH_2$ 区别于 $Cl—CH_2$，在叔胺作 HBr 接受剂条件下，还可与 ROH 反应生成含 $ROCH_2$ 基的硅烷。在叔胺存在下，甚至在较低温度下，$Br—CH_2$ 键即可与硫醇（RSH）反应，得到高收率的硫甲基硅烷。

### 2.3.4.3 用途

溴烷基硅烷的用途与氯烷基硅烷相似，这里不再详细讲解。甚至一些氯烷基硅烷不能进行的反应，改由溴烷基硅烷出发，即可顺利实现。但由于溴烷基硅烷生产成本较高，且毒害性较大，故应用受到很大限制。

## 2.3.5 氰烃基硅烷

当有机基中引入强极性的氰基后，可使相应的有机硅烷（氰烃基硅烷）在物理化学性能上发生明显的变化。氰烃基硅烷不仅可利用 CN 基的反应活性制取其他碳官能有机硅烷，而且由其出发制成的聚硅氧烷还具有较高的介电常数，良好的耐油、耐溶剂及黏接性能。

### 2.3.5.1 制法

#### A 氢硅烷与不饱和腈的加成

在催化剂作用下，由氢硅烷与不饱和腈加成，是工业上制取氰烃基硅烷最重要的一种方法。此反应同时可被自由基型及离子型催化剂加速，还可使用复合型催化体系，获得比较满意的目的物收率。在不饱和腈中，丙烯腈是最价廉易得的一种，因而它被研究得比较详细。已知，在 $CH_2$ ＝CHCN 与 Si—H 的加成反应中，可同时生成 α— 及 β—氰乙基硅烷两种产物：

$$\equiv Si—H + CH_2 = CHCN \begin{cases} \equiv SiCHMeCN（\alpha\text{-加成产物}) \\ \equiv SiCH_2CH_2CN（\beta\text{-加成产物}) \end{cases}$$

由于 CN 的强电负性，导致 Si—C 键稳定性下降；而且随 CN 离硅原子愈近，影响效果愈显著。因此，α-加成产物的 Si—C 键极易受亲核试剂进攻而断裂，以致无实用价值；γ-位加成产物对 Si—C 键的影响虽小，但 CN 的作用也很弱；唯有 β-加成产物，既保留了氰基的作用，又不严重影响 Si—C 键的稳定性。因而，β-氰烃基硅烷及其制法自然成为关注的热点。

催化剂对加成反应的方向具有决定性的影响。普遍认为，胺类可有效促进加成反应进行，尤其是当配入第二组分乃至第三组分时，可获得更佳的催化效果。但配入的组分不同，可导致不同的加成方向。如使 $PdCl_2$—$R_3N$—$Me_2NCH_2CH_2NMe_2$ 或 $C_5H_5N$—$NiCl_2$ 催化 $MeSiHCl_2$ 与 $CH_2$=$CHCN$ 加成反应时，优先进行 α-位加成，得到收率为 60%～75%（质量分数）的 α-加成产物（$CH_3CHCNSiMeCl_2$）；若使用 $Et_3N$—$PPh_3$、$Me_3SiNMe_2$、酰胺等作催化剂，则主要得到 β-加成产物。若使用 $Pt/Al_2O_3$ 作催化剂，令 $MeSiHCl_2$、$CH_2$=$CHCH_2CN$ 加成反应，可获得收率为 80%～90%（质量分数）的 $NC(CH_2)_3SiMeCl_2$。当使用 $PPh_3$ 作催化剂时，在 200℃ 下使 $HSiCl_3$ 与 $CH_2$=$CHCN$ 反应 3h，得到收率为 62%（质量分数）的 $NCCH_2CH_2SiCl_3$。

前面介绍的都是从含氢氯硅烷出发与不饱和腈的加成反应，因而得到的均为氰烃基氯硅烷，需要进一步经过醇解反应，方能得到氰烃基烷氧基硅烷。但是，直接从 $HSi(OEt)_3$ 出发，在含环辛烯或环辛二烯配位体的氯化铑催化下与 $CH_2$=$CHCN$ 加成，即可获得收率达 90%（质量分数）的 $NCCH_2CH_2Si(OEt)_3$。

**B 格利雅法**

由含硅基的格氏试剂出发与氰气 $[(CN)_2]$ 反应，可获得良好收率的氰烃基硅烷。

**C 直接法**

在 Cu 催化及 370～380℃ 下，使 $ClCH_2CH_2CN$ 直接与 Si 粉反应，可得到收率达 20%（质量分数）的 $NCCH_2CH_2SiCl_3$，以及副产 $SiCl_4$、$HSiCl_3$ 及 $CH_2$=$CHCN$ 等。所用 Si—Cu 触体中，Cu 催化剂用量高达 Si 质量的 25%，加之目的产物收率低及原料有效利用率低等，故目前尚无实用价值。

**D 氯烃基硅烷与氰化钠反应**

在无溶剂条件下，氯烃基硅烷可与氰化钠反应，得到氰烃基硅烷。此法目的物收率不高。特别是不能使用 ROH 等作溶剂，这可能是与产物 $Me_3SiCH_2CN$ 在碱性介质中发生 Si—C 键断裂有关。但是，$Cl(CH_2)_3Si(OR)_3$ 可与碱金属氰化物或碱土金属氰化物在溶剂中反应制得 $NC(CH_2)_3Si(OR)_3$。

**E 有机硅酰胺脱水**

有机硅酰胺在 $P_2O_5$ 作用下，可发生分子内脱水反应，生成氰烃基硅烷。

### 2.3.5.2 性质

**A 物理性质**

氰烃基硅烷的耐热性低于未取代的相应烃基硅烷，而且与 CN 距 Si 原子的相对位置有关。不同氰烃基硅烷的耐热性按下列顺序递降：

$\equiv SiCHCNCH_3 > \equiv SiCH_2CHCNCH_3 > \equiv SiCH_2CH_2CN > \equiv SiCH_2CH_2CH_2CN$

表 2-15 列出某些氰烃基硅烷的物理常数。

表 2-15 氰烃基硅烷的物理常数

| 氰烃基硅烷 | 沸点（压力条件/kPa）/℃ | 相对密度（温度/℃） | 折射率（温度/℃） |
|---|---|---|---|
| NCCH$_2$SiMe$_3$ | 84（7.2） | 0.827（20） | 1.4203（20） |
| CH$_3$CHCNSiMe$_3$ | 91.5~92.5（7.7） | 0.8254（25） | 1.4232（25） |
| CH$_3$CHCNSiCl$_3$ | 96~98（5.6） | — | — |
| CH$_3$CHCNSi(OEt)$_3$ | 119~120（3.6） | 0.9630（25） | 1.4070（25） |
| NCCH$_2$CH$_2$SiMe$_3$ | 97~98（8.5） | 0.8226（25） | 1.4202（25） |
| NCCH$_2$CH$_2$SiMe$_2$Cl | 119~120（5.6） | — | 1.4442（20） |
| NCCH$_2$CH$_2$SiMeCl$_2$ | 111~113（5.3） | 1.1722（20） | 1.4518（20） |
| NCCH$_2$CH$_2$SiEtCl$_2$ | 122~124（5.3） | 1.1561（20） | 1.4557（20） |

### B 化学性质

氰烃基硅烷中的氰烃基，其化学性质与腈（RCN）相近。首先在酸、碱作用下，CN 基可水解成 COOH；其次，CN 可被还原成—CH$_2$NH$_2$。但由于氰基的强电负性，特别是 α-位的 CN 对 Si—C 键的化学稳定性可产生很不利的影响，使得 NCCH$_2$SiMe$_3$ 中的 Si—C 键可被沸水所断裂。γ-氰烃基对 Si—C 键的影响明显变小，故相应硅烷水解时，仅在 CN 基进行，Si—C 键保持不变。

氰烃基硅烷在酸、碱作用下可转化成羧烃基。氰基在强还原剂，如 NaBH$_4$、LiAlH$_4$、H$_2$/Ni 作用下可还原成—CH$_2$NH$_2$。此外，β-氰烷基硅烷及 γ-氰烷基硅烷也可在 Co 催化下进行氢化还原反应，但反应速度要慢得多。

### 2.3.5.3 用途

#### A 制取氨烃基硅烷及羧烃基硅烷

H$_2$N(CH$_2$)$_3$Si(OEt)$_3$ 是硅烷偶联剂中用量最大的品种之一，当前工业上主要使用两种方法制取，其一是由 Cl(CH$_2$)$_3$Si(OEt)$_3$ 作原料的加压氨化法；二是 NC(CH$_2$)$_3$Si(OEt)$_3$ 为原料的催化氢化法。两法反应式表示如下：

$$Cl(CH_2)_3Si(OEt)_3 + NH_3（过量） \xrightarrow{5MPa} H_2N(CH_2)_3Si(OEt)_3 + H_3N \cdot HCl$$

$$NC(CH_2)_2Si(OEt)_3 + 2H_2 \xrightarrow{Ni} H_2N(CH_2)_3Si(OEt)_3$$

前法需在高压釜中于 5MPa 下进行氨代反应，NH$_3$ 用量约为理论量的 20 倍，而目的产物（伯胺）收率仅达 60%（质量分数）左右，副产物（仲胺）却高达 20%（质量分数）以上，因而存在时空产率低、原料消耗多及目的物收率低等缺点；后法使用的主要原料 NC(CH$_2$)$_3$Si(OEt)$_3$ 虽比 Cl(CH$_2$)$_3$Si(OEt)$_3$ 昂贵，但 H$_2$ 比 NH$_3$ 便宜，反应条件较缓和，目的产物收率及原料有效利用率也较高，故为更多的生产厂家所采用。

利用氰烃基在酸、碱催化下可水解成羧烃基的特性，可以从氰烷基（主要是

β-或 γ-氰烷基）硅烷或硅氧烷出发，通过酸、碱催化水解，较方便地制得羧烃基硅烷或羧烃基硅氧烷。

B　制取氰烃基硅油

由 $NCCH_2CH_2SiMeCl_2$ 水解物、$(Me_2SiO)_4$ 及 $Me_3SiO(Me_2SiO)_2SiMe_3$ 进行碱催化共聚，可制得含 $NCCH_2CH_2$ 基的二甲基硅油。后者既不溶于水中，又不溶于大多数有机溶剂中，它的介电常数随氰基含量的增加而提高，最高可达40，比二甲基硅油高 13~17 倍，而被广泛用作电容器介质油、抗静电剂及耐油润滑剂。

C　制取耐油、耐溶剂的硅橡胶

由 $NCCH_2CH_2SiMeCl_2$ 水解物（环体）、$(Me_2SiO)_4$、$(MeViSiO)_4$ 及 $Me_3SiO(Me_2SiO)_2SiMe_3$ 出发经碱催化开环共聚，可制得高摩尔质量的腈硅生胶。后者经混炼、硫化，可获得耐油性能与丁腈橡胶相近，并能在-70~260℃范围内保持弹性的腈硅橡胶。

D　室温硫化硅橡胶增黏剂及触变控制剂

脱醇型单组分室温硫化硅橡胶是当前用量最大的品种之一，但黏接性差是其主要缺点。若在胶料中混入少许 $NC(CH_2)_aSi(OMe)_3$［$a$ 为 2，3］作增黏剂，则可显著提高硅橡胶对玻璃、铝板及混凝土等的黏接性；氰烷基硅烷［如 $NCC_2H_4Si(OMe)_3$ 等］还可用作单组分室温硫化硅橡胶的挤出速度调节剂及触变性添加剂。胶料中只零加入 0.5%（按基础聚合物质量计）的氰烃基硅烷，胶料挤出速度即可达到150g/min，而流淌性小于5mm。

### 2.3.6　异氰酸烃基硅烷

异氰酸丙基硅烷是异氰酸烃基硅烷中的代表性产品，其通式可用 $OCN(CH_2)_3SiMe_aX_{3-a}$（X 为卤素及烷氧基；$a$ 为 0，1）表示。含异氰酸丙基的硅烷除具有异氰酸基的反应特性外，还能显著改进聚硅氧烷的黏接性。

#### 2.3.6.1　制法

大多数异氰酸烃基硅烷也由氨烃基硅烷与酰氯类化合物作用而得。

（1）氨烃基硅烷与光气反应。氨烃基硅烷与光气反应制取异氰酸基硅烷的反应式可表示如下：

$$\equiv Si(CH_2)_3NH_2+COCl_2 \longrightarrow \equiv Si(CH_2)_3NCO+2HCl$$

为促使反应往右进行，提高目的产物收率，一般需加入 HCl 吸收剂；由于异氰酸酯基极易与水作用，故反应体系应保持高度干燥。

（2）氨烃基硅烷与甲酰氯作用。氨烃基硅烷与 $PhOCOCl$ 或 $Cl_3COCOCl$ 反应，同样可获得良好的结果。前法的工艺过程是，先使氨烃基硅烷与 $PhOCOCl$ 反应，继而加入 $Me_3SiCl$ 加热反应而得目的物。例如，先让 $H_2N(CH_2)_3SiMe(OEt)_2$ 与

PhOCOCl 在 50~60℃ 下反应，而后升温并保持 90~100℃ 下加入 $Me_3SiCl$ 反应 3h，即可得到收率达 80% 的 $OCN(CH_2)_3SiMe(OEt)_2$。还有另一种方法合成类似的异氰酸烃基硅烷。即在 0℃ 下将 PhOCOCl 加入内盛 $Et_3N$、MePh、$H_2N(CH_2)_3Si(OCH_2CF_3)_3$ 的反应瓶中，先在 40~50℃ 下反应 2h，继而在 60~80℃ 下加入 $Me_3SiCl$，并在 100~110℃ 下搅拌反应 3h，即可得到 76% 收率 $OCN(CH_2)_3SiMe(OMe)_2$。

（3）通过氨基甲酸烃基硅烷酯制取。先由氨丙基三甲氧基硅烷与碳酸二苯酯、碳酸二烷基酯或它们的混合物在碱催化下反应，得到氨基甲酸烃基硅烷酯；而后加入裂解催化剂在加热下分解得 $OCN(CH_2)_3SiMe(OMe)_3$ 或其三聚体、异氰脲酸三（三甲氧硅基丙基）酯。

（4）卤氨基硅烷与异氰酸碱金属盐反应。例如，由 $(MeO)_3Si(CH_2)_3Cl$ 与 KNCO 通过脱 KCl 缩合反应，得到异氰酸烃基硅烷。

### 2.3.6.2　性质

#### A　物理性质

常见的异氰酸烃基硅烷均为带刺激性的液体，表 2-16 列出 $OCN(CH_2)_3SiMe_2Cl$ 及 $OCN(CH_2)_3Si(OEt)_3$ 的主要物理常数。

表 2-16　异氰酸烷基硅烷的物理常数

| 异氰酸烃基硅烷 | 沸点（压力条件/kPa）/℃ | 相对密度（温度/℃） | 折射率（温度/℃） |
| --- | --- | --- | --- |
| $OCN(CH_2)_3SiMe_2Cl$ | 62~66（0.08） | — | — |
| $OCN(CH_2)_3Si(OEt)_3$ | 130（2.7） | 0.99（20） | 1.419（20） |

#### B　化学性质

异氰酸烷基硅烷中的异氰酸基，如同有机异氰酸酯一样，易与含活泼氢的化合物，如 $H_2O$、ROH、$RNH_2$ 等反应，生成氨基甲酸酯及脲等化合物。

（1）与水反应。以 $Me_3SiC_6H_4NCO$ 与水的反应为例：

$$2MeSiC_6H_4NCO + 2H_2O \xrightarrow{(CH_2CH_2O)_2} (Me_3SiC_6H_4NH)_2C = O + H_2CO_3$$

（2）与醇反应。异氰酸烷基硅烷与醇反应，可生成相应的氨基甲酸酯，当异氰酸烷基硅烷与重氮乙酸羟烷基酯中的羟基 $[N_2：CHCOO(CH_2)_nOH]$ 反应时，可得到含重氮乙酰氧烷基的氨基甲酸三甲氧硅丙酯。

（3）与胺反应。异氰酸烃基硅烷与胺反应，可生成相应的脲类衍生物，例如：

$$Me_3SiC_6H_4NCO + RNH_2 \longrightarrow Me_3SiC_6H_4NHCONHR$$

（4）与叠氮化氢（$HN_3$）反应。由 $(MeO)_3SiC_6H_4NCO$ 出发与 $HN_3$ 反应，可获得高收率的叠氮甲酰胺丙基三甲氧基硅烷 $(MeO)_3SiC_3H_6NHCON_3$。

### 2.3.6.3 用途

（1）作为硅烷偶联剂使用。$OCN(CH_2)_3Si(OR)_3$ 及 $OCN(CH_2)_3SiMe(OR)_2$ 大量用作硅烷偶联剂，处理无机、有机及金属材料表面，赋予它们对异种材料间的良好黏接性，以提高材料或制品的综合性能。

（2）制取其他硅烷偶联剂。由 $OCN(CH_2)_3Si(OR)_3$ 出发与胺、叠氮化氢及磷酸酯等反应，可相应获得含脲基、叠氮基及磷酸酯基的硅烷偶联剂，从而扩展了它们的应用领域。

（3）室温硫化硅橡胶增黏剂。在脱醇型单组分室温硫化硅橡胶胶料中，只需混入0.5%（按基础聚合物质量计）的异氰酸烷基烷氧基硅烷，所得胶料即可对玻璃、铝板等获得良好的黏接性。

（4）有机聚合物改性剂。有机聚合物中加入异氰酸烷基硅烷即可实现化学改性，异氰酸烷基硅烷还可用作油漆、涂料等的交联剂及增黏剂。

## 2.3.7 羟烃基硅烷

羟烃基硅烷又称醇基硅烷，其代表性产品可用通式 $HOR'SiMe_aX_{3-a}$ ［$R'$ 为二价烃基或杂原子的二价烃基；X 为卤素、烷氧基、烃基等；$a$ 为 0~2] 表示。近年来，由于醇基改性在有机聚合物（如聚酯、聚氨酯、环氧树脂、蜜胺树脂等）改性方面获得成功应用，因而市场对羟烃基硅烷的需求呈快速增长之势。

### 2.3.7.1 制法

羟烃基硅烷的制法较多，按原料划分，可分为：（1）由卤烃基硅烷出发的反应；（2）由卤硅烷出发的反应；（3）由氢硅烷出发的反应；（4）其他方法等，4种。

A 由卤烃基硅烷出发的反应

（1）先酰氧化，后水解法。即先将卤烃基转化为酰氧烃基，继而在酸、碱作用下水（醇）解成羟烃基，例如：

$$Me_3SiCH_2Cl+AcOK \xrightarrow{AcOH} Me_3SiCH_2OAc \xrightarrow{MeOH/H_2SO_4} Me_3SiCH_2OH$$

$$\equiv Si(CH_2)_nCl+AcOK \xrightarrow{AcOH} \equiv Si(CH_2)_nOAc \xrightarrow{MeOH/KOH} \equiv Si(CH_2)_nOH(n=2, 3)$$

（2）格利雅法。先将卤烃基硅烷制成格氏试剂，继而与某些含氧有机化合物反应，生成羟烃基硅烷。

$$Me_3SiCH_2Br+Mg \xrightarrow{THF} Me_3SiCH_2MgBr \xrightarrow{Me_2C=O} Me_3SiCH_2CMe_2OH+Mg(OH)Br$$

$$Me_3SiCH_2Br+Mg \xrightarrow{THF} Me_3SiCH_2MgBr \xrightarrow{CH_3CHO} Me_3SiCH_2CHOHCH_3+Mg(OH)Br$$

$$\equiv SiCH_2Cl + Mg \xrightarrow{THF} \equiv SiCH_2MgCl \xrightarrow{O_2} \equiv SiCH_2OMgCl \xrightarrow{H_2O} \equiv SiCH_2OH$$

（3）与 $RO(CH_2)_nX$ 缩合法。即由氯烃基硅烷出发与 $RO(CH_2)_nX$ [R 为 H、Na、K 等；X 为 Cl、OH、ONa 等；$n$ 为大于 1 的整数] 缩合而得：

$$2 \equiv SiCH_2Cl + NaOCH_2CH_2ONa \xrightarrow{H_2O} \equiv SiCH_2OCH_2CH_2OCH_2Si \equiv +2NaCl$$

$$\equiv SiCH_2Cl + NaOCH_2CH_2OH \xrightarrow{H_2O} \equiv SiCH_2OCH_2CH_2OH + NaCl$$

$$\equiv SiCH_2Cl + HO(CH_2)_4Cl \longrightarrow \equiv SiCH_2O(CH_2)_4Cl \xrightarrow[H_2O]{Me_3SiCl}$$

$$\equiv SiCH_2O(CH_2)_4OSiMe_3 \xrightarrow{H_2O} \equiv SiCH_2O(CH_2)_4OH$$

**B  由卤硅烷出发反应**

（1）有机氯硅烷与甲硅烷基卤代醇作用。具体步骤是，先将 $Cl(CH_2)_nOH$ 的活泼氢用硅基化保护，而后再和有机氯硅烷进行钠缩合反应或格利雅反应，得到含 Si—C 键的化合物，最后将硅烷基水解而得到羟烃基硅烷，例如：

$$Cl(CH_2)_4OH + Me_3SiCl \longrightarrow Cl(CH_2)_4OSiMe_3 + HCl$$

$$Me_3SiO(CH_2)_4Cl + Me_3SiCl + Mg \xrightarrow{-MgCl_2} Me_3SiO(CH_2)_4SiMe_3 \xrightarrow[-Me_3SiOH]{H_2O} Me_3Si(CH_2)_4OH$$

$$Me_3SiO(CH_2)_4Cl + Me_3SiCl + 2Na \xrightarrow{-2NaCl} Me_3SiO(CH_2)_4SiMe_3 \xrightarrow[-Me_3SiOH]{H_2O} Me_3Si(CH_2)_4OH$$

需指出，除 $Cl(CH_2)_nOH$ 中的活泼氢需经保护外，Cl 与 OH 还需有一定的间隔，一般 $n \geq 3$。

（2）有机氯硅烷与环氧化物反应。先采用格利雅法，以四氢呋喃为溶剂及 MeI 作催化剂的条件下，使 $Me_2SiCl$、图框中 $(CH_2)_4O$ 及 Mg 反应，生成 $Me_2Si$（环状结构 $O—CH_2$，$CH_2$，$H_2C—CH_2$），后者在少量酸（如 HCl）催化下水解，即可获得收率约 70%（质量分数）的 $HO(CH_2)_4Me_2SiOSi(OH_2)_4OH$。

**C  由氢硅烷出发的反应**

主要是由 Si—H 键与不饱和烃衍生物进行氢硅化加成反应而得，下面介绍两种方法。

（1）氢硅烷与不饱和羧酸酯作用。即以四氢呋喃为溶剂及 $H_2PtCl_6$ 催化下，使氢硅烷与醋酸烯丙酯加成得乙酰氧烃基硅烷，再将后者水解得到羟烃基硅烷。

（2）氢硅烷与不饱和醇的反应。在铂系催化剂作用下，并以四氢呋喃等作溶剂，使氢硅烷与 $CH_2=CHCH_2OH$、$CH_2=CHCH_2OCH_2CH_2OH$、$CH_2=CHCH_2OCH_2CHMeOH$ 或 $CH_2=CHCH_2OCH_2CHOHCH_2OH$ 等在 90~110℃ 下加成，即可得到相应的羟烃基硅烷，它也是当前用于制取羟烃基硅烷最主要的方法之一。但在铂催化下，Si—H 同时还可和 C—OH 键发生脱 $H_2$ 反应，从而严重影响目的产物的收率。为了防止或减少上述副反应，宜将不饱和醇的活泼氢先用 $Me_3Si$ 基取代（即甲硅烷基保护）；完成加成反应后，再将其水（醇）解脱去 $Me_3Si$ 基而恢复 OH。也可在加成反应中加入缓冲剂，以抑制或减少脱 $H_2$ 反应的发生。

D 其他方法

反应式如下：

$$Ph_3SiLi + Me_2C = O \xrightarrow{H_2O} Ph_3SiCMe_2OH + LiOH$$

$$Me_3SiCH_2CHMeCOOH + LiAlH_4 \longrightarrow Me_3SiCH_2CHMeCH_2OH + Al + LiOH_4 + 1/2H_2$$

$$\equiv SiCOOR + 2H_2 \xrightarrow{\text{加压催化剂}} \equiv SiCH_2OH + ROH$$

$$\equiv SiCOOR + 4Na + 2ROH \xrightarrow{-3RONa} \equiv SiCH_2ONa \xrightarrow{H_2O} \equiv SiCH_2OH$$

### 2.3.7.2 性质

A 物理性质

表 2-17 列出某些不含硅官能的羟烃基硅烷的物理常数。

**表 2-17 羟烃基硅烷的物理常数**

| 羟烃基硅烷 | 沸点（压力条件/kPa）/℃ | 相对密度（温度/℃） | 折射率（温度/℃） |
|---|---|---|---|
| $Me_3SiCH_2OH$ | 121.8（100） | 0.8261（25） | 1.4169（25） |
| $MeEt_2SiCH_2OH$ | 165.7（100） | 0.8625（20） | 1.4392（20） |
| $Me_2PhSiCH_2OH$ | 113~117（1.47） | 0.9899（20） | 1.5225（20） |
| $Me_2EtSiCH_2CH_2OH$ | 78（2.93） | 0.8448（25） | 1.4335（20） |
| $MeEt_2SiCH_2CH_2OH$ | 99~100（1.33） | 0.8734（20） | 1.4605（20） |
| $Me_3Si(CH_2)_3OH$ | 62~63（1.33） | 0.8408（20） | 1.4278（20） |
| $MeEt_2Si(CH_2)_3OH$ | 98（1.33） | 0.8489（20） | 1.4452（20） |
| $Et_3Si(CH_2)_3OH$ | 80~81（0.4） | 0.8565（20） | 1.4536（20） |
| $Me_2Si[(CH_2)_3OH]_2$ | 168（2） | 0.940（25） | 1.4649（25） |
| $Me_2EtSi(CH_2)_3OH$ | 124（3.2） | 0.838（25） | 1.4421（25） |
| $\eta\text{-}Me_3SiC_6H_4CH_2OH$ | 132（1.47） | 0.9605（20） | 1.5140（20） |

B 化学性质

羟烃基硅烷中的硅官能团，如 Si—Cl、Si—OR 等，其反应性与氯硅烷及烷氧基硅烷相同。羟烃基硅烷中 C—OH 键的反应活性接近于 ROH 中的 C—OH，而与 Si—OH 相差很大。因而，羟烃基硅烷中的 C—OH 键在一定条件下可发生下列反应：氧化脱水生成含醛基或羧基的烃基硅烷，酸催化脱水生成不饱和烃基硅烷，与其他醇脱水反应生成醚，与异氰酸酯反应生成含氨基甲酸基硅烷，与醛、酮反应生成含缩醛烃基硅烷，与无机含氧酸及羧酸反应生成甲硅院基无机酸酯或羧酸酯，与卤氢酸反应生成卤代烃基硅烷，与氨、胺反应生成氨烃基硅烷，与卤代烃反应生成烷氧烃基硅烷，与硫化物反应生成巯烃基硅烷，与碱金属反应生成含硅基醇盐。

由于结构的影响，某些 a-羟烃基硅烷容易发生重排反应生成烃氧基硅烷，β-羟烃基硅烷与酸作用，可生成硅醇及烯烃，某些羟烃基硅烷脱水反应时，分子内形成不饱和键。

### 2.3.7.3 用途

（1）制取其他碳官能硅烷。由羟烃基硅烷出发，通过氧化脱水反应或碱熔反应可获得羧烃基硅烷；通过酸催化脱水反应可制得不饱和烃基硅烷；与卤代烃反应可制得烷氧烃基硅烷；与硫化物反应可制得巯烃基硅烷；与碱金属反应可制得金属烃氧基硅烷（$\equiv$ SiR′OM；M 为碱金属）等。

（2）制取羟烃基硅油。由羟烃基硅烷水解物，$(Me_2SiO)_n$ 及 $Me_3SiO$ $(Me_2SiO)_2SiMe_3$ 出发，经酸、碱催化聚合反应，或由含氢硅油与不饱和醇（活泼氢先用 $Me_3Si$ 基保护）进行加成反应可制得单端、双端或侧基含羟烃基的硅油。利用后者的活泼 OH，可与有机化合物中的 OH、Cl、COOH 及 NCO 等基团反应的特性，从而将聚硅氧烷链段引入有机聚合物中，达到改善后者的混炼性、成型性、脱模性、光泽性、润滑性、耐热、耐寒性、耐候性、憎水性及透气性等。羟烃基硅油已在聚氨酯以及聚酯改性中获得成功应用；羟烃基硅油呈现生理惰性，对人体组织的相容性好，而可用作抗血栓材料；利用它的耐热性与润滑性，还可望用在热敏性记录材料上；此外，羟烃基硅油还可改进聚酯纤维及薄膜的回弹性、柔软性、撕裂强度、耐磨耗性、染色性及耐热性等。

## 2.3.8 巯烃基硅烷

巯烃基硅烷的代表性产品可用通式：$HSR'SiMe_aX_{3-a}$（R′为二价饱和烃基；X 为卤素、烷氧基、烃基等；$a = 0，1$）表示。巯烃基硅烷不仅可以大量用作偶联剂，而且利用巯基可与不饱和键加成反应的特性，开发出光固化的硅树脂及硅橡胶新产品。

### 2.3.8.1 制法

巯烃基硅烷的主要制法有二：一是通过氯烃基硅烷转化而得；二是通过氰烃基硅烷转化而得。前法是当前主要使用的生产方法。

A 卤烃基硅烷转化法

由卤烃基硅烷直接与硫化氢反应虽可制得巯烃基硅烷，但需在高压条件下进行反应，应用存在诸多不便；当前由卤烃基硅烷与硫脲或硫醇钠作用，是工业上制备巯烃基硅烷的主要方法。

(1) 硫脲法合成巯烃基硅烷。在无催化剂条件下，氯烃基硅烷虽可与硫脲反应生成巯烃基硅烷，但反应过程中大量副生硫醇 (RSH)，导致生产成本上扬。为此，反应中一般都使用巯基化反应促进剂，常用的有 $HCONMe_2$ (DMF)、$(Me_2N)_2C=O$、$Me_2NCH_2CH_2NMe_2$ 及 KI 等，其中以 DMF 用得最多。

(2) 硫醇钠法合成巯烃基硅烷。由氯烃基硅烷与 NaSH 出发，通过缩合反应制取巯烃基硅烷理论上比较简单，但实施起来却比较复杂。不仅目的产物收率不高，而且反应时间冗长（约 20h），工业生产中长期得不到发展。但最近技术上有了突破。例如，参照合成硫醇常用的方法，即将卤烃基硅烷及硫醇钠在极性有机溶剂中共热，可获得高收率的巯烃基硅烷。此外，卤烃基硅烷还可在叔胺作用下与硫代乙酸反应，获得较高收率的巯烃基硅烷。

**B  氰烃基硅烷转化法**

氰烃基硅烷在 $Et_2NH$ 作用下，可与 $H_2S$ 加成，得到 $\equiv SiR'C(S)NH_2$。后者再经催化氢化，即可得到巯烃基硅烷。例如，将 0.92mol 的 $NCCH_2CH_2Si(OEt)_3$、10g 的 $Et_2NH$ 及 1.3mol 的 $H_2S$ 加入反应瓶中，在 60℃下反应 5h，生成 $H_2NC(S)CH_2CH_2Si(OEt)_3$。后者在 $CoS_3$ 催化下通 $H_2$ 还原，即可得到收率为 59%（质量分数）的目的产物 $(EtO)_3Si(CH_2)_3SH$。

此外，含其他不饱和烃基的硅烷也可与 $H_2S$ 反应。

### 2.3.8.2  性质

**A  物理性质**

巯烃基硅烷多为具有难闻气味的液体。与相应醇基硅烷相比，形成氢键的能力较低，沸点较低，不溶于水，而易溶于甲醇、乙醇、异丙醇、苯、甲苯、二甲苯及丙酮等大多数有机溶剂中。表 2-18 列出某些巯烃基硅烷的物理常数。

**表 2-18  巯烃基硅烷的物理常数**

| 巯烃基硅烷 | 沸点（压力条件/kPa）/℃ | 相对密度（温度/℃） | 折射率（温度/℃） |
|---|---|---|---|
| $HSCH_2SiMe_2(OEt)$ | 64 (7.3) | — | — |
| $HSCH_2SiMe_2(OEt)_2$ | 60 (1.3) | — | — |
| $HS(CH_2)_3Si(OMe)_3$ | 93 (53) | 1.040 (20) | 1.440 (20) |
| $HS(CH_2)_3Si(OEt)_3$ | 210 (101.3) | 0.993 (25) | — |
| $HS(CH_2)_3SiMe(OMe)_2$ | 96 (4) | 1.00 (20) | 1.4502 (25) |
| $HSC_3H_6Me_2SiOSiMe_2C_3H_6SH$ | 120 (0.07) | — | — |

**B  化学性质**

巯烃基硅烷中的硅官能团（如 Si—Cl、Si—OMe，Si—OEt 等）的反应性与氯硅烷及烷氧基硅烷相似。巯烃基硅烷中的巯基，反应特性与醇相似，可用作亲核试剂进行加成及取代反应。但 S—H 键比 O—H 更易断裂，酸性较—OH 强。巯烃基硅烷与异氰酸基及乙烯基等不饱和基团加成反应的示意式表示如下：

$$\equiv SiC_3H_6SH+O\!=\!C\!=\!NR \longrightarrow \equiv SiC_3H_6SCONHR$$

$$\equiv SiC_3H_6SH+H_2C\!=\!CHR \longrightarrow \equiv SiC_3H_6SCH_2CH_2R$$

$$(MeO)_3SiC_3H_6SH+H_2C\!=\!HCSi \equiv \longrightarrow (MeO)_3SiC_3H_6SCH_2CH_2Si \equiv$$

上述反应正是由巯烃基硅烷出发制取光固化硅树脂、硅橡胶以及硅氧烷改性有机聚合物的基础。

巯烃基硅烷如同有机硫醇一样易被氧化成二硫化物。当巯烃基硅烷与 RSH、$PbO_2$ 一起反应时，可生成含 S—S 键的化合物。巯基还可被强氧化剂（如 $NaMnO_4$ 等）氧化成相应的磺酸盐，例如将 $(Me_3SiO)_2MeSi(CH_2)_3SH$ 氧化成 $(Me_3SiO)_2MeSi(CH_2)_3SO_3Na$。

### 2.3.8.3 用途

（1）用作硅烷偶联剂。$HSC_3H_6Si(OR)_3$、$HSC_3H_6SiMe(OR)_2$ 以及含双巯烃基的硅烷均可用作硅烷偶联剂，而被广泛用于环氧树脂、聚氨酯、聚酯、丁苯橡胶及天然橡胶中，以提高由它们制得的复合材料性能。

（2）制取巯烃基改性硅油。由 $HSC_3H_6SiMe(OMe)_2$ 水解物、$(Me_2SiO)_4$ 及 $Me_3SiO(Me_2SiO)_2SiMe_3$ 等在酸催化下制得的带巯丙基侧基的改性硅油，或由 $HSC_3H_6SiMe_2(OMe)$ 先水解缩合制成 $HSC_3H_6Me_2SiOSiMe_2C_3H_6SH$，继而再和 $(Me_2SiO)_4$ 进行催化平衡聚合制得端巯丙基硅油。巯丙基硅油在紫外光或电子束射线作用下，又可与乙烯基硅油加成，实现交联固化，从而广泛用作纸张防黏隔离涂层、光纤包覆涂料及静电复印机金属辊的防调色剂黏附等。此外，巯烃基硅油还可用于和聚甲基丙烯酸、聚丙烯酸及聚苯乙烯等接枝，改善它们的平滑性与脱模性。

（3）提高室温硫化硅橡胶的黏接性。由 $HSC_3H_6Si(OMe)_3$ 与 $CH_2\!=\!CHCH_2NCO$ 加成反应得到的 $(MeO)_3SiC_3H_6SC_3H_6NCO$ 或由 $(MeO)_2MeSiC_3H_6SH$ 与 $(ViMe_2Si)_2O$ 加成反应得到的 $(MeO)_3SiC_3H_6SCH_2CH_2SiMe_2OSiMe_2Vi$ 可有效提高硅橡胶对各种基材的黏接性；在配制脱氨氧型室温硫化硅橡胶中加入 $HSC_3H_6SiMe(OMe)_2$，硫化后具有可印刷性；在脱酮肟型产品中混入由巯烃基硅烷制得的巯烃基硅油及光敏剂（二苯基酮），可制得双态硫化室温硫化硅橡胶。

（4）其他应用。将巯烃基硅油配入烫发剂中，可赋予头发耐湿性及耐久性，并使发型固定；处理羊毛织物，可赋予牢固的防收缩性；涂料中配入巯烃基硅油可提高抗凝结性；巯烃基硅烷还可用作表面改性剂、活性中间体以及用于制取金属表面保护涂料。

### 2.3.9 氨烃基硅烷

氨烃基硅烷是碳官能链烷中用量最大的品种之一。本节介绍了 $\gamma$-氨丙基型及 $\alpha$-氨甲基型硅烷。前者可用通式 $H_2N(CH_2)_3SMe_aX_{3-a}$ 以及 $H_2NCH_2CH_2NH$——$(CH_2)_3SiMe_aX_{3-a}$（X 为 Cl、OMe、OEt 等；$a$ 为 0~2）表示；后者可用通式 $PhNHCH_2SiX_3$（X 同前）表示。

#### 2.3.9.1 制法

A 卤烃基硅烷胺化（氨解）

卤烃基硅烷与氨（胺）通过脱 HX 反应，使氨基与烃基相连，这是制备氨烃基硅烷的经典方法。已知，卤烃基硅烷中卤的位置对反应活性影响很大；胺的结构及用量对反应也有影响。其中，N 原子上连接的取代基对反应活性影响的顺序为：$HOCH_2CH_2NH_2 > Me_3SiOCH_2CH_2NH_2 > EtNH_2 > Et_2NH > PhNH_2 > PhMeNH$。此法特别适用于制取 $\equiv SiCH_2NHR$ 及 $\equiv SiC_3H_6NHCH_2CH_2NH_2$ 类产品。

其中，氯代甲基三甲基硅烷与伯、仲、叔胺的反应式可分别示于如下：

$$Me_3SiCH_2Cl + RNH_2 \longrightarrow Me_3SiCH_2NHR + HCl$$

$$Me_3SiCH_2Cl + R_2NH \longrightarrow Me_3SiCHNHR_2 + HCl$$

$$Me_3SiCH_2Br + R_3N \longrightarrow (Me_3SiCHNHR_3) + Br^-$$

当 $Me_3SiCH_2Cl$ 与 $NH_3$ 反应时，为保证伯胺产物收率能高达 50%~70%（质量分数），$NH_3$ 用量通常需过量 20 倍左右。即使在此条件下，仍有 20%~30%（质量分数）的仲胺（$Me_3SiCH_2NHCH_2SiMe_3$）生成。

B 氰烃基硅烷还原

在加压及氢化催化剂（如 Ni、Co 等）作用下，氰烃基硅烷中的 CN 易被氢还原成 $CH_2NH_2$ 并得到纯度较高的氨烃基硅烷。同样，在强还原剂，如 $NaBH_4$、$LiAlH_4$ 等的作用下，CN 亦可被还原成 $CH_2NH_2$。在加压及活性 Ni 催化下，由氰烃基硅烷出发氢化制氨烃基硅烷，特别是制取 $H_2NC_3H_6SiMe_a(OR)_{3-a}$（$a$ 为 0，1），具有工序简便、收率较高及成本合理等优点。Pd 对 CN 基的还原反应也有催化作用，但效果不甚满意。

C 氢硅烷与烯丙胺加成

在氨烃基硅烷中，用量最大的当属 $H_2NC_3H_6Si(OR)_3$。采用前述两法合成，均有工序繁杂、生产成本偏高等缺点。新近开发出一种由 $HSi(OR)_3$ 与 $CH_2$ ═ $CHCH_2NH_2$ 一步加成制得 $H_2NC_3H_6Si(OR)_3$ 的技术，十分引人注目，但是，在 Pt 催化下氢硅烷与 $CH_2$ ═ $CHCH_2NH_2$ 加成反应的同时，$NH_2$ 中的活泼氢也将部分发生置换反应，使产物组成复杂化，并降低了原料的有效利用率。为了避免或减少置换反应的发生，过去采取的一个主要方法是用 $Me_3SiCl$ 或 $(Me_3Si)_2NH$ 预

先取代 $CH_2\!=\!CHCH_2NH_2$ 中的一个活泼氢，使之转化成 $CH_2\!=\!CHCH_2NHSiMe_3$，继而再和氢硅烷加成。结束加成反应后，将产物水（醇）解即可恢复成 $NH_2$。

D　其他方法

应用霍夫曼降解将酰氨基转化成氨基；通过格利雅法、有机锂法等也可制得氨烃基硅烷，相应的反应式表示如下：

$$Me_3SiC_6H_4CONH_2+NaOCl+2NaOH \longrightarrow Me_3SiC_6H_4NH_2+Na_2CO_3+NaCl+H_2O$$

$$(MeO)_2SiMePr+Cl(CH_2)_3NMe_2 \xrightarrow{Mg} MePrSi(OMe)C_3H_6NMe_2+Mg(OMe)Cl$$

$$SiCl_4+Me_2NC_6H_4Li \longrightarrow (Me_2NC_6H_4)_nSiCl_{4-n}+nLiCl$$

$$Me_3SiC_6H_4NO_2+3H_2 \xrightarrow{Pd/C} Me_3SiC_6H_4NH_2+2H_2O$$

### 2.3.9.2　性质

A　物理性质

氨烃基硅烷溶于一般有机溶剂。由于氨烃基硅烷中的 N 存在未共享电子对，故可与质子结合而呈碱性。三甲硅基具有给电子（诱导效应）及吸电子（共轭效应）的双重性，诱导效应可增强脂肪酸胺的碱性，而苯基及硅氧烷中的氧可减弱碱性。氨烃基硅烷还具有特殊的不愉快的气味，表 2-19 列出某些氨烃基硅烷的主要物理常数。

表 2-19　氨烃基硅烷的物理常数

| 氨烃基硅烷 | 熔点/℃ | 沸点（压力条件/kPa）/℃ | 相对密度（温度/℃） | 折射率（温度/℃） |
|---|---|---|---|---|
| $H_2NCH_2SiMe_3$ | | 94（97.2） | 0.7697（20） | 1.4168（20） |
| $(H_2NCH_2)_2SiMe_2$ | 44 | 70~72（2） | | |
| $H_2NCH_2SiMe_2(OEt)$ | | 131.8（98.7） | 0.849（25） | 1.411（25） |
| $H_2NCH_2SiMe(OEt)_2$ | | 67.5（23.2） | 0.914（25） | 1.4120（25） |
| $H_2NCH_2Si(OEt)_3$ | | 93（23.2） | 0.955（25） | 1.4080（25） |
| $Me_2NCH_2SiMe_3$ | | 110.1（99.5） | 0.746（25） | 1.4102（25） |
| $PhHNCH_2Si(OMe)_3$ | | 135~147（1.07） | 1.0615（20） | 1.5075（20） |
| $PhHNCH_2Si(OEt)_3$ | | 135~150（0.67） | 1.022（20） | 1.4875（20） |
| $H_2NCH_2CH_2SiMe_3$ | | 121（98.1） | 0.7807（20） | 1.4241（20） |
| $H_2N(CH_2)_6NHCH_2Si(OEt)_3$ | | 132~158（0.53） | 0.9422（20） | 1.4415（20） |
| $H_2N(CH_2)_3SiMe_3$ | | 145.5（97.6） | 0.7866（20） | 1.4295（20） |
| $H_2N(CH_2)_3SiMeEt_2$ | | 70~71（1.33） | 0.816（20） | 1.4453（20） |

B　化学性质

氨烃基硅烷中的硅官能团（如 Si—Cl、Si—OR 等）为可水解基团，其反应性与氯硅烷及烷氧基硅烷相近。下面主要介绍氨烃基的反应性。

（1）与酸成盐。由于氨烃基硅烷的氨基呈碱性，故氨烃基硅烷可与强酸形成稳定络合盐，如 $Me_3SiCH_2 \cdot HCl$、$Me_3SiCH_2NH_2 \cdot H_2CO_3$ 等。还有人指出，$NH_2$ 可与 $CO_2$ 及 $H_2O$ 反应生成—$NH_3^+$—$HCO_3$；又如，$H_2SO_4$ 可使 $Me_3SiCH_2NH_2$ 及 $Me_3SiCH_2CH_2NH_2$ 中的 Me—Si 键断裂并析出 $CH_4$，若随后将溶液用碱处理，则近乎定量的生成 $(H_2NCH_2CH_2MeSi)_2O$。此外，含仲胺基的硅烷与 RX 反应时，可形成季铵盐。

（2）加成反应。氨烃基中的活泼氢可与环氧化物、不饱和腈、不饱和羧酸酯及异氰酸酯等进行加成反应，得到相应的加成产物。

（3）氨芳基硅烷重氮化。氨芳基硅烷中的氨基易与 $HNO_2/HCl$ 反应，生成不稳定的重氮盐，后者可与 β-萘酚偶联；有时氨烃基硅烷也可与重氮盐偶联。

（4）与羧酸及其衍生物的反应。当伯胺烃基或仲胺烃基硅烷与酰氯及酸酐反应时，得到酰氨烃基硅烷或其衍生物。

羧酸酯及其衍生物易与氨烃基硅烷发生脱醇反应，例如，氨丙基硅烷与甲酸甲酯在回流下即可脱去 MeOH，生成 $(RO)_3SiC_3H_6NHCHO$；若在 $Bu_2SnO$ 催化下与氨基酸乙酯反应，则得到 $(RO)_3SiC_3H_6NHCONH_2$。再如，当甲肼羧酸（MeNHNHCOOH）与 $(EtO)_3SiC_3H_6NH_2$ 在 150℃ 及通 $N_2$ 下进行脱水反应，即可得到 $(EtO)_3SiC_3H_6NHCONHNHMe$。

（5）自缩合反应。$(MeO)_3SiC_3H_6NH_2$ 在 PdO 催化下，可在分子间发生脱 $NH_3$ 反应，近乎定量地生成 $[(MeO)_3SiC_3H_6]_2NH$ 及 $[(MeO)_3SiC_3H_6]_3N$。

（6）与尿素及二硫化碳反应。氨烃基硅烷可与尿素发生脱 $NH_3$ 反应生成脲烃基硅烷；在叔胺作用下，氨烃基硅烷可与二硫化碳反应生成含硅基的二硫氨基甲酸酯，后者进一步与伯胺反应则可得到硫脲烃基硅烷。

### 2.3.9.3 用途

（1）用作硅烷偶联剂。$H_2NC_3H_6Si(OEt)_3$、$H_2NC_2H_4NHC_3H_6Si(OMe)_3$、$H_2NC_2H_4NHC_3H_6SiMe(OMe)_2$ 等作为硅烷偶联剂广泛用在环氧树脂、酚醛树脂、聚氨酯、聚碳酸酯、聚乙烯、聚氯乙烯及聚酰胺等产品中，而 $PhNHC_3H_6Si(OMe)_3$ 等则多用在环氧树脂，聚酰亚胺、酚醛树脂及三聚氰胺树脂中。

（2）合成其他碳官能硅烷。利用氨基的反应性，可将氨烃基硅烷转化成其他碳官能硅烷。

（3）合成氨基改性硅油。氨基改性硅油广泛用作织物柔软整理剂、抛光膏、涂料、化妆品的助剂及有机树脂改性剂等。工业上大量应用的氨丙基及 β-氨乙基-y-氨丙基改性二甲基硅油，可由 $H_2NC_3H_6SiMe(OMe)_2$ 或 $H_2NC_2H_4NHC_3H_6SiMe(OMe)_2$ 水解物和 $(Me_2SiO)_4$、$Me_3SiO(Me_2SiO)_2SiMe_3$ 等通过碱催化平衡而得，也可由 $H_2NC_3H_6SiMe(OMe)_2$ 或 $H_2C_2H_4NHC_3H_6SiMe(OMe)_2$ 直接与 $(Me_2SiO)_4$ 催化平衡制得两端带 MeO 基的氨烃基硅油。

（4）用作室温硫化硅橡胶的交联剂及增黏剂。α-氨甲基硅烷，如 PhHNCH$_2$Si（OMe）$_3$、PhHNCH$_2$Si（OEt）$_3$、H$_2$N（CH$_2$）$_6$NHCH$_2$Si（OEt）$_3$ 及 Et$_2$NCH$_2$Si(OMe)$_3$ 用作单组分室温硫化硅橡胶的交联剂，具有储存稳定、硫化速度快及黏接性好等优点。γ-氨烃基硅烷，如 H$_2$NC$_3$H$_6$Si（OR）$_3$、H$_2$NC$_2$H$_4$NHC$_3$H$_6$Si(OR)$_3$ 及 H$_2$NC$_2$H$_4$NHC$_6$H$_4$C$_2$H$_4$Si(OR)$_3$ 等被广泛用作脱醇型及脱酮肟型单组分室温硫化硅橡胶的增黏剂。脱氨氧型室温硫化硅橡胶中加入少许 H$_2$NC$_3$H$_6$Si(OMe)$_3$ 还可改善硫化胶的可印刷性。

（5）其他方面：

1）金属防腐防氧化。经 H$_2$NC$_3$H$_6$Si(OR)$_3$ 水溶液处理的 Mg、Al、Cr、Fe、Zn 等金属表面，可显著提离其抗腐蚀能力。

2）玻璃防结冰。飞机、汽车、轮船上使用的窗玻璃，使用 H$_2$NC$_2$H$_4$NHC$_3$H$_6$Si（OR）$_3$ 与 HO(Me$_2$SiO)$_n$ 处理后，玻璃表面即可防结冰。

3）环氧树脂中掺 H$_2$NC$_3$H$_6$Si(OEt)$_3$，用作陶瓷、大理石及混凝土的表面处理剂，具有防污性及防蚀性。

4）经氨烃基硅烷处理过的微孔纤维，具有吸附的选择性，适合作过滤材料；无机纤维染色时加入氨烃基硅烷可提高染色牢度。

5）石油井遇砂层时，需加入固井剂以防砂层塌陷，当固井剂中加入少量 H$_2$NC$_3$H$_6$Si（OEt）$_3$ 时，可有效提高砂层抗压强度；原油输送中，加入少许 H$_2$NC$_2$H$_4$NHC$_3$H$_6$Si(OMe)$_3$ 及 HO(Me$_2$SiO)$_n$H，可防止石蜡析出导致油管堵塞。

6）砖石材料加固。在生产混凝土制作时，加入少许 H$_2$NC$_2$H$_4$NHC$_3$H$_6$Si(OMe)$_3$，可提高制品的抗压强度及使用寿命；以酚醛树脂作黏接剂，使用经 H$_2$NC$_3$H$_6$Si(OEt)$_3$，处理过的金刚砂作磨料制成的砂轮，遇湿强度不下降；若进一步使用经 PhHNCH$_2$Si(OEt)$_3$ 处理过的纤维作增强填料，还可大幅度提高砂轮的强度及抗拉性能。

## 2.3.10　环氧烃基硅烷

常见的环氧烃基硅烷有两类：一类是 $\equiv$Si(CH$_2$)$_a$OCH$_2$CR—CH$_2$（R 为 H、Me；$a$ 为 1~4）；另一类为：$\equiv$SiCH$_2$CH$_2$⌬O。工业上，主要通过氢硅化加成法制取，并在偶联剂、织物柔软整理剂以及树脂、橡胶等方面获得广泛应用。

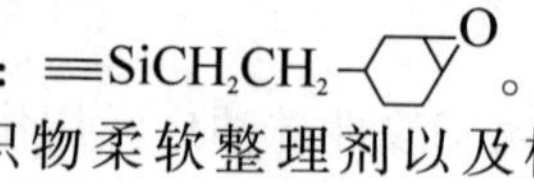

### 2.3.10.1　制法

A　氢硅烷与不饱和环氧化合物加成

在过氧化物、紫外光，特别是铂系催化剂作用下，氢硅烷易与不饱和环氧化合物加成，得到环氧烃基硅烷。由于此法原料易得、工艺简便、收率较高，因而是当前制取环氧烃基硅烷最重要的方法。其中，一个典型的例子是缩水甘油烯丙醚与三烷氧基硅烷的加成，例如：

$$(EtO)_3SiH + H_2C=CHCH_2OCH_2CH\overset{O}{\overbrace{\quad}}CH_2 \xrightarrow{Pt} (OEt)_3SiC_3H_6OH_2CHC\overset{O}{\overbrace{\quad}}CH_2$$

上述反应中，目的物收率取决于多种影响因素。其中，催化剂类型（包括制法及活化法）最为重要。此外，溶剂及加料方式等也有不同程度的影响。$H_2PtCl_6$ 是当前使用最多的一种催化剂，一般情况下，可获得 60% ~70%（质量分数）收率的 $(OEt)_3SiC_3H_6OH_2CHC\overset{O}{\overbrace{\quad}}CH_2$。

环氧烃基硅烷的另一重要品种是 2-（3，4-环氧环己基）乙基三烷氧基硅烷 $(RO)_3SiCH_2CH_2\text{—}\langle\!\!\bigcirc\!\!\rangle^O$，它可由 $HSi(OR)_3$ 与 $H_2C=HC\text{—}\langle\!\!\bigcirc\!\!\rangle^O$ 进行氢硅化加成而得。例如，在 $H_2C=HC\text{—}\langle\!\!\bigcirc\!\!\rangle^O$ 与 $C_{12}H_{26}$（十二烷）溶液中，加入 $Pt\text{-}(ViMe_2Si)_2O$ 配合物苯溶液作催化剂，在 100℃下与加入的 $HSi(OMe)_3$ 进行加成反应，可获得 82% 收率的目的物。如果使用 $H_2PtCl_6$ 作催化剂，则目的物收率仅达 31%（质量分数）。

B　格利雅法

由有机硅格氏试剂与环氧氯丙烷或氯丙酮反应，可制得相邻碳原子上分别带有卤原子及羟基的碳官能硅烷。后者在碱作用下，可脱去 HX 得到环氧羟基硅烷。例如：

$$H_2C\overset{O}{\overbrace{\quad}}CHCH_2Cl + Me_3SiCH_2MgBr \xrightarrow[H_2O]{-MgBrCl} Me_3SiCH_2CH_2CHOHCH_2Cl$$

$$\xrightarrow{NaOH} Me_3SiMeC\overset{O}{\overbrace{\quad}}CH_2 + HCl$$

C　苯甲醛硅烷与氯代酮、酯缩合

$$p\text{-}Me_3SiC_6H_4CHO + ClCH_2COOEt \xrightarrow{EtONa} p\text{-}Me_3SiC_6H_4HC\overset{O}{\overbrace{\quad}}CHCOOEt + HCl$$

$$p\text{-}Me_3SiC_6H_4CHO + ClCH_2\overset{O}{\overset{\|}{C}}\text{—}Ph \longrightarrow p\text{-}Me_3SiC_6H_4HC\overset{O}{\overbrace{\quad}}CHCOPh + HCl$$

D　链烯基硅烷氧化

与硅原子相连的链烯基，通过有机过氧化物使氧与链烯基加成得到环氧基硅烷，例如：

$$Me_3SiCH=CH_2 + C_6H_5CO_2OH \longrightarrow Me_3SiHC\overset{O}{\overbrace{\quad}}CH_2 + C_6H_5COOH$$

烯丙基、3-丁烯基及苯乙烯基等均可进行上述反应。但由 $CH_2{=}CHSi$（OEt）$_3$ 出发，却发生聚合反应，并副生 $CH_3COOEt$，表明 EtO 也被氧化成 $CH_3COOH$。当一个硅原子上连有两个或两个以上的乙烯基时，同样可环氧化得到一个以上的环氧基。

### 2.3.10.2 性质

#### A 物理性质

环氧烃基硅烷溶于一般有机溶剂，部分产品物理常数见表 2-20。

**表 2-20 部分环氧烷基硅烷的物理常数**

| 环氧烃基硅烷 | 熔点/℃ | 沸点（压力条件/kPa）/℃ | 相对密度（温度/℃） | 折射率（温度/℃） |
|---|---|---|---|---|
| $H_2C{-}CMeCH_2SiMe_3$ | | 67（1.3） | 0.8338（20） | 1.4243（20） |
| $H_2C{-}CMeCH_2SiMe_2Et$ | | 154（100） | 0.8539（20） | 1.4393（20） |
| $H_2C{-}CMeCH_2CH_2SiMe_2Et$ | | 207.5（100.7） | 0.8484（20） | 1.4382（20） |
| $H_2C{-}CMeC_3H_6SiMe_2Et$ | | 85~86（0.4） | 0.8581（20） | 1.4452（20） |
| $H_2C{-}CHC_2H_4SiMe_3$ | 53.0~53.5 | 58~60（2.7） | — | — |

#### B 化学性质

环氧烃基硅烷中的硅官能团（如 Si—Cl、Si—OR 等）均为可水解基团，其反应性与氯硅烷及烷氧基硅烷相似。环氧基由于张力原因，其化学性质十分活泼，开环倾向很强，特别是在酸及强碱催化下能迅速开环而与亲核试剂、含活泼氢的化合物（如水、氨（胺）、酸、醇、硫醇等反应）反应。

$$Me_3SiH_2CH_2CHC{-}CH_2+H_2O \longrightarrow Me_3SiCH_2CH_2CHOHCH_2OH$$

$$Me_3SiH_2CH_2CHC{-}CH_2+NH_3 \longrightarrow Me_3SiCH_2CH_2CHOHCH_2NH_2$$

$$\equiv SiC_2H_4{-}\!\!\bigcirc\!\!{-}O+RNH_2 \longrightarrow \equiv SiC_2H_4{-}\!\!\bigcirc\!\!{-}NHR$$

$$\equiv SiC_2H_4{-}\!\!\bigcirc\!\!{-}O+RCOOH \longrightarrow \equiv SiC_2H_4{-}\!\!\bigcirc\!\!{-}OCOR$$

$$\equiv SiC_2H_4{-}\!\!\bigcirc\!\!{-}O+ROH \longrightarrow \equiv SiC_2H_4{-}\!\!\bigcirc\!\!{-}OR$$

此外，环氧烃基硅烷在少量水存在下，还可与格氏试剂反应。

### 2.3.10.3 用途

（1）用作硅烷偶联剂。(OR)₃SiC₃H₆OH₂CHC—CH₂、(OR)₂MeSiC₃H₆OH₂CHC—CH₂、(OR)₃SiC₂H₄⎯⟨⟩O 是硅烷偶联的主要品种之一，被广泛用在环氧树脂、酚醛树脂、聚氨酯、三聚氰胺树脂、氯化聚醚、聚酯、聚碳酸酯、聚苯乙烯、聚丙烯及尼龙等聚合材料中，以提高它们的黏接性、憎水性及耐候性。

（2）制取含环氧烃基的增黏底涂料。虽然(MeO)₃SiC₃H₆OH₂CHC—CH₂本身可用作增黏底涂料，但效果尚不十分满意。如果使用由环氧烃基硅烷与氨烃基硅烷加成或共水解缩合的产物作底涂料，则增黏效果更佳，上述底涂料已在聚硫、聚氨酯、丙烯酸酯橡胶、聚异丁烯等密封胶中获得应用。

（3）合成环氧烃基硅油。由 Me(H₂C—CHCH₂OC₃H₆)Si(OMe)₂ 或 Me(⟨⟩O-CH₂CH₂)Si(OMe)₂ 水解缩合制成的 [Me(H₂C—CHCH₂OC₃H₆)SiO]ₙ 或 [Me(⟨⟩O-CH₂CH₂)Si]ₙ 出发，与（Me₂SiO）ₙ、(Me₃Si)₂O 等一起进行催化平衡制得侧链含环氧烃基的二甲基硅油，或者由 (H₂C—CHCH₂OC₃H₆Me₂Si)₂O 与（Me₂SiO）ₙ 出发制成的两端含环氧烃基的硅油。利用环氧烃基硅油的反应性、吸附性、柔软性及脱模性，被广泛用作织物柔软整理剂、有机树脂改性剂及抛光膏改性剂。

（4）用作室温硫化硅橡胶增黏剂。脱醇型及脱酮肟型单组分室温硫化硅橡胶的黏接性欠佳。配制胶料时，掺入少许 (OMe)₃SiC₃H₆OH₂CHC—CH₂ 或 (OMe)₃SiC₃H₆OH₂CHC—CH₂ 与 H₂NC₂H₄NHC₃H₆Si(OMe)₃ 的反应物，则可有效提高聚二甲基硅氧烷的表面张力，改善对被黏材料的浸油性，从而提高硅橡胶对玻璃及铝合金等材料的黏接性能，可达到100%胶层内破。

### 2.3.11 甲基丙烯酰氧烃基硅烷

甲基丙烯酰氧烃基硅烷是一类带有不饱和极性键的碳官能硅烷，在游离基引发下，容易发生自聚或共聚反应。因此，在合成或加热分馏时需加入阻聚剂。在这类硅烷中，代表性产物的通式为：$CH_2=CMeCOO(CH_2)_3SiMe_aX_{3-a}$（X 为氯及烷氧基；$a=1、2、3$）。它们被广泛用作丙烯酸树脂、苯乙烯及接触眼镜等的改性剂，具有平滑性、耐热性、耐候性及透气性。

### 2.3.11.1 制法

#### A 氢硅烷与甲基丙烯酸烯丙酯加成

在含有两个双键的 $CH_2=CMeCOOCH_2CH=CH_2$ 中，$CH_2=CHCH_2$—与 Si—H 进行加成反应的活性远离于 $CH_2=CMe$—，故加成反应主要得到 $\equiv SiCH_2CH_2CH_2OCOCMe=CH_2$。但由于产物及 $CH_2=CHCH_2OCOCMe=CH_2$ 均为热敏性化合物，在加成反应条件下，$CH_2=CMe$—将发生聚合反应，严重时将导致产物凝胶化。为防止或减少后一反应的发生，催化体系及阻聚剂的选择十分重要。

在氢硅化反应催化剂中，$H_2PtCl_6$ 是使用最多的一种催化剂。但不同方法制取的 Pt 催化剂，在诱导期和催化活性等方面都有很大的差别。一般认为，使用活性过高的催化剂时，由于反应过剧烈，温度不易控制，容易导致凝胶化产物的生成。为了防止或减少聚合反应的发生，常用的阻聚剂主要是胺类及酚类，此外，金属卤化物如 $CuCl_2$ 等也可用作阻聚剂。

加成法还可用于合成其他类型的甲基丙烯酰氧烃基硅烷。例如，$CH_2=CMeCOOCH=CH(CH_2)_5CH_3$ 出发，在 $H_2PtCl_6/i\text{-}PrOH$ 催化及搅拌下，维持不高于 45℃，慢慢加入 $HSiCl_3$，并在 60℃ 下反应 6h，亦可获得良好收率的 $CH_2=CMeCOOC_8H_{16}SiCl_3$。

#### B 氯烃基硅烷与甲基丙烯酸及其衍生物的缩合反应

该法又可细分为三种：第一，氯烃基硅烷与甲基丙烯酸碱金属盐进行脱盐（MX）反应；第二，先将 $CH_2=CMeCOOH$ 用 KOMe 中和，而后与氯烃基硅烷反应；第三，在叔胺作用下，由氯烃基硅烷直接与 $CH_2=CMeCOOH$ 反应得到甲基丙烯酰氧烃基硅烷。反应式示意如下：

$$(MeO)_3SiC_3H_6Cl+MOOCCMe=CH_2 \xrightarrow{-MCl} CH_2=CMeCOOC_3H_6Si(OME)_3$$

$$CH_2=CMeCOOH \xrightarrow[-MeOH]{KOMe} CH_2=CMeCOOK \xrightarrow{ClC_3H_6Si(OMe)_3}$$

$$CH_2=CMeCOOC_3H_6Si(OMe)_3$$

$$(OMe)_3SiC_3H_6Cl+HOOCCMe=CH_2 \xrightarrow{R_3N} (MEO)_3SiC_3H_6COOCMe=CH_2+R_3N\text{-}HCl$$

### 2.3.11.2 性质

#### A 物理性质

常见的甲基丙烯酰氧烃基硅烷为可溶于大多数有机溶剂的液体，其主要物理常数见表 2-21。

表 2-21 甲基丙烯酰氧烃基硅烷物理常数

| 甲基丙烯酰氧烃基硅烷 | 沸点（压力条件/kPa）/℃ | 相对密度（温度/℃） | 折射率（温度/℃） |
|---|---|---|---|
| $CH_2 \!=\! CMeCOOC_3H_6SiCl_3$ | 42（2） | — | — |
| $CH_2 \!=\! CMeCOOC_3H_6SiMeCl_2$ | 75（0.27） | 1.108（25） | 1.4532（25） |
| $CH \!=\! CMeCOOSiMe_2Cl$ | 78（0.13） | — | — |
| $CH_2 \!=\! CMeCOOSiMe_2OEt$ | 75~76（0.05） | — | — |
| $CH_2 \!=\! CMeCOOSiMe(OEt)_2$ | 95（0.13） | — | — |
| $CH_2 \!=\! CMeCOOC_3H_6Si(OMe)_3$ | 255（101.3） | 1.040（25） | 1.429（25） |
| $CH_2 \!=\! CMeCOOC_3H_6Si(OSiMe_3)_3$ | 112~115（0.03） | 0.93（20） | 1.4176（25） |
| $CH_2 \!=\! CMeCOOC_3H_6Si(OC_2H_4OCH_3)_3$ | 128（1.33） | 1.0656（20） | — |
| $CH_2 \!=\! CMeCOOCH_2Si(OEt)_3$ | 132~158（0.53） | 0.9422（20） | 1.4415（20） |

**B 化学性质**

甲基丙烯酰氧烃基硅烷中的硅官能团（如 Si—Cl、Si—OMe、Si—OEt 等）为可水解基团，其反应性与氯硅烷及烷氧基硅烷相似。甲基丙烯酰氧烃基的反应性，突出表现在不饱和基在游离基引发下的聚合反应（包括自聚与共聚）。故储存时需加入阻聚剂，并应避光避热，即使这样，储存期也只有半年左右。

**2.3.11.3 用途**

（1）用作硅烷偶联剂。甲基丙烯酰氧烃基硅烷是硅烷偶联剂中的主要品种之一。它作为增黏剂，已在热固性树脂中（如丙烯酸树脂、聚酯、交联聚乙烯、邻苯二甲酸二烯丙酯（DAP）树脂、聚丁二烯等，在热塑性树脂中的丙烯腈—丁二烯—苯乙烯（ABS）共聚物、聚乙烯、聚丙烯、聚苯二烯等，在弹性体中的丙烯酸橡胶及丁基橡胶中）获得广泛应用。甲基丙烯酰氧烃基硅烷对提高无机填料在塑料、橡胶及涂料中的浸润及分散性，提高制品力学性能，稳定产品受潮后的电气性能，以及改善加工性等方面的效果十分显著。

（2）合成含甲基丙烯酰氧烃基的硅油。即由 $CH_2 \!=\! CMeCOOC_3H_6SiMe(OMe)_2$ 或 $CH_2 \!=\! CMeCOOC_3H_6SiMe_2OMe$ 先水解缩聚制成低聚物（水解物），而后再与 $(Me_2SiO)_n$ 及 $(Me_3Si)_2O$ 进行催化平衡反应，得到侧基或两端含甲基丙烯酰氧烃基的二甲基硅油。此类硅油利用本身所带的 —OCOCMe$=$CH$_2$ 可以和 $PhCH \!=\! CH_2$、$CH_2 \!=\! CHCOOH$、$CH_2 \!=\! CMeCOOMe$、$CH_2 \!=\! CHOAc$ 等共聚，得到具有良好耐热性、耐寒性、耐候性、平滑性及透气性的共聚材料。

（3）用作室温固化的丙烯酸系涂料的交联剂。丙烯酸树脂广泛用作涂料，而经有机硅改性的丙烯酸涂料可大大提高其耐候性，延长涂层的使用寿命。使用 $CH_2$=$CMeCOOC_3H_6Si(OMe)_3$ 改性的丙烯酸树脂涂料既可提高交联密度，使涂膜硬度达到 5H（铅笔硬度）以上；也可控制交联密度使涂膜具有 100%的相对伸长率。特别是可以制成室温固化型涂料，从而进一步扩展了丙烯酸系涂料的应用价值。

（4）与甲基丙烯酸甲酯共聚制接触眼镜可知，有机玻璃（PMMA）透光率虽高，但透氧性差，不宜用作接触眼镜。而由 $CH_2$=$CMeCOOC_3H_6Si(OMe)_3$ 与 $CH_2$=$CMeCOOMe$ 共聚得到的产物，透氧性可比 PMMA 高 100 倍以上，适合作为接触眼镜。

（5）其他用途：

1）用作聚合材料增黏剂。加成型硅橡胶中混入少量 $CH_2$=$CMeCOOC_3H_6Si(OMe)_3$ 即可显著提高对铝板等的黏接强度；由 $CH_2$=$CMeCOOC_2H_4OH$ 与 $PhCH$=$CH_2$ 制成的光固化涂料中，加入 $CH_2$=$CMe\ COOC_3H_6Si(OMe)_3$ 后，可使涂料对陶瓷的黏接有效率（内破率）由 20%提高到 100%。

2）用作聚烯烃的湿法交联剂。例如，聚丙烯在有机过氧化物作用下，使用 $CH_2$=$CMeCOOC_3H_6Si(OMe)_3$ 接枝，继而在催化剂作用下，使其在热水中水解缩合，即可得到交联聚丙烯，而广泛用作电缆料。

3）提高绝缘油憎水性。电容器使用的有机绝缘油中，加入 $CH_2$=$CMe\ COOC_3H_6Si(OMe)_3$，可有效减缓电容器因受潮引起的电气性能降低。

4）提高光纤涂料憎水性及黏接性，改善聚酯混凝土的机械性能等。

## 2.3.12 叠氮及重氮烃基硅烷

叠氮烃基硅烷的代表性产品可使用通式 $YR'SiR_aX_{3-a}$（R 为烷基、芳基、环烷基、烷芳基、芳烷基；R′为二价的烷基、卤代烷基、羰烷基、硫烷基等；Y 为 $N_3COO$—、$N_3CONH$—、$N_3SO_2$—、$N_3$—；$a$ 为 0~3）表示。由于重氮烃基硅烷的性质、应用及制法与叠氮烃基硅烷相近，因此，下面合并阐述，即 Y 是包括 $N_2CHR''COO$—（R″为 H、烷基、芳基、环烷基及芳烷基等）。此类硅烷的制备工艺比较复杂，生产成本较高，故应用受到一定限制。

### 2.3.12.1 制法

A 叠氮烃基硅烷

（1）叠氮甲酰氧烃基硅烷。制取叠氮甲酰氧烃基硅烷的主要中间体为氯甲酰氧烃基硅烷，后者可由氢硅烷与氯甲酸烯丙酯（$CH_2$=$CHCH_2OCOCl$）加成而得；还可由环氧丙氧丙基硅烷与光气反应而得。将得到的氯甲酰氧烃基硅烷再与碱金属叠氮化物反应，即可得到叠氮甲酰氧烃基硅烷。

（2）叠氮甲酰氨烃基硅烷。$N_3CONH(CH_2)_mSiMe_n(OR)_{3-n}$（R 为 Me，Et；$m$ 为 1~3；$n$ 为 0~2）可由相应的异氰酸烃基硅烷 $[OCN(CH_2)_mSiMe_n(OR)_{3-n}]$ 与 $HN_3$ 加成而得。

（3）叠氮磺酰烃基硅烷。其合成方法主要有 3 种：

1）由氢硅烷与不饱和烃基磺酰氯加成得到磺酰氯烃基硅烷，接着再与 $NaN_3$ 缩合而得。依同理，当由 $HSi(OMe)_3$ 出发，先与 $CH_2=CHC_6H_4SO_2Cl$ 加成，然后再和 $NaN_3$ 反应，则可得到相应的目的产物 $(MeO)_3SiCH_2CH_2C_6H_4SO_2Cl$。

2）由氨烃基硅烷直接与含—NCO、COOH、或—COCl 的叠氮磺酰苯反应，亦可得到叠氮磺酰烃基硅烷。

3）长链烷基硅烷先氯磺化，而后与 $NaN_3$ 反应而得。

（4）叠氮烃基硅烷。通式为 $N_3ZSiR(OR')_2$（R 为 Me、Ph、$PhCH_2$、$CH_3C_6H_4$、MeO、EtO；R' 为烷基、芳基、芳烷基、烷氧基烃基；Z 为的 $C_{1-8}$ 的二价烷基）的叠氮烃基硅烷，可由氯烃基硅烷出发，直接与 $NaN_3$ 反应，可获得高收率的目的产物。

B 重氮烃基硅烷

重氮烃基硅烷的制备方法主要有下列 3 种：

（1）含伯氨基的酰氧烃基硅烷经成盐及重氮化而得，反应如下：

$$\equiv SiZOCOCHR'NH_2 + HCl \longrightarrow \equiv SiZOCOCHR'NH_2 \cdot HCl$$

$$\equiv SiZOCOCHR'NH_2 \cdot HCl + NaNO_2 + HCl \longrightarrow \equiv SiZOCOCHR'N_2^+Cl^- + 2H_2O + NaCl$$

（2）由 $CH_2=CHCH_2OCOCH_2NH_2$ 先重氮化后氢硅化而得，如下所示：

$$CH_2=CHCH_2OCOCH_2NH_2 \cdot HCl \xrightarrow{HNO_2,\ HCl} CH_2=CHCH_2OCOCH_2N_2^+Cl^- + 2H_2O$$

$$\equiv SiH + CH_2=CHCH_2OCOCH_2N_2^+Cl^- \xrightarrow{Pt} \equiv SiC_3H_6OCOCH_2N_2^+Cl^-$$

（3）由异氰酸烃基硅烷与含羟基的重氮羧酸烷基酯反应而得，反应如下：

$$\equiv Si(CH_2)_nNCO + HO(CH_2)_nOCOCH_2N_2^+Cl^- \longrightarrow \equiv SiC_3H_6OCOCH_2N_2^+Cl^-$$

### 2.3.12.2 性质

常见的叠氮烃基及重氮烃基硅烷，如含 $N_3COO—$、$N_3SO_2—$ 及 $C^-N_2^+CHR'COO—$丙基的硅烷，均为高沸点油状物质。重氮烃基硅烷还带有黄色特征，它们多溶于一般有机溶剂中。有关叠氮及重氮烃基硅烷的物理常数报道较少。已知 $N_2CHSiMe_3$ 的沸点为 96℃（101.3kPa），相对密度为 0.676（25℃），折射率为 1.43（25℃）；$(MeO)_3SiCH_2CH_2C_6H_4SO_2N_3$ 的相对密度为 1.25（20℃）。

叠氮及重氮烃基硅烷中硅官能团（如 Si—Cl、Si—OMe、Si—OEt 等）的反应性与氯硅烷及烷氧基硅烷相似。通过硅官能团的水解缩合，可生成含叠氮或重氮基的聚硅氧烷。

含叠氮或重氮基的硅烷化学性质均不很稳定。例如，$(MeO)_3SiCH_2CH_2C_6H_4SO_2N_3$ 在 110℃以上可发生偶联反应，将—N =N—嵌入脂基或芳基之间；而重氮盐则可发生取代及偶联反应。前者被电负性基团（如 Cl、CN、OH 等）取代后，生成相应的取代物，并析出 $N_2$；后者与芳烃等偶联后形成 Ar—N =N—Ar（偶氮化合物）。

### 2.3.12.3 用途

（1）复合材料增黏补强剂。经叠氮烃基硅烷处理的玻璃布，可有效提高复合材料的机械强度。使用经 $(MeO)_3SiC_3H_6OCH_2CHClCH_2OCON_3$ 处理玻璃布制得的聚丙烯复合材料，其机械强度的提高率最大，达到处理前的 3 倍以上。

（2）无机填料处理剂。经叠氮烃基硅烷处理过的无机填料，包括玻璃纤维、石英粉、石棉、白炭黑及黏土等，可有效提高它们在各类聚合物中的补强效率及添加份数，是提高材料综合性能及降低生产成本的主要技术措施。

（3）用作树脂、涂料、橡胶的增黏剂。叠氮烃基硅烷的增黏效果十分突出，而且适用于多种材料的增黏，包括用作聚烯烃、聚酰胺、纤维素、天然及合成橡胶、各种金属表面的处理剂。如它对纤维、纱线、帘子布、织物及橡胶制品的增黏效果显著，尤其对橡胶、轮胎与聚酯纤维帘子布的黏合效果更为满意；再如，使用 $(EtO)_3SiC_3H_6N_3$，特别是与 $(EtO)_3SiC_3H_6NH_2$ 共用作增黏剂，既可有效改进聚酰亚胺对硅芯片、石英及硅氮陶瓷的黏接，还可显著提高光固化涂料对基材的黏接性能。

（4）用作聚合物改性剂。聚合物掺入少许叠氮烃基硅烷，在酸、碱催化下与水作用，即可得到改性交联聚合物。例如，在 1333g 低密度聚乙烯中混入 7.5g $(EtO)_3SiC_3H_6N_3$，在 70℃下维持 1h，即可得大孔泡沫体。由后者制成的薄膜，在湿气中即可实现催化交联。此材料可用作电线电缆包皮。

（5）用作橡胶加工助剂。橡胶中加入由水玻璃、盐酸及 $(MeO)_3SiC_3H_6N_3$ 等制得的沉淀法白炭黑，可有效降低热集结温度。例如，100 份丁苯橡胶中混入 40 份上述白炭黑，其热集结温度为 18.1℃，硫化橡胶拉伸强度为 13.9MPa，300% 模量为 12.3MPa，门尼黏度为 38，硬度为 62。倘若白炭黑与 $(MeO)_3SiC_3H_6N_3$ 分开掺入橡胶中，则热集结温度为 22.2℃。

## 2.3.13 其他碳官能硅烷

以上各节阐述的碳官能硅烷是目前产量较大且应用较广泛的品种。除此之外，目前还有一些碳官能硅烷，如阳离子烃基硅烷（盐）、脲（硫脲）烃基硅烷、胍烃基硅烷、磷酸酯烃基硅烷及（3-三乙氧基硅丙基）双四硫化物等，他们在表面改性及增黏等方面的应用也取得了一定程度的进展。

### 2.3.13.1　制法

**A　阳离子烃基硅烷（盐）**

阳离子烃基硅烷的主要制法有两类：第一，由卤烃基硅烷及叔胺或叔胺衍生物反应而得；第二，由氨烃基硅烷与酸作用形成离子盐。

（1）由卤烃基硅烷与叔胺或叔胺衍生物成盐。主要反应式如下：

$$(MeO)_3SiC_3H_6Cl + Me_2NC_2H_4OCOCMe{=\!=}CH_2 \xrightarrow[95℃,\ 74h]{MeI,\ S}$$

$$(MeO)_3SiC_3H_6N + Me_2C_2H_2OCOCMe{=\!=}CH_2Cl^-$$

$$(MeO)_3SiC_3H_6Cl + C_{10}H_{21}NMe_2 \xrightarrow{NaI}_{100℃} (MeO)_3SiC_3H_6N^+Me_2C_{10}H_{21}Cl^-$$

$$2(MeO)_3SiC_3H_6Cl + Me_2NC_2H_4NMe_2 \xrightarrow[回流]{MeOH}$$

$$2(MeO)_3SiC_3H_6N^+Me_2C_2H_4N^+Me_2C_3H_6Si(OMe)_32Cl^-$$

（2）由二甲氨烃基硅烷与酸成盐。

$$(MeO)_3SiC_3H_6NMe_2 + AcOH \longrightarrow (MeO)_3SiC_3H_6Me_2HN + OAc^-$$

**B　脲（硫脲）烃基硅烷**

其主要制法又有两种：第一，由氨烃基硅烷出发通过缩合或加成反应而得；第二，由异氰酸烃基出发与含氨基化合物加成而得。

$$(EtO)_3SiC_3H_6NH_2 + (H_2N)_2C{=\!=}O \xrightarrow{120\sim130℃} (EtO)_3SiC_3H_6NH\overset{\displaystyle O}{\overset{\|}{C}}NH_2 + NH_3$$

$$(EtO)_3SiC_3H_6NH_2 + HOOCNHNMeH \xrightarrow[150℃]{N_2} (EtO)_3SiC_3H_6NH\overset{\displaystyle O}{\overset{\|}{C}}NHMeH + H_2O$$

$$(EtO)_2SiC_3H_6NH_2 + C_6H_{11}NCO \xrightarrow{30\sim60℃} (EtO)_2MeSiC_3H_6NH\overset{\displaystyle O}{\overset{\|}{C}}NH_6H_{11}\ (94.9\%)$$

$$(EtO)_3SiC_3H_6NCO + PhCH_2NH_2 \xrightarrow{回流} (EtO)_3SiC_3H_6NH\overset{\displaystyle O}{\overset{\|}{C}}NHCH_2Ph$$

$$(MeO)_3SiC_3H_6NCO + CH_2{=\!=}CMeC_6H_4NH_2 \xrightarrow{回流} (MeO)_3SiC_3H_6NHCNHC_6H_4CMe{=\!=}CH_2$$

**C　胍烃基硅烷**

主要由氯烃基硅烷与 N，N，N，N-四甲基胍通过脱 HCl 反应而得，反应式如下：

$$(MeO)_3SiC_3H_6Cl + HN{=\!=}C(NMe_2)_2 \longrightarrow$$

$$(MeO)_3SiC_3H_6N{=\!=}C(NMe_2)_2 + (Me_2)_2{=\!=}NH \cdot HCl$$

具体合成工艺为：反应瓶中装入 483g HN＝C（NMe$_2$）$_2$ 及 50g 二甲苯，保持 100~140℃下加入 397g（MeO）$_3$SiC$_3$H$_6$Cl，并在 120℃下反应 2h。冷却后，过滤除去（Me$_2$N）$_2$C＝NH·HCl 固渣，将滤液及洗涤液合并分馏，得到 52%（质量分数）收率的（MeO）$_3$SiC$_3$H$_6$N＝C(NMe$_2$)$_2$。

D 磷酸酯烃基硅烷

一般通过氯烃基硅烷与磷酸酯缩合而得，还可由乙基氯硅烷出发与 PCl$_3$、O$_2$ 作用，继而醇解而得目的物。两法反应式表示如下：

$$(RO)_{3-a}Me_aSiC_3H_6Cl+HPO(OEt)_2 \xrightarrow{-HCl} (RO)_{3-a}Me_aSiC_3H_6PO(OEt)_2$$

$$\equiv SiCHCl_2+P(OEt)_3 \xrightarrow{-EtCl} \equiv SiCH_2PO(OEt)_2$$

$$CH_3CH_2SiCl_3+PCl_3+1/2O_2 \xrightarrow{-HCl} Cl_3SiCH_2CH_2POCl_2$$

$$Cl_3SiCH_2CH_2POCl_3+5EtOH \xrightarrow{-5HCl} (EtO)_3SiCH_2CH_2PO(OEt)_2$$

E 双（3-三乙氧基硅丙基）四硫化物

双（3-三乙氧基硅丙基）四硫化物（EtO）$_3$SiC$_3$H$_6$S$_4$C$_3$H$_6$Si(OEt)$_3$，工业上多采取下述两法制取：

$$2(EtO)_3SiC_3H_6X+Na_2S_4 \longrightarrow [(EtO)_3SiC_3H_6]_2S_4+2NaX（X 为 Cl、Br）$$

$$2(EtO)_3SiC_3H_6SH+Cl_2S_2 \longrightarrow [(EtO)_3SiC_3H_6]_2S_4+2HCl$$

按前一方法，当由（EtO）$_3$SiC$_3$H$_6$Br 出发与 Na$_4$S$_4$ 反应，可获得较高收率（约 80%（质量分数））的目的物，但生产成本高昂，且污染与毒害比较严重。若改由（EtO）$_3$SiC$_3$H$_6$Cl 出发与 Na$_4$S$_4$ 作用，虽然目的物收率较低，约 50%（质量分数），但原料易得，成本低廉，故是当前主要使用的生产方法。采用第二法合成时，可以避免 Na$_4$S$_4$ 中杂质对反应的干扰，获得硫含量分散性较窄的产物，但其缺点是取料来源及生产成本均不如前法，故使用者不多。

### 2.3.13.2 性质

阳离子烃基硅烷（盐）具有良好的水溶性与稳定性。它区别于氨烃基硅烷，在水体系中不像氨烃基硅烷会发生 NH$_2$ 与 Si—OH 的内络合作用，从而保持最佳的偶联效果，并可赋予被处理材料抗静电性能。季胺型阳离子硅烷盐还具有极佳的杀菌性能。脲烃基或硫脲烃基硅烷通过所有硅官能团的水解缩合反应，生成聚合物或共聚物，可以改善聚合物或复合材料制品的黏接性、憎水性及抗开裂性，这类硅烷还可提高钢铁的防锈性。胍烃基硅烷具有加速硅橡胶硫化和增强黏结的特性，磷酸酯烃基硅烷具有自交联性及成膜性，而且润滑性卓越。[(EtO)$_3$SiC$_3$H$_6$]$_2$S$_4$ 可利用分子中的 S 使橡胶实现硫化，同时还具有延迟胶料焦烧、加速橡胶硫化及提高补强效果的性能。表 2-22 列出上述碳官能硅烷的物理常数。

表 2-22　其他碳官能硅烷的物理常数

| 硅　烷 | 沸点（压力条件/kPa）/℃ | 相对密度（温度/℃） | 折射率（温度/℃） |
|---|---|---|---|
| $(MeO)_3SiC_3H_6N^+Me(CH_2)_2OCOCMe=CH_2Cl^-$ | — | 1.06（20） | 1.457（20） |
| $(MeO)_3SiC_3H_6N^+Me_2C_{18}H_{37}Cl^-$ | | 0.89（20） | — |
| $(MeO)_3SiC_3H_6NHC_2H_4{}^+NH_2CH_2C_2H_4CH=CH_2Cl^-$ | | 0.91（20） | 1.395（25） |
| $(MeO)_3SiC_3H_6N^+Me(CH_2CH=CH_2)_2Cl^-$ | | 0.91（20） | — |
| $(MeO)_3SiC_3H_6S^+C(NH_2)_2Cl^-$ | | 1.190（20） | 1.441（20） |
| $(MeO)_3SiC_3H_6N^+Me_3Cl^-$ | | 0.927（30） | 1.3966（20） |
| $(MeO)_3SiC_3H_6NHCONH_2$ | — | 0.91（20） | 1.386（20） |
| $(EtO)_3SiC_2H_4PO(OEt)_2$ | 141（0.27） | 1.031（25） | 1.4216（25） |
| $[(EtO)_3SiC_3H_6]_2S_4$ | — | 1.074（20） | — |

### 2.3.13.3　用途

（1）阳离子烃基硅烷盐具有高效杀菌性、抗静电性及表面活性，用其处理织物，通过 Si—OR 的水解缩合反应，可使季铵盐通过 Si—O 键牢固结合在织物表面，从而赋予织物持久的灭菌、防臭性能，已被广泛用于处理卫生工作服、床单、内衣、鞋袜及门、窗帘等。

（2）脲（硫脲）烃基硅烷混入或引入合成树脂中，可有效提高后者的抗湿耐温性能；提高环氧树脂层压制品的抗开裂性能，促进橡胶硫化速度；还能改善金属的抗蚀防锈性能等。

（3）胍烃基硅烷是单组分脱丙酮型室温硫化硅橡胶主要的硫化促进剂，对脱醇型单组分室温硫化硅橡胶也同样有效。

（4）磷酸酯烃基硅烷基于其易在被处理材料表面成膜，且润滑效果突出，而被广泛用作作原丝及原棉的油剂。

（5）双（3-三乙氧基硅丙基）四硫化物，既可用作合成橡胶的硫化剂，还可用来处理橡胶及填料，使所得胶料达到延迟焦烧、加速硫化及提高补强效果的目的，在橡胶工业中应用量越来越大。

# 3 硅油与硅油的二次产品

## 3.1 硅油的性能

硅油的分子结构可以是直链的，如式（3-1）所示；也可以是带有支链的，如式（3-2）所示。

$$R-\underset{\underset{R}{\mid}}{\overset{\overset{R}{\mid}}{Si}}-O\left[\underset{\underset{R}{\mid}}{\overset{\overset{R}{\mid}}{Si}}-O\right]_{n}\underset{\underset{R}{\mid}}{\overset{\overset{R}{\mid}}{Si}}-R \qquad (3-1)$$

$$R-\underset{\underset{R}{\mid}}{\overset{\overset{R}{\mid}}{Si}}-O\left[\underset{\underset{R}{\mid}}{\overset{\overset{R}{\mid}}{Si}}-O\right]_{n}\left[\underset{\underset{O}{\mid}}{\overset{\overset{R}{\mid}}{Si}}-O\right]_{m}\underset{\underset{R}{\mid}}{\overset{\overset{R}{\mid}}{Si}}-R \qquad (3-2)$$

式中，R 为有机基团；$n$、$m$ 代表链段数。

最常用的硅油，R 全部为甲基，称甲基硅油。R 也可以采用其他有机基团代替部分甲基基团，以改进硅油的某种性能和适用各种不同的用途。常见的其他基团有氢、乙基、苯基、氯苯基、三氟丙基等。

硅油一般是无色（或淡黄色）、无味、无毒、不易挥发的液体。硅油不溶于水、甲醇、乙二醇和2-乙氧基乙醇，可与苯、二甲醚、甲基乙基酮、四氯化碳或煤油互溶，稍溶于丙酮、二噁烷、乙醇和丁醇。它具有很小的蒸汽压、较高的闪点和燃点、较低的凝固点。随着链段数 $n$ 的不同，相对分子质量增大，黏度也增高，因此硅油可有各种不同的黏度，从0.65厘泊直到上百万厘泊。如果要制得低黏度的硅油，可用酸性白土作为催化剂，并在180℃温度下进行调聚，或用硫酸作为催化剂，在较低温度下进行调聚；生产高黏度硅油或黏稠物可用碱性催化剂。

硅油按化学结构划分有甲基硅油、乙基硅油、苯基硅油、甲基含氢硅油、甲基苯基硅油、甲基氯苯基硅油、甲基乙氧基硅油、甲基三氟丙基硅油、甲基乙烯基硅油、甲基羟基硅油、乙基含氢硅油、羟基含氢硅油，含氰硅油等；从用途来分，有阻尼硅油、扩散泵硅油、液压油、绝缘油、热传递油、刹车油等。

硅油具有卓越的耐热性、电绝缘性、耐候性、疏水性、生理惰性和较小的表面张力，此外还具有低的黏温系数、较高的抗压缩性，有的品种还具有耐辐射的性能。下面分别介绍硅油的各种性能：

（1）耐热性好。聚硅氧烷分子中由于主链是由—Si—O—Si—键组成，具有与无机高分子类似的结构，其键能（108 kcal/克分子）很高，所以具有优良的耐热性能。

（2）耐氧化稳定性和耐候性好。例如，二甲基硅油从 200℃ 开始才被氧化，生成甲醛、甲酸、二氧化碳和水，重量减少，同时黏度上升，逐渐成为凝胶。约在 250℃ 以上的高温下，硅氧链断裂，生成低分子环体；在二甲基硅油中加入抗氧剂可显著延长硅油的寿命。通常所用的抗氧剂有苯基-α-萘胺、有机钛、有机铁和有机铈化合物。

（3）电气绝缘性好。硅油具有良好的介电性能，随温度和周波数的变化，其电气特性变化很小。介电常数随温度升高而下降，但变化甚少。例如，黏度为 1000 厘泊的硅油在 30℃ 时的介电常数为 2.76，在 100℃ 时为 2.54。硅油的功率因数低，随温度上升而增加。但随频率变化没有规则。体积电阻率随温度上升而下降。

（4）疏水性好。硅油主链虽由极性键 Si—O 组成，但因侧键上的非极性基烷基朝外定向排列，故可阻止水分子进入内部，起疏水作用。硅油对水的界面张力约为 $42×10^{-5}N/cm$，当扩散在玻璃上面时，由于硅油的拒水性，形成约 103° 的接触角，可与石蜡媲美。

（5）黏温系数小。与具有同样分子量的碳氢化合物相比，硅油的黏度低，而且随温度变化小，这与硅油分子的螺旋状结构有关。硅油是各种液体润滑剂中具有最好黏温特性的一类油，对阻尼设备很有意义。

（6）高抗压缩性。由于硅油分子的螺旋状结构特性和分子间距离大，所以具有较高的抗压缩性。硅油的黏度在压力升高时有较大的变化，但比一般矿物油小。例如，在 2000 大气压下，石油的黏度提高约 50~5000 倍（视品种而定）。二甲基硅油的体积随着压力变化较小，其抗压缩性能比烷烃类、甘油以及一般液压油高。例如，黏度 100 厘泊/25℃ 的二甲基硅油，当外界压力为 $1000kg/cm^2$ 时，体积压缩 7% 左右，压力为 $10000kg/cm^2$，体积压缩为 23%。在烷烃类早已固化的压力下，二甲基硅油仍能保持其液态，它的绝热压缩系数为 $(99.8~101)×10^{-7}cm^2/N$。黏度 1 厘泊/25℃ 以上的二甲基硅油，在高达 $40000kg/cm^2$ 的压力下，即使它们被压缩 35% 左右，仍然是液体。利用硅油的这一性质，可用作液体弹簧，与机械弹簧比较，体积可大为缩小。

（7）低表面张力。表面张力低是硅油的特性。不同黏度的二甲基硅油的表面张力稍有不同，黏度最低的二甲基硅油（0.65 厘泡/25℃）的表面张力为 15.9 ×10⁻⁵N/cm。硅油的表面张力随黏度增大略有升高，黏度 50~1000 厘泡/25℃ 的二甲基硅油的表面张力为（20.8~21.1）×10⁻⁵N/cm，比其他有机溶剂和水低。表面张力低表示具有高的表面活性。因此，硅油具有优良的消泡、抗泡性能，以及与其他物质的隔离性能和润滑性能。

（8）无毒、无味和生理惰性。从生理学的观点来看，硅氧烷聚合物是已知的最无活性的化合物中的一种。二甲基硅油实际上对生物是惰性的，与动物机体无排异反应。因此，它们在外科及内科、医药、食品和化妆品等部门中已得到广泛的应用。

（9）润滑性好。硅油具有作为润滑剂的许多优良性能，如闪点高、凝固点低、热稳定、黏度随温度变化小、不腐蚀金属，以及对橡胶、塑料、涂料、有机的漆膜无不良影响和表面张力低、容易在金属表面铺展等特性。

（10）化学特性。硅油比较惰性，因为 Si—C 键很稳定。但是强氧化剂很易与之作用，尤其在高温下。硅油与氯气反应剧烈，对甲基硅油尤其如此。有时会有爆炸性反应。Si—O 键很易因强碱或酸断链。浓硫酸在低温时就很快反应，使硅氧烷链断开并附在其上。在这方面，带有高烷烃基因及苯基的硅油比较稳定，但浓硫酸会使苯基的苯—硅键断开并释出苯。硅油不溶于水或含水溶剂中。但是芳香族、脂肪族及氯化烃为很好溶剂，硅油也可溶于酸、酯、高级醇及酮类。

由于硅油具有许多显著特性，它异常广泛地使用在各种不同领域，成为现代技术不可缺少的产品。几乎没有一种工业不是以某种方式采用有机硅。但是由于应用时技术条件是多样的，人们往往不是单独使用纯硅油，多数情况下通过特殊配方做成有效的应用方式，以用于不同的目的，故仍可达到预期的效果。硅油往往不是作为原料使用，而是作为辅助材料以产生某种作用。所以必须稀释硅油至合适浓度以便于使用，并首先是为了更合理地使用。所需的浓度往往是极低的，这在经济上显得特别重要。硅油及由硅油配制而应用于特定用途的配方，在市场上有纯硅油、溶液、乳液三种基本形式。

## 3.2 硅油及改性硅油

### 3.2.1 二甲基硅油

#### 3.2.1.1 结构式

### 3.2.1.2 生产方法

二甲基聚硅氧烷-甲基硅油生产方法：有少数基本反应是特别重要的，且表征了二官能团硅氧烷化学的特性，其中反应最重要的有：（1）对应的二有机基二氯硅烷的水解；（2）缩合；（3）聚合；（4）平衡化。

缩合：

$$—\underset{\underset{CH_3}{|}}{\overset{\overset{CH_3}{|}}{Si}}—OH + OH—\underset{\underset{CH_3}{|}}{\overset{\overset{CH_3}{|}}{Si}}— \xrightarrow{\text{催化剂}} —\underset{\underset{CH_3}{|}}{\overset{\overset{CH_3}{|}}{Si}}—O—\underset{\underset{CH_3}{|}}{\overset{\overset{CH_3}{|}}{Si}}— + H_2O$$

聚合：

$$X\left[—\underset{\underset{CH_3}{|}}{\overset{\overset{CH_3}{|}}{Si}}—O—\right]_N \xrightarrow{\text{催化剂}} \left[—\underset{\underset{CH_3}{|}}{\overset{\overset{CH_3}{|}}{Si}}—O—\right]_{X,N}$$

平衡化：

$$CH_3—\underset{\underset{CH_3}{|}}{\overset{\overset{CH_3}{|}}{Si}}—O—\underset{\underset{CH_3}{|}}{\overset{\overset{CH_3}{|}}{Si}}—O—\underset{\underset{CH_3}{|}}{\overset{\overset{CH_3}{|}}{Si}}—CH_3 \underset{\text{催化剂}}{\rightleftharpoons}$$

$$—\left[\underset{\underset{CH_3}{|}}{\overset{\overset{CH_3}{|}}{Si}}—O\right]_M + CH_3—\underset{\underset{CH_3}{|}}{\overset{\overset{CH_3}{|}}{Si}}—O—\left[\underset{\underset{CH_3}{|}}{\overset{\overset{CH_3}{|}}{Si}}—O\right]_{N,M}—\underset{\underset{CH_3}{|}}{\overset{\overset{CH_3}{|}}{Si}}—CH_3$$

约10%～15%环体　　　　　　　线状物

此反应对二甲基聚硅氧烷特别典型，整个讲也只限于甲基聚硅氧烷的平衡化反应。在平衡化反应中，Si—O—Si 键断开又重新连接，从而可由高黏度和低黏度硅油制取中等相对分子质量的硅油。同时，可以从线状硅氧烷制取含有环状硅氧烷的平衡混合物，在平衡混合物中含有线状及环状硅氧烷，其中环体含量约10%～15%。

反应（2）（3）（4）组成了由齐聚物水解产物制取二甲基硅油的生产过程，这些反应在某种程度上是并行地进行的。通常，可由已经洗除酸性的二甲基氯硅烷的水解物开始，水解物为含有环体的及以羟基封端的线状硅氧烷的混合物组成。甲醇醇解所得反应产物也可同样地用来制造甲基硅油。

硅氧烷混合物与催化剂一起在搅拌下加热进行上述（2）（3）（4）反应。缩合中产生的水可在真空下除去。如果没有封头剂，将得到相对分子质量非常大的产物。用六甲基二硅氧烷可以得到三甲基封端的聚合物。六甲基二硅氧烷封头剂的加入量，决定了硅油黏度。催化剂最好用酸性陶土，它很容易被过滤掉。

### 3.2.1.3 性能

二甲基硅油是投入商业化生产最早、用途最广和最常用的一种无色透明油状的液体。以上海树脂厂生产的 201 甲基硅油为例，其技术指标和性能如下。

（1）技术指标。外观：无机械杂质，无色透明油状液体；黏度：10~200000 厘泊/25℃，允许范围为±10%；比重：0.930~0.975（25℃）；折射率：1.390~1.410（25℃）；凝固点：小于-65~-50℃；闪点：黏度大于 100 厘泊的硅油为大于 300℃。

（2）性能。耐热性：可在 170℃下长期使用，在隔绝空气或在惰性气体中可在 200℃下长期使用；耐寒性：可在-50~-60℃的低温下使用而不凝固；黏度随温度变化小：黏度温度系数为 0.31~0.61；防水性：在各种物件表面可形成防水膜；表面张力小：$(15.9~21.5)×10^{-5}$N/cm；化学稳定性：除铅外，对金属无腐蚀，遇强酸、强碱会使黏度发生变化；导热性：导热系数为 0.00032~0.00038 卡·厘米/（秒·厘米$^2$·℃）；比热：0.33~0.37 卡/（克·℃）；具有良好的抗压缩性及抗剪切性；电绝缘性：体积电阻 $10^{14}~10^{15}$Ω/cm，介电常数 2.6~2.8，介电损耗角正切值<$1×10^{-4}$，击穿电压大于 10kV/mm；溶解性：苯、甲苯、二甲苯、甲醚、乙醚、氯仿、四氯甲烷、石油醚、汽油、煤油等为二甲基硅油的良好溶剂，可配制成各种浓度的甲基硅油溶液；生理惰性：甲基硅油为无毒品；透光性：对可见光透光率 100%。

二甲基硅油根据不同的使用要求，其黏度可以在 0.65 厘泊~10 万厘泊之间变化。

各种不同黏度的二甲基硅油，只是聚合度不同、相对分子质量大小不同而已，它们的基本分子结构是相似的。所以，在实际使用时，可用相近黏度的二甲基硅油进行调配，而不致影响它的性能。

高、低黏度的二甲基硅油调配时，要充分搅拌，使之混合均匀。最好是采用黏度相近的进行调配。调配后的 201 二甲基硅油，如要求有精确的黏度，可以复测校核，或先试小样，以示慎重。

### 3.2.1.4 用途

（1）由于二甲基硅油具有各种优异的物理性能，因此可直接用于防潮、绝缘、阻尼、减震、脱模、消泡、润滑、抛光等方面。

（2）甲基硅油除直接使用外，为了使甲基硅油分散性好，便于浸渍喷涂提高使用效果，一般采用下述三种类型。

1）溶液型。将甲基硅油溶于溶剂中（一般采用甲苯、二甲苯、四氯化碳），配成一定浓度的溶液，将此溶液均匀喷涂在被处理物上，或喷涂后在 250~300℃ 下烘 2~4h 后使用。

2）脂类。在甲基硅油中加入二氧化硅、锂皂、炭黑等分散物，可提高甲基硅油的分散能力及润滑效果。如用于轴承等的润滑、油相消泡、水相消泡中。

3）乳液型。以聚乙烯醇、吐温等为乳化剂，将甲基硅油配成 10%~30% 的水乳液，使用前再用冷水稀释数倍。如：用于织物处理、橡胶脱模、食品加工等。

（3）变压器油。变压器油是以二甲基硅油为基础的油，有机硅变压器油的可燃性小，只有当油温高达 350℃ 以上时才能燃烧，燃烧时放出热量小且能自熄。有机硅变压器油的介电常数高、化学惰性，在 -40~+250℃ 范围内黏度变化小，不污染环境，可适用于起火、爆炸等危险的场所。

### 3.2.2 甲基苯基硅油

#### 3.2.2.1 结构式

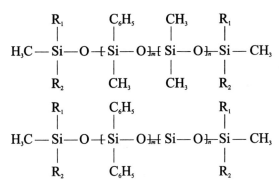

或

式中，$R_1$、$R_2$ 可为苯基或甲基。

#### 3.2.2.2 生产方法

以二苯基二氯硅烷（或苯基甲基二乙氧基硅烷）及二甲基二氯硅烷为原料，以三甲基氯硅烷（或二苯基甲基乙氧基硅烷或二甲基苯基乙氧基硅烷）为止链剂，经水解及在碱（四甲基氢氧化铵）催化下的调聚等工序制得。

#### 3.2.2.3 性能

甲基苯基硅油比同黏度的二甲基硅油具有较高的黏温系数、较低的凝固点和闪点，它的抗压缩性能比二甲基硅油低，在压力下黏度的变化比二甲基硅油快。

它的主要特点是具有较高的氧化稳定性和耐辐照性能。表3-1列出三种甲基苯基硅油的物理性质。甲基苯基硅油除具有二甲基硅油的一般性能外，还有如下特点：随着苯基含量的提高，比重和折光率随之增大。在甲基硅油中引入5%克分子的苯基时（低苯基含量的硅油），它的凝固点可抵达-70℃左右。因此特别适用于高度耐寒用。中苯基和高苯基含量的硅油，热稳定性能大为提高，在没有空气存在的情况下，250℃经几千小时后物性无变化；中苯基和高苯基含量的硅油还具有良好的耐辐射性能. 室温下剂量达$2 \times 10^8$伦琴后仍然可以使用。此外甲基苯基硅油的润滑性能优于二甲基硅油，它是有效的润滑剂，甚至可在200℃连续运转使用，但它的脱模效果要低于甲基硅油。苯甲基硅油可与植物油、动物油和矿物油混合。

甲基苯基硅油的物理性质见表3-1。

**表 3-1　甲基苯基硅油的物理性质**

| 指　标 | 产品牌号 | | |
|---|---|---|---|
| | 250 | 250-30 | 255 |
| 外观 | 无色或淡黄色透明油 | | |
| 黏度（25℃）/厘泊 | 100~200 | 25~40 | 100~200 |
| 密度（25℃）/g·cm$^{-3}$ | 1.01~1.08 | 1.01~1.08 | 1.02~1.08 |
| 折光率（25℃） | 1.46~1.475 | 1.47~1.485 | 1.48~1.495 |
| 凝固点/℃ | ≤-45 | ≤-50 | ≤-40 |
| 闪点（开杯）/℃ | ≥280 | ≥240 | ≥300 |
| 热损耗（250℃/2h） | — | — | <1% |
| 介电常数（25℃，50Hz） | — | ≥2.7 | — |
| 介电损耗角正切值（25℃，50Hz） | — | ≤$4 \times 10^{-3}$ | — |
| 体积电阻系数（25℃）/欧姆·厘米 | — | ≥$5 \times 10^{13}$ | — |
| 击穿电压（4V/2.5mm） | — | ≥45 | — |

### 3.2.2.4　用途

可用作金属制品的热处理油和高温加热油，作为脂肪烃、芳香烃、脂肪酸、胺、醇、酯及烯类分离分析用的气液色谱的载体。

用作电子、电气的高低温润滑油，加入炭黑、锂皂或二硫化钼作高温脂，广泛用作高温风扇轴承、滚珠轴承、H级电机的滚珠轴承、考克、运输链条、炉门防磨轴承、瓦特计、汽车发动机、纺织干燥机、炸弹控制器、蒸汽透平机、低速防磨轴承等的润滑剂。

此外，在液压、仪表、电器绝缘等方面都有广泛的应用。用国产250-30型甲基苯基硅油作大型电力电容器的浸渍剂，和电容器油浸渍的同类型电容器相比，能提高单台容量4~5倍，因而大大提高了比特性。由于不燃和化学稳定性好，提高了电容器运行的安全可靠性。目前已代替多氯联苯成为一种性能优良的新型电力电容器浸渍剂。

### 3.2.3 甲基含氢硅油

#### 3.2.3.1 结构式

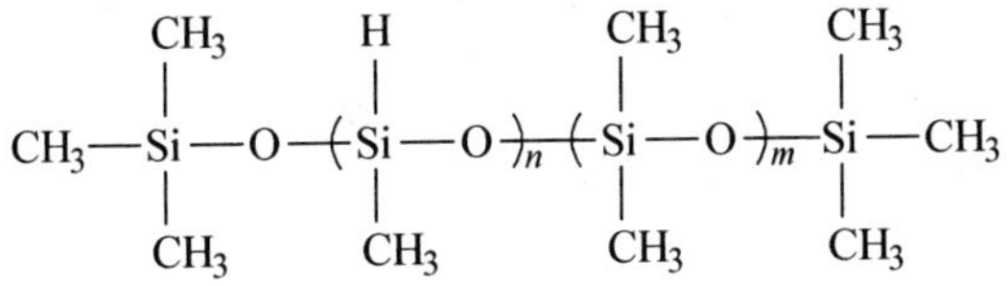

$$CH_3-\underset{\underset{CH_3}{|}}{\overset{\overset{CH_3}{|}}{Si}}-O-(\underset{\underset{CH_3}{|}}{\overset{\overset{H}{|}}{Si}}-O)_n-(\underset{\underset{CH_3}{|}}{\overset{\overset{CH_3}{|}}{Si}}-O)_m-\underset{\underset{CH_3}{|}}{\overset{\overset{CH_3}{|}}{Si}}-CH_3$$

#### 3.2.3.2 生产方式

甲基含氢硅油有乳剂和水溶性两种：

（1）乳剂。将甲基氢二氯硅烷、二甲基二氯硅烷和三甲基氯硅烷在溶剂存在下，经水解反应、调聚、脱溶剂和脱低分子物制得甲基含氢硅油。也可配成乳剂使用：将甲基含氢硅油用乳化剂（如OP-10、平平加等）加水，用匀浆器乳化成水包油型乳化硅油。

（2）水溶液。用 $CH_3HSiCl_2$ 与 $HOC_2H_4OC_2H_5$ 进行酯化反应制得 $CH_3Si(C_2H_4OC_2H_5)_2$，再在中性介质中水解可制得可溶于水的低分子量硅油。使用时配成5%的水溶液。

#### 3.2.3.3 性能

以上海树脂厂研究所和吉林化工研究院研制生产的202和JHG—802甲基含氢硅油为例，甲基含氢硅油的主要性能见表3-2。

表3-2 甲基含氢硅油的主要性能

| 指 标 | 生产牌号 | |
| --- | --- | --- |
| | 202 | JHG-802-1 |
| 外观 | 无色或淡黄色透明油状液体 | |
| 含氢量/% | 0.8~1.4 | 1.2~1.6 |
| 黏度（25℃）/厘泊 | 10~50 | 10~50 |
| 密度（25℃）/g·cm⁻³ | 0.98~1.10 | 0.98~1.10 |
| pH值 | 中性或弱酸性 | 中性或弱酸性 |
| 折射率（25℃） | 1.39~1.41 | 1.39~1.41 |

#### 3.2.3.4 用途

甲基含氢硅油的最大优点是防水效果好。它在金属盐类催化剂作用下，低温可交联成膜，在各种物质表面形成防水膜，可做织物、玻璃、陶瓷、纸张、皮革、金属、水泥、大理石等各种材料的防水剂。尤其是在织物防水方面已大量应用。它与甲基羟基硅油乳液共用，既能防水又可保持织物原来的透气性和柔软性并能提高织物的抗撕裂强度、摩擦强度和防污性，改善织物的手感和缝合性能。此外，甲基含氢硅油还可作纸张的防黏隔离剂和交联剂。

织物的防水机理是利用有机硅产品中的硅氢键，在催化剂存在下与织物中的羟基或附着在表面的水作用，在氢键就聚合起来，形成一层防水膜。

交联反应可由水引起，在碱性介质中反应较快。首先，使硅氢键水解成硅醇基，随后缩合成硅氧烷。在没有催化剂的情况下固化温度约需要 200℃，但在铅、锆、锌、锡、钛等化合物存在时 140~150℃ 下就可以固化。特别是有机钛酸酯（如钛酸丁酯），是一种强有力的催化剂，可以降低缩合温度和时间。由于钛酸丁酯对水解敏感，所以它只限于在有机溶剂中应用。

一般在织物防水剂上使用的是甲基含氢硅油乳液。甲基含氢硅油乳液是由甲基含氢硅油借乳化剂乳化制得的水包油型乳化硅油，由于使用的乳化剂和稳定剂不同，可制得不同牌号的产品。

用含氢硅油制成的乳化硅油，由于含有活性氢，所以不很稳定，不宜久存，最好是配制乳化硅油后立即使用。若将它的 pH 值调整到 3~5 左右，或添加一些乙醛，可以增加它的稳定性。如要改善织物的手感，可以和羟基硅油乳液一起使用。

### 3.2.4　乙基硅油

#### 3.2.4.1　结构式

$$
C_2H_5 \underset{\underset{C_2H_5}{|}}{\overset{\overset{C_2H_5}{|}}{Si}} - O - \left[ \underset{\underset{C_2H_5}{|}}{\overset{\overset{C_2H_5}{|}}{Si}} - O \right] \underset{\underset{C_2H_5}{|}}{\overset{\overset{C_2H_5}{|}}{Si}} - C_2H_5
$$

#### 3.2.4.2　生产方法

乙基硅油的生产可采用直接法或格氏一步合成法。直接法是用硅粉和氯乙烷在催化剂的作用下，先制得乙基氯硅烷混合单体，再经分离提纯制得高纯度的单组分乙基氯硅烷。然后根据需要将各种不同组分的乙基氯硅烷单体进行配料，再经水解、缩聚就可制得各种类型的乙基硅油。

格氏一步合成法是用甲苯作溶剂，正硅酸乙酯、氯乙烷、镁屑按不同配比进行反应合成乙基乙氧基硅烷，经水解缩合，在硫酸存在下进行分子重排和后处理，即制得乙基硅油。

### 3.2.4.3 性能

乙基硅油比甲基硅油更耐低温，但耐高温性能较甲基硅油差。使用温度为-70~+150℃，可通过加入螯合抑制剂（如乙基乙酰醋酸铜）来提高其高温稳定性。乙基硅油无毒无腐蚀，对橡胶、塑料不起溶解作用，黏温系数小、蒸汽压低、挥发性小、不易燃烧，抗压缩性大（4 万千克/厘米² 压强下体积收缩为35%），表面张力较小。乙基硅油对金属表面不腐蚀，可以调配成不同黏度供使用，其介电性能（介电常数约在 2.4~2.7 之间）和润滑性能优于甲基硅油。乙基硅油可与矿物油互溶，进一步改进润滑性能。以武汉化工研究所研制的润滑油为例，乙基硅油的技术性能见表3-3。

**表 3-3 乙基硅油的技术性能**

| 指　标 | 产品名称 | | |
| --- | --- | --- | --- |
| | 润滑油 3 号 | 润滑油 5 号 | 润滑油 6 号 |
| 外观 | 无色或淡黄色透明液体、稍暗液体 | | |
| 密度（20℃）/g·cm$^{-3}$ | 0.95~1.05 | 0.99~1.02 | 0.99~1.02 |
| 黏度（20℃）/cSt | 220~300 | 200~1000 | 200~275 |
| 凝固点/℃ | -70 | -70 | -70 |
| 闪点（开杯）/℃ | >265 | >250 | 250 |
| pH 值 | 6~7 | 6~7 | 6~7 |
| SiO$_2$ 质量分数/% | 58~62 | 58~62 | |
| 机械杂质/% | ≤0.03 | 无 | 无 |
| 乙氧基含量/% | ≤0.2 | ≤0.5 | |
| 70℃时膨胀率（240h）/% | 0.8~1.6（对 9035 橡胶） | | 对 14K-22 橡胶 <2（120h） |

### 3.2.4.4 用途

（1）乙基硅油是良好的润滑剂，并具有耐低温、耐高温、黏温系数小、抗氧化、无腐蚀等优良性能，所以它能直接用来作为各种仪器、仪表、机械设备的润滑，又由于它能与机油、黄蜡油、凡士林等以任意比例混合，故可制成复合润滑油和复合润滑脂，改善其使用性能。

（2）乙基硅油的抗压缩性大，素有液体弹簧之称，可用于各种仪器、仪表、机械设备的防震和减震，其效果大大超过各种金属弹簧。

（3）乙基硅油具有与水非常接近的声学特性，因此是水下测示仪的优良介质。

（4）乙基硅油在低温下的流动性能好，如用乙基硅油作液压油，即可采用截面积更小的管路，而使液压系统的总重量比用矿物油类似系统的总重量降低 45%。

（5）乙基硅油的电绝缘性能好，介电常数对频率的依附性极小，介质损耗极低，体积电阻系数较高，因而可用于恶劣环境下工作的电器、电子设备，是一种优良的介电材料。

（6）乙基硅油中的乙基基团是具有憎水能力的有机基团，因而经乙基硅油处理的材料，能够赋予良好的憎水效果。

（7）乙基硅油具有表面活性高、表面张力小的特性，因而它是一种良好的脱模剂和消泡剂。工业上多将乙基硅油经有机溶剂（如汽油、煤油、苯、甲苯等）稀释或制备成乳液用水稀释后再行使用，有时也与其他分散剂（如石墨、二氧化硅等）配合使用。

（8）乙基硅油经氧化聚合后能制成粘性产品，用作密封材料，具有良好的绝缘性能。

### 3.2.5　乙基含氢硅油

乙基含氢硅油可看作是乙基硅油的硅原子上的乙基取代基部分被氢取代的硅油，其结构式有如下两种：

$$\text{Et}\text{—SiO}\left(\text{SiO}\right)_n\left(\text{SiO}\right)_m\text{Si—Et} \qquad (3-3)$$

$$\text{Et}\text{—SiO}\left(\text{SiO}\right)_n\text{Si—Et} \qquad (3-4)$$

结构（3-3）为部分含氢型乙基含氢硅油，结构（3-4）为全氢型乙基含氢硅油。合成乙基含氢硅油的原料有 $EtSiHCl_2$、$Et_3SiCl$ 和 $Et_2SiCl_2$，其合成方法基本与甲基含氢硅油的合成方法相同。

乙基含氢硅油的防水性能比甲基含氢硅油更好。

### 3.2.6　甲基羟基硅油

甲基羟基硅油是指以羟基二甲基甲硅氧基为端基的聚二甲基硅氧烷，通常情况下是指聚合度小于 7 的聚合物，结构式为：

$$HO-\underset{\underset{CH_3}{|}}{\overset{\overset{CH_3}{|}}{Si}}-O-\left[\underset{\underset{CH_3}{|}}{\overset{\overset{CH_3}{|}}{Si}}-O\right]_p-\underset{\underset{CH_3}{|}}{\overset{\overset{CH_3}{|}}{Si}}-OH$$

式中，$p=3\sim7$。

羟基硅油的制备可以以二甲基二氯硅烷为原料，也可以八甲基环四硅氧烷为起始原料，若以 $D_4$ 为原料，其反应方程式：

聚合反应：$nD_m+AC_2O \longrightarrow ACD-[(CH_3)_2SiO]_{nm}AC$

水解反应：$ACD-[(CH_3)_2SiO]_{nm}AC+H_2O \longrightarrow HD[(CH_3)_2SiO]_{nm}H+HOAC$

中和反应：$HOAC+Na_2CO_3 \longrightarrow NaOAC+NaHCO_3$

$HOAC+NaHCO_3 \longrightarrow NaOAC+CO_2\uparrow+H_2O$

甲基羟基硅油为无色透明或淡黄色透明的油状液体，黏度可从几厘泊到十几万厘泊。上海树脂厂生产的甲基羟基硅油的物理性质：外观呈淡黄色透明油状液体；黏度不大于 40 厘泊（25℃）；折光率（$\eta_D^{25}$）为 $1.4000\sim1.4100$；羟基含量 $\geqslant5\%$。

甲基羟基硅油是硅橡胶制品行业中常用的一种优良结构控制剂，用它代替二苯基二羟基硅烷作为结构控制剂不仅可简化橡胶的加工工艺，提高加工性能（省去热处理），而且增加了制品的透明度，还改善了劳动条件。甲基羟基硅油还可用作织物、纸张、皮革的防水、柔软和防黏处理剂。甲基羟基硅油也可用作乳液聚合原料或直接做成乳液作柔软剂用，也可以以它作为原料对其他聚合物进行改性。

### 3.2.7 含氰硅油

含氰硅油是将 β-氰乙基甲基二氯硅烷与二甲基二氯硅烷在水中共水解，然后加止链剂六甲基二硅氧烷用浓硫酸催化平衡，并在减压下除去挥发物。根据止链剂用量的不同，共聚物分子链的长度并不一致，最高可达 1000 个链节，但平均约为 20 个链节。含氰硅油的结构式为：

$$H_3C-\underset{\underset{CH_3}{|}}{\overset{\overset{CH_3}{|}}{Si}}-O-\left[\underset{\underset{CH_2CH_2CN}{|}}{\overset{\overset{CH_2CH_2CN}{|}}{Si}}-O\right]_m-\left[\underset{\underset{CH_3}{|}}{\overset{\overset{CH_3}{|}}{Si}}-O\right]_n-\underset{\underset{CH_3}{|}}{\overset{\overset{CH_3}{|}}{Si}}-CH_3$$

含氰硅油具有优良的介电性能，随着氰基含量的不同，介电常数在 $3\sim40$ 范围内，氰基含量越高，介电常数越大；而与典型的二甲基硅油相比较，后者的介电常数仅为 2.75。因此，这种油十分适合用作电子、电气工业的介电液体，特别是超小型电容器的介电液。

含氰硅油的另一特性是它们具有高的极性，极性随氰基的含量成正比例增长。含氰基低的硅油可溶于非极性的溶剂，如甲苯、松香水、煤油、丙酮、乙醚、二甲苯、环己烷、四氯化碳、二噁烷、丁醇、甲基乙基酮和汽油。然而，氰基含量高的硅油除了二噁烷和甲基乙基酮外，在上列溶剂中均不溶解。利用这一特性，可用作抗油和抗溶剂的有价值材料，以及用作石油加工的非水体系的消泡剂。

尽管含氰硅油具有高的极性，但却与水不相混溶。它们在水中是稳定的，黏度不发生变化，在蒸馏水中，经 90h 的蒸煮都没有水解或分解的迹象。

### 3.2.8　甲基烷氧基硅油

甲基烷氧基硅油可看作是甲基硅油中的部分甲基被烷氧基取代的硅油，其化学结构式可表示如下：

$$
\text{RO—SiO} \left( \text{SiO} \right)_n \left( \text{SiO} \right)_m \text{Si—OR}
$$

式中，$n$、$m$ 为聚合度；OR 为烷氧基。

甲基烷氧基硅油由 $MeSiCl_3$ 和 $Me_2SiCl_2$ 的混合物与相应的醇和水共反应制得。以甲基乙氧基硅油为例，该类硅油的合成方法介绍如下：

$$
MeSiCl_3 + Me_2SiCl_2 \xrightarrow{H_2O/EtOH} \text{EtOSiO} \left( \text{SiO} \right)_n \left( \text{SiO} \right)_m \text{SiOEt}
$$

将适量的水、乙醇和甲苯的混合液加入反应釜中，在搅拌下滴加一定比例的 $MeSiCl_3$ 和 $Me_2SiCl_2$ 的甲苯溶液进行反应，保持反应温度在 25~35℃ 之间。滴加完后，继续搅拌反应 15min。静置分出下层酸水，油层用水洗一次，再加入少量酒精，然后用 20% 的 $Na_2CO_3$ 水溶液中和。中和完毕，再水洗一次。减压蒸馏除甲苯，即得甲基乙氧基硅油。

这种硅油具有甲基硅油的优良憎水性、防黏性、耐高温性、表面张力小、无毒、不易挥发、对金属无腐蚀性等特性。同时又具有硅酸酯的某些特性，如遇水后能水解成硅醇，可进一步与含羟基的化合物反应成膜等。将其加工成乳剂后可作为织物和皮革的处理剂，使之憎水、柔软、手感好；也可用于玻璃纤维棉的防潮处理；用作滤纸处理剂，可提高防水性和湿强度；也可用作脱模剂、消泡剂等。

### 3.2.9 氯苯基甲基硅油

#### 3.2.9.1 结构

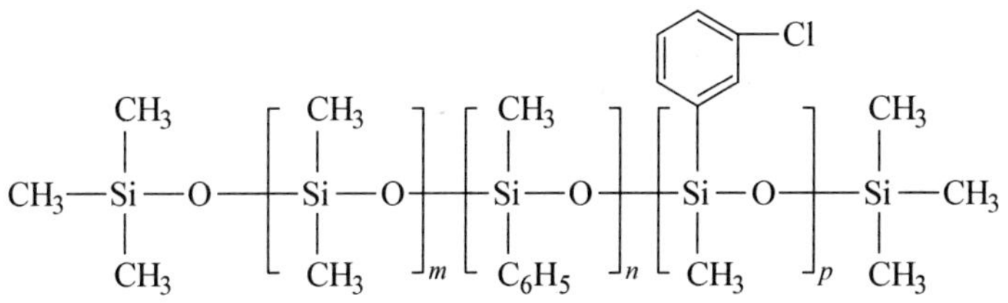

或

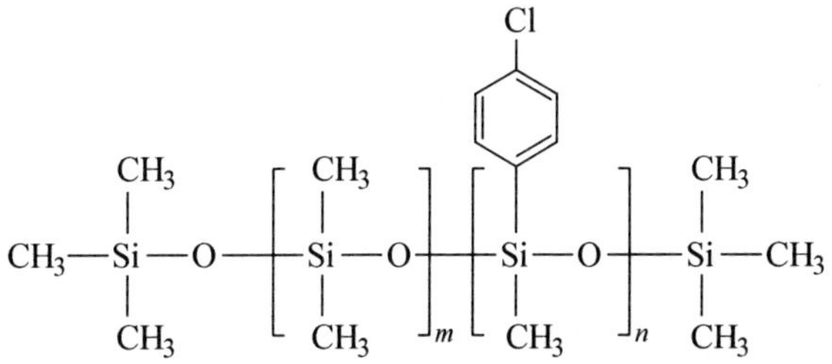

#### 3.2.9.2 生产方法

用二甲基二氯硅烷、五氯苯基甲基二氯硅烷（或氯苯基甲基二乙氧基硅烷）和三甲基一氯硅烷为原料进行共水解，然后用浓硫酸催化重排平衡制得。

#### 3.2.9.3 性能

具有良好的热、氧化稳定性和黏温性能，润滑性能有显著改进，凝固点在-70℃以下．闪点高于180℃，酸值小于0.1毫克 KOH/克油，20℃下黏度为25~50厘泊。使用温度范围为-70~150℃，短期可达175℃。我国兰州化学物理研究所研制了几种氯苯基甲基硅油，它们保持了硅油较好的黏温性能和高低温性能，并显著地改善了硅油的润滑性。它们的物理性质见表3-4。

表3-4 氯苯基甲基硅油的物理性质

| 氯苯基甲基硅油 | 基团含量/% | | 折光指数（25℃） | 黏度/厘泊 | | 倾点/℃ |
| --- | --- | --- | --- | --- | --- | --- |
| | $C_6Cl_5-$ | $C_6H_5-$ | | 50℃ | 100℃ | |
| $M_3D_{90}D'T''$ | 1.53 | 1.02 | | 84 | 35 | <-70 |
| $M_4D_{60}D'T''_2$ | 1.47 | 1.47 | 1.4293 | 78 | 33 | <-70 |
| $M_4D_{42}D'T''_2$ | 2 | 2 | | 49 | 24 | <-70 |
| $M_5D_{40}D'T''_3$ | 3 | 2 | 1.4561 | 100 | 32 | -65 |

续表 3-4

| 氯苯基甲基硅油 | 基团含量/% | | 折光指数 | 黏度/厘泊 | | 倾点/℃ |
| --- | --- | --- | --- | --- | --- | --- |
| | $C_6Cl_5-$ | $C_6H_5-$ | （25℃） | 50℃ | 100℃ | |
| $M_4D_{42}D_5{}'T_2''$ | 1.85 | 9.26 | 1.4667 | 96 | 34 | -63 |
| $M_5D_{23}D_7{}'T_3''$ | 3.41 | 15.9 | 1.4898 | 320 | 53 | -45 |

注：$M=(CH_3)_3SiO_{1/2}$；$D=(CH_3)_2SiO$；$D'=(C_6H_5)_2SiO$；$T''=(C_6Cl_5)SiO_{2/3}$。

### 3.2.9.4 用途

氯苯基甲基硅油具有良好的润滑性能和抗磨性能，其边界润滑机理一般认为是在一定温度下，苯基上的氯原子在金属表面活化而与金属生成低剪切力的金属氯化物薄膜，从而防止了金属的磨损。氯苯基甲基硅油可用作高、低温仪表油，通用于航空计时仪器、微型伺服马达轴承、陀螺仪马达轴承及陀螺仪平座等润滑，加入改性添加剂后可用作宇宙飞行器上的传感器油以及飞机用液压油等。

### 3.2.10 高真空扩散泵用硅油

高真空扩散泵用硅油为低黏度甲基苯基硅油。能作为真空扩散泵油的硅油种类很多，但如下两种结构的甲基苯基硅油效果较好：

$$\begin{array}{c} \qquad Ph \qquad Me \qquad Ph \\ \qquad | \qquad\quad | \qquad\quad | \\ Me-SiO-SiO-Si-Me \\ \qquad | \qquad\quad | \qquad\quad | \\ \qquad Ph \qquad Me \qquad Ph \end{array} \qquad (3-5)$$

$$\begin{array}{c} \qquad Ph \qquad Ph \qquad Ph \\ \qquad | \qquad\quad | \qquad\quad | \\ Me-SiO-SiO-Si-Me \\ \qquad | \qquad\quad | \qquad\quad | \\ \qquad Ph \qquad Me \qquad Ph \end{array} \qquad (3-6)$$

这些低黏度甲基苯基硅油具有沸点高、蒸气压低、抗氧化、抗辐射、不水解等优点，极限真空度可达 $10^{-8} \sim 10^{-11}kPa$，使用-35℃的冷阱时可达 $6.67 \times 10^{-12}kPa$，是高真空扩散泵油的理想材料。

这些低黏度甲基苯基硅油有三种制法。

### 3.2.10.1 $MePh_2SiOH$ 与 $Me_2SiCl_2$ 缩聚制取甲基苯基硅油

首先控制 $MePh_2SiOEt$ 水解得到 $MePh_2SiOH$，后者与 $Me_2SiCl_2$ 在吡啶作酸吸收剂下缩聚得到甲基苯基硅油 （3-5）：

$$MePh_2SiOEt+H_2O \xrightarrow[约15℃]{HCl} MePh_2SiOH+EtOH$$

沸点 $288\sim296$℃；$n_D^{25}1.540\sim1.545$。

$$2MePh_2SiOH + Me_2SiCl_2 \xrightarrow[18\sim22℃]{\text{吡啶}} Me-\underset{\underset{Ph}{|}}{\overset{\overset{Ph}{|}}{Si}}O-\underset{\underset{Me}{|}}{\overset{\overset{Me}{|}}{Si}}O-\underset{\underset{Ph}{|}}{\overset{\overset{Ph}{|}}{Si}}-Me + 2\,\text{吡啶}\cdot HCl$$

沸点（0.67kPa）188℃；凝固点 $-35$℃；黏度（25℃）（37±1）$mm^2/s$；闪点大于210℃；$n_D^{25}1.5561$。

### 3.2.10.2 $MePh_2SiOH$ 与 $MePhSi(OAc)_2$ 缩聚制取甲基苯基硅油

2mol $MePh_2SiOH$ 与 1mol $MePhSi(OAc)_2$ 在 $NH_3$ 作酸吸收剂下缩聚，可得到甲基苯基硅油

$$2MePh_2SiOH+MePhSi(OAc)_2 \xrightarrow[\text{甲苯，15℃}]{NH_3} Me-\underset{\underset{Ph}{|}}{\overset{\overset{Ph}{|}}{Si}}O-\underset{\underset{Me}{|}}{\overset{\overset{Ph}{|}}{Si}}O-\underset{\underset{Ph}{|}}{\overset{\overset{Ph}{|}}{Si}}-Me+AcONH_4$$

沸点：（0.67kPa）225℃；凝固点 $-15$℃；黏度（25℃）165$mm^2/s$；闪点大于243℃；$n_D^{25}1.5785$。

### 3.2.10.3 催化平衡化反应制取甲基苯基硅油

1 质量份 $MePh_2SiOEt$ 与 0.5 质量份 2% 的 KOH 水溶液加热水解，并不断蒸出反应过程中生成的乙醇，得到水解物；水解物在四甲基氢氧化铵硅醇盐催化下缩聚，得到 1,3-二甲基-1,1,3,3-四苯基二硅氧烷 $MePh_2SiOSiPh_2Me$：

$$MePh_2SiOEt \xrightarrow[\text{②}Me_4NOH,\ 80\sim90℃]{\text{①}2\%KOH,\ 90\sim100℃} MePh_2SiOSiPh_2Me+EtOH$$

熔点 $51\sim52$℃；沸点（0.099~0.1MPa）418℃；$n_D^{25}1.5866$。

以 $MePhSi(OEt)_2$ 为原料，采用与制取 $MePh_2SiOSiPh_2Me$ 类似的过程，经水解、缩聚得到甲基苯基环硅氧烷 $(MePhSiOH)_n$：

$$MePhSi(OEt)_2 \xrightarrow[\text{②}Me_4NOH,\ 80\sim90℃]{\text{①}2\%KOH,\ 90\sim100℃} (MePhSiO)_n+EtOH$$

$(MePhSiOH)_n$ 与 $MePh_2SiOSiPh_2Me$ 在四甲基氢氧化铵硅醇盐催化下进行平衡化反应，得到甲基苯基硅油：

$$Ph_2MeSiOSiMePh_2+1/n(MePhSiO)_n \xrightarrow[\text{约100℃}]{Me_4NOH} Me-\underset{\underset{Ph}{|}}{\overset{\overset{Ph}{|}}{Si}}O-\underset{\underset{Me}{|}}{\overset{\overset{Ph}{|}}{Si}}O-\underset{\underset{Ph}{|}}{\overset{\overset{Ph}{|}}{Si}}-Me$$

### 3. 2. 11　特种润滑油

特种润滑油主要是甲基三氟丙基硅油，其结构式如下：

$$CH_3-\underset{\underset{CH_3}{|}}{\overset{\overset{CH_3}{|}}{Si}}-O\left[\underset{\underset{CH_2CH_2CF_3}{|}}{\overset{\overset{CH_3}{|}}{Si}}-O\right]_n\underset{\underset{CH_3}{|}}{\overset{\overset{CH_3}{|}}{Si}}-CH_3$$

在二甲基硅油中引入氯代苯基可以显著地提高硅油的润滑性能，但稳定性较差。若以甲基三氟丙基（$-CH_2CH_2CF_3$）取代部分甲基，则可制得用于高、低温及高压下的耐油及耐溶剂的甲基三氟丙基硅油。

甲基三氟丙基硅油不溶于油、溶剂及水，溶于酮类。它具有高度的耐溶剂性、化学稳定性和优良的润滑性。它的润滑性要比不含卤素的硅油好得多，也比卤代苯基硅油要好。甲基三氟丙基硅油的黏温性相当于中苯基硅油，但比中苯基硅油低温性能优越。它的热氧化稳定性与二甲基硅油相似，但着火点较高。在开放系统中，其耐温范围为$-40\sim204℃$，在密闭系统中为$-40\sim288℃$。

另外，甲基三氟丙基硅油还具有独特的高比重性能，温度为23℃时的比重为1.25～1.30。它的比重在所有硅油中是最高的。

甲基三氟丙基硅油无毒，但温度高于260℃时会放出有毒蒸汽，使用时应予注意。黏度（25℃）为300～10000厘泊的甲基三氟丙基硅油的闪点为260～315℃，黏温系数为0.84～0.87，折光率为1.381～1.383。

甲基三氟丙基硅油生产步骤：由三氟丙烯和甲基氢基二氯硅烷加成制得甲基三氟丙基二氯硅烷，然后水解裂解制得三环体，再在止链剂六甲基二硅氧烷存在下进行碱催化平衡，即制得一定黏度的硅油。

甲基三氟丙基硅油可用作叶片式和活塞式液压泵、机械真空泵、压缩机气泵和曲轴箱等的优良润滑剂，也可用于无线电、电子工业以及纤维织物处理，使之耐油、防污、憎水；此外，还可用于非水相体系的消泡。

甲基三氟丙基硅油可以用来配制润滑脂，可用于要求比甲基硅油和甲基苯基硅油有更好的抗磨性和抗溶剂性的许多场所，这类脂能抗各种烃类溶剂、强酸（如硫酸、盐酸、发烟硝酸）、腐蚀性气体以及导弹和火箭用的燃料和抗氧剂，使用温度范围为$-73\sim232℃$。

### 3. 2. 12　热传递油

有机硅太阳能热传递油是一种改性的二甲基硅油，它的特点是蒸汽压低、黏度低、流动性好、低温不冻结、高温不易挥发，可在$-40\sim399℃$内使用。在392℃以下与各种金属都不作用。闭杯闪点230℃，高于太阳能收集器最高温度

200℃。在管路中无沉淀结垢现象，不变质，不必经常维修、换油。

美国陶康宁公司开发了两种有机硅热传递油，商品牌号为 Syltherm444、Syltherm-800。其中 Syltherm-800 高温热传递油 1982 年获美国《化学工程》杂志奖。该热传递油服务范围宽（-40~399℃）、热容量大、传热效率高、黏度随温度变化小，在整个使用温度范围内黏温曲线平坦，而且无毒、无腐蚀。

### 3.2.13 刹车油

硅油刹车油是一种高性能的液压油，它具有优良的疏水性、化学惰性、耐高温性能和电绝缘性能，它不腐蚀气缸，与整个刹车系统的橡胶部件（如密封条、软管等）不发生作用，且能保证各种金属/橡胶、金属/塑料零部件之间良好的润滑性。

硅油刹车油的吸水量低于 0.05%，黏度随温度变化很小，化学稳定性好。这些特点使它能承受刹车时所产生的高温，解决了传统的乙二醇基刹车液所产生的高温汽塞、刹车液衰减和腐蚀油漆表面的难题。

有机硅刹车油是以甲基硅油或甲基苯基硅油为基础油加入液压添加剂制成。国外报道了两种有机硅刹车油，一种是 $R_3SiO(R_2SiO)_nSiR_3$（R 为甲基或苯基；$n = 5 \sim 200$）和 $(R'O)_3B$（$R' = C_{2-12}$ 烷基）的混合物；另一种是 $R_3SiO(R_2SiO)_nSiR_3$ 与 $R'CO_2CH_2CMe_2CH_2O_2CR'$（$R' = C_{1-21}$ 烷基）的混合物。例如，将 9:1（重量比）的二甲基硅油与硼酸三丁酯进行混合，或将 9:1 的二甲基硅油与二癸酸新戊二醇酯进行混合，制得的液压油具有比单独使用二甲基硅油更好的润滑性、抗橡胶溶胀和抗冻结性能。

### 3.2.14 氨基改性硅油

典型的氨基改性硅油是侧链或端基具有氨基丙基或 N-（β-氨基乙基）氨基丙基的二甲基聚硅氧烷。氨基可为仲胺、叔胺和铵盐，也可为芳香族胺。

在硅原子上引入氨基烷基通常是在硅烷化阶段进行，即首先制备氨基烷基硅烷：

$$X = —Cl \text{ 或 } —OCH_3 \quad X' = —CH_3 \text{ 或 } X$$

由上述过程制备的氨基烷基硅烷，经水解成为硅氧烷齐聚物（式（3-7））或二硅氧烷（式（3-8））：

$$
\left[ \begin{array}{c} \text{CH}_3 \\ | \\ \text{HO}-\text{Si}-\text{O} \\ | \\ \text{R} \\ | \\ \text{NH}_2 \end{array} \right]_n \hspace{-0.3em}\text{H} \tag{3-7}
$$

$$(\text{R} = -(\text{CH}_2)_3-\text{或}-(\text{CH}_2)_3\text{NH}(\text{CH}_2)_2-)$$

或

$$
\begin{array}{ccc}
\text{CH}_3 & & \text{CH}_3 \\
| & & | \\
\text{CH}_3-\text{Si}-\text{O}-\text{Si}-\text{CH}_3 \\
| & & | \\
\text{R} & & \text{R} \\
| & & | \\
\text{NH}_2 & & \text{NH}_2
\end{array} \tag{3-8}
$$

这些硅氧烷齐聚物或二硅氧烷与二甲基硅氧烷线型齐聚物或环状齐聚物在碱性触媒的存在下，经硅氧键平衡反应成为共聚体。若用六甲基二硅氧烷作封头剂，可制得三甲基硅醇基封端的聚合物；若由甲氧基端基硅烷封端，可制得端基为甲氧基的聚合物。

$$
\left[ \begin{array}{c} \text{CH}_3 \\ | \\ \text{Si}-\text{O} \\ | \\ \text{CH}_3 \end{array} \right]_n + \text{H}_2\text{N}(\text{CH}_2)_3\text{Si}(\text{OCH}_3)_3 \longrightarrow \text{H}_2\text{N}(\text{CH}_2)_3\text{Si}\left( \hspace{-0.3em}\left[ \begin{array}{c} \text{CH}_3 \\ | \\ \text{SiO} \\ | \\ \text{CH}_3 \end{array} \right]_m \hspace{-0.3em}\text{OCH}_3\right)_3
$$

氨基改性硅油的最重要用途是作织物处理剂。用氨基改性硅油处理的化纤织物，可显著地提高柔软性、防皱性、弹性和撕裂强度，还可获得近乎羊毛或丝绸等动物纤维那样的手感。

在日用化学工业方面，氨基改性硅油可作为发油、发蜡等头发用品的配合剂，使头发柔软并且有光泽，用氨基改性硅油处理皮革可得到防水性、柔软性和光泽好的皮革。氨基极性极强，汽车车身的抛光若使用氨基改性的硅油，可提高涂膜的耐久性。此外，涂料中添加氨基改性硅油．可使涂料具有抗凝结性。

### 3.2.15　环氧烃基改性硅油

环氧烃基改性硅油可看作是二甲基硅油中的部分甲基被环氧基烃基取代的硅油，是一种应用较广泛的改性硅油。其分子结构可以是含端环氧基的、侧基含环氧基的，或同时含端基、侧基环氧基的，可表示如下：

$$
\begin{array}{c}
\text{CH}_2-\text{CH}-\text{R}'-\left( \begin{array}{c} \text{Me} \\ | \\ \text{SiO} \\ | \\ \text{Me} \end{array} \right)_n \hspace{-0.3em}\begin{array}{c} \text{Me} \\ | \\ \text{Si}-\text{R}'-\text{CH}-\text{CH}_2 \\ | \\ \text{Me} \end{array} \\
\diagdown\!\!\diagup \\ \text{O}
\end{array}
\qquad
\begin{array}{c}
\text{Me}_3\text{SiO}-\left( \begin{array}{c} \text{Me} \\ | \\ \text{SiO} \\ | \\ \text{Me} \end{array} \right)_n \hspace{-0.3em}\left( \begin{array}{c} \text{Me} \\ | \\ \text{SiO} \\ | \\ \text{R}'-\text{CH}-\text{CH}_2 \\ \diagdown\!\!\diagup \\ \text{O} \end{array} \right)_m \hspace{-0.3em}\text{SiMe}_3
\end{array}
$$

目前主要有含 $CH_2-CH-CH_2CH_2OCH_2CH_2CH_2-$ 和

（环氧结构）$CH_2CH_2-$ 两种

基的环氧基改性硅油。

环氧基改性硅油可用硅氢加成法和开环聚合法来制备。

### 3.2.15.1 硅氢加成法

通过不饱和环氧化合物与含氢硅油在铂催化下进行硅氢加成反应，当含氢硅油聚合度高时，采用硅氢加成法引入环氧基较困难。

$$H-(SiO)_n-Si-H + CH_2=CHCH_2OCH_2CH-CH_2 \xrightarrow{[Pt]}$$

$$CH_2-CHCH_2OC_3H_6-(SiO)_n-Si-C_3H_6OCH_2CH-CH_2$$

### 3.2.15.2 开环聚合法

在硅烷或低聚硅氧烷、环硅氧烷阶段引入环氧基，然后再与 $D_4$ 或聚二甲基硅氧烷催化平衡共聚而得：

$$H-Si-O-Si-H + CH_2=CHCH_2OCH_2CH-CH_2 \xrightarrow{[Pt]} (CH_2-CHCH_2OC_3H_6-Si)_2-O$$

$$Me_2Si-O-Si-H + H_2C=CHCH_2OCH_2CH-CH_2 \xrightarrow{[Pt]} Me_2Si-O-Si-C_3H_6OCH_2CH-CH_2$$

$$(CH_2-CHCH_2OC_3H_6-Si)_2-O + D_4 \xrightarrow{OH^-} H_2C-CHCH_2OC_3H_6-(SiO)_n-Si-C_3H_6OCH_2CH-CH_2$$

$$Me_2Si-O-Si-C_3H_6OCH_2CH-CH_2 + D_4 + MD_2M \xrightarrow{OH^-} Me_3SiO-(SiO)_n-(SiO)_m-SiMe_3$$

这样可以制得摩尔质量较大的环氧基改性硅油。但是，环氧基很容易被酸或碱开环破坏，催化反应时，要注意防止环氧基开环。如采用 N，N-二甲基甲酰胺作溶剂，$(n-C_4H_9)_4POH$ 作催化剂等。采用适当用量的 $Me_4NOH$ 作催化剂和较低的反应温度［如（80±2）℃］也是可行的。为了防止分解催化剂时放出的 $Me_3N$ 和 MeOH 共同对环氧环作用使其开环，在分解催化剂过程中可采取适当减压的办法。

环氧基改性硅油具有反应性，可用于塑料添加剂、织物整理剂与驱虫剂、纤维油剂、树脂改性剂、脱模剂、耐高温高强度密封涂料及胶黏剂、擦亮剂等。

### 3.2.16　羧烃基改性硅油

羧烃基改性硅油是分子中含有羧烃基的碳官能团性硅油，其结构如下：

$$HOOCR' \left[ \begin{matrix} Me \\ | \\ SiO \\ | \\ Me \end{matrix} \right]_n \begin{matrix} Me \\ | \\ Si \\ | \\ Me \end{matrix} - R'COOH \qquad Me_3SiO \left[ \begin{matrix} Me \\ | \\ SiO \\ | \\ Me \end{matrix} \right]_n \left[ \begin{matrix} Me \\ | \\ SiO \\ | \\ R'COOH \end{matrix} \right]_m SiMe_3$$

羧烃基主要有 $C_2H_4COOH$、$CH_2CHMeCOOH$、$C_{10}H_{20}COOH$ 等。羧烃基改性硅油可由以下四种方法制得。

（1）硅氢加成法。由含氢硅油与不饱和羧酸硅基酯或不饱和羧酸酯在铂催化下进行硅氢加成，然后酯基水解而得。

（2）催化平衡法。在硅烷、二硅氧烷或环硅氧烷中引入羧基，然后再与 $D_4$ 平衡共聚而制得。

（3）氰烃基硅油的水解法。氰烃基硅油的氰基在溶剂中酸性水解，可制得羧烃基改性硅油。

（4）氯烃基改性硅油与二羧酸单钠盐缩合法。氯烃基改性硅油与二羧酸单钠盐发生缩合反应，可制得羧烃基改性硅油。

羧基具有反应性和极性。这种硅油广泛应用于织物柔软整理剂、纤维油剂、擦亮剂、磁带及磁盘用的润滑剂、脱模剂、涂料添加剂、树脂改性剂等。

### 3.2.17　巯烃基改性硅油

由于巯烃基硅油中的—RSH 基具有反应活性、优异的吸附性及防黏性，因而在静电复印机调色胶辊防黏，光及电子束固化硅树脂及有机树脂改性等方面获得了广泛的应用。出现在商品硅油中的巯烃基有—$CH_2SH$、—$C_3H_6SH$、—$CH_2CHMeCH_2SH$、—$CH_2CHMeOC_2H_4SH$、—$COCH_2CH_2SH$ 及—$C_3H_6NHOCH_2CH_2SH$ 等。由于巯烃基化的反应条件比较复杂，一般不宜直接从活性硅油出发制取，即既不采用氢硅油与 $CH_2$＝$CHCH_2SH$ 铂催化加成的方法，也不采用卤烃基硅油与硫化钠或硫脲反应的方法。而是先制成带巯基的硅烷或二硅氧烷，再由它们与 $(Me_2SiO)_4$ 及 $(Me_3Si)_2O$ 等进行酸催化平衡反应，得到侧基或端基含巯烃基的硅油产品。因而，合成含巯烃基的硅烷或二硅氧烷，是制备巯烃基硅油的关键。

可以使用多种方法合成巯烃基硅烷及二硅氧烷，但最有效的是卤烃基硅烷转化法。以制取 $Me(C_3H_6SH)Si(OMe)_2$ 为例，可由甲基氯丙基二甲氧基硅烷 $Me(C_3H_6Cl)Si(OMe)_2$ 出发，通过与硫脲、NaSH 或硫代乙酸反应转化成相应的巯烃基硅烷。

硫脲法是当前合成巯烃基硅烷最主要的方法，但该法对原料及系统干燥要求非常高。由于反应副生大量胍盐，使体系变稠，不利目的物收率提高，因此加入溶剂有利反应及过滤，但增加了回收溶剂的麻烦。使用促进剂（如二甲基甲酰胺 DMF 等）对提高目的物收率效果十分明显。

硫化钠法工艺比较简便，但实际过程也甚复杂，不仅反应时间长，而且目的物收率低，因此，过去人们宁可使用硫脲法。但新近在技术上已有突破，特别是采用 DMF 作促进剂后，反应状况已大为改善。

硫代乙酸法具有工艺简便及收率较高的优点，对于合成巯烃基硅烷，也不失为一个较好的方法。

同理，若以 $Me_3SiOSiMe_2C_3H_6Cl$ 或 $ClC_3H_6MeSiOSiMeC_3H_6Cl$ 代替 $Me(C_3H_6Cl)Si(OMe)_2$ 反应，则可相应得到 $Me_3SiOSiMe_2C_3H_6SH$ 及 $(HSC_3H_6Me_2Si)_2O$。有了 $Me(C_3H_6SH)Si(OMe)_2$、$Me_3SiOSiMe_2C_3H_6SH$ 及 $(HSC_3H_6Me_2Si)_2O$ 后，则可按常规方法分别与硅氧烷中间体进行催化平衡，得到侧基型、单端型及双端型的巯烃基硅油。

### 3.2.18 醇改性硅油

醇改性硅油简单的制造方法是用不饱和醇与含氢硅油的加成反应，此反应常伴有 Si—H 和—OH 的脱氢反应发生。另外也可采用引入—OH 基的其他各种有机化学反应。

醇改性硅油的主要用途是利用—OH 基的反应性，在有机树脂的分子结构中引入有机硅聚合物，以改善有机树脂的混炼性、成型性、脱模性、润滑性、平滑性、光泽性、耐热性、耐水性等成型加工性能，例如，有人建议用两端为—OH 的醇改性硅油代替一部分乙二醇与对苯二甲酸进行共聚反应，以改善涤纶纤维的染色性、耐热性和白度等性能。

### 3.2.19 聚醚改性硅油

聚醚改性硅油（简称聚醚硅油），是由性能差别很大的聚醚链段与聚硅氧烷链段通过化学键连结而成。亲水性的聚醚链段赋予其水溶性，疏液、疏水性的聚二甲基硅氧烷链段赋予其低表面张力。因此，作为表面活性剂，有机类产品无法与其比拟，纯硅氧烷也相形见绌。聚醚硅油已广泛用作聚氨酯泡沫匀泡剂，乳化剂，个人保护用品原料，涂料流平剂，织物亲水、防静电及柔软整理剂，自乳化消泡剂，水溶性润滑剂及玻璃防雾剂等，并已形成改性硅油中产量最大的一个品种。

聚醚硅油有以下五种结构类型（——表示聚甲基硅氧烷链段，〰〰表示聚醚链段）：

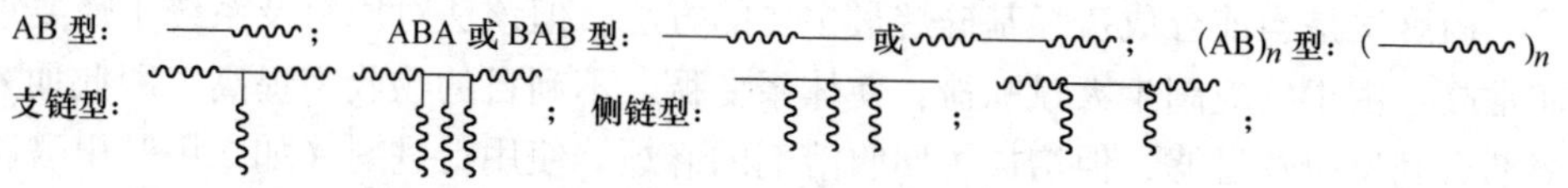

AB 型：　〰〰——〰〰　；　　ABA 或 BAB 型：〰〰——〰〰 或 ——〰〰——　；　(AB)$_n$ 型：(——〰〰)$_n$

支链型：　　　　　　　　　；　侧链型：　　　　　　　　　　：

而聚醚链段与硅氧烷链段之间的连结又有两种方式，即通过 Si—O—C 键或 Si—C 键连结，前者不稳定，易被水解，故也称为水解型；后者对水稳定，也称非水解型。市售聚醚硅油的主要类型有以下 5 种：

（1）SiOC 类支链型：

$$O(Me_2SiO)_m(C_2H_4O)_a(C_3H_6O)_bR$$

MeSi———— $O(Me_2SiO)_m(C_2H_4O)_a(C_4H_6O)_bR$（R 为 H、烷基、酰氧基，下同）

$$O(Me_2SiO)_m(C_2H_4O)_a(C_3H_6O)_bR$$

（2）SiOC 类侧链型：$Me_2SiO(Me_2SiO)_m(Me \; S \; iO)_nSiMe_3$

$$O(C_2H_4O)_a(C_3H_6O)_bR$$

（3）SiC 类侧链型：$Me_2SiO(Me_2SiO)_m(MeSiO)_nSiMe_3$

$$C_3H_6O(C_2H_4O)_a(C_3H_6O)_bR$$

（4）SiC 类两端型：$R(OC_3H_6)_b(OC_2H_4)_aOH_6C_3(Me_2SiO)_nSiMe_2C_3H_6O(C_2H_4O)_a(C_3H_6O)_bR$

（5）SiC 类单端型：$R(OC_3H_6)_b(OC_2H_4)_aOH_6C_3(Me_2SiO)_nSiMe_3$

其中，SiC 类产品占据市场的主导地位。聚醚硅油的主要制法有两种：

（1）缩合法制 SiOC 聚醚硅油。即由含羟基的聚醚与含 SiOR、SiH 或 SiNH$_2$ 的硅氧烷通过缩合反应而得。

（2）氢硅化法制 SiC 型聚醚硅油。即由氢硅油与含链烯基的聚醚通过铂催化加成反应而得。

此外，还可由含 $SiC_3H_6NH_2$ 的硅油与含 $CH_2\overset{O}{\triangle}CHCH_2O$ 的聚醚出发，通过氨基与环氧基加成而得等。

聚醚硅油的具体结构及组成主要取决于用途。特别是作为聚氨酯泡沫表面活性剂及消泡剂使用的聚醚硅油，具有很强的针对性、选择性及专用性。已知，聚醚的结构［包括摩尔质量、$(OC_2H_4)$ 与 $(OC_3H_6)$ 的比例、端基种类（烷基、烷氧基及酰氧基）］。聚二甲基硅氧烷规格（包括摩尔质量、$Me_2SiO$ 链节与 MeHSiO 链节的比例等）以及聚醚与聚硅氧烷的比例等都对共聚物的水溶性、醇溶性及表面活性等有重要影响。有时，它们的少许变化，即可导致性能及活性的显著变化，以致从泡沫稳定剂变成消泡剂，由消泡剂变成起泡剂等。但是文献中很少报道共聚物结构、性能与应用之间的关系。下面分别介绍匀泡剂、消泡剂、织物整理剂、乳化剂及化妆品用聚醚硅油的制法。

### 3.2.19.1 聚氨酯泡沫表面活性剂（匀泡剂）用聚醚硅油

（1）SiOC 型聚醚硅油。先由 $MeSiCl_3$ 299g、$(Me_2SiO)_4$ 266.4g 及 $BuSO_3H$（催化剂）9g，在 90℃下与 600g AcOH 反应 2h，经 130℃及 6.67kPa 下拔除低沸物，得到 2950g $MeSi[(OSiMe_2)_6OAc]_3$（乙酸酯当量为 1.02）。取出 500g，加入 2000g 甲苯，1447.3g $HO(C_2H_4O)_a(C_3H_6O)_bBu$（摩尔质量为 1870g/mol，$C_2H_4O$ 链节含 45%），再加入 10.35g 2，3-丁二醇及 1500g 甲苯，反应 15min，而后在通 $NH_3$ 及 70℃下再加入 73.5g $HO(C_2H_4O)_a(C_3H_6O)_bBu$ 及 1500g 甲苯进一步反应，结束反应后冷却，过滤。将滤液在 100℃及 2kPa 下拔除低沸物，得到 2005.5g 黏度为 640mPa·s 的支链型硅氧烷聚醚共聚物，$MeSi[(OSiMe_2)_6(OC_2H_4)_a(C_3H_6O)_bBu]_3$。后者适用作 TDI 与烷氧基化三羟甲基丙烷等出发制聚氨酯泡沫。

（2）Si—C 型聚醚硅油。由三种或三种以上不饱和聚醚与含氢硅油加成反应得到的聚醚硅油，用作弹性聚氨酯及阻燃聚氨酯（加入阻燃剂）匀泡剂的效果，优于使用单一聚醚制得的通用 Si—C 型产品。在附有搅拌器、温度计、回流冷凝器及通氮气管的反应瓶中，加入 25.77g 的 $CH_2=CHCH_2O(C_2H_4O)_m(C_3H_6)_nAc$［摩尔质量为 1638g/mol，$m:n=40:60$（摩尔）］，49.23g（摩尔质量为 4301g/mol 的上述结构聚醚，389g 摩尔质量为 233g/mol）的 $CH_2=CHCH_2O(C_3H_6O)_nAc$ 及甲苯 42.82g，通氮下再加入 21.1g 平均聚合度为 100 的 $Me_3SiO(Me_2SiO)_a(MeHSiO)_bSiMe_3$ 及 $H_2PtCl_6$ 配合物（催化剂按 Pt 计为 25ppm）。在 85℃下反应 1h，而后加入 1% 的 $NaHCO_3$ 处理反应物，过滤后得到透明琥珀色聚醚硅油。

（3）软泡匀泡剂。软泡匀泡剂主要由低含氢聚硅氧烷和端烯丙基聚醚两种原料组成。该聚醚结构中，一端为 α-不饱和碳碳双键，一端为 1~4 个碳原子的烷基。低含氢聚硅氧烷和端烯丙基聚醚在催化剂、溶剂作用下加成反应合成软泡匀泡剂。适作小开孔弹性聚氨酯泡沫匀泡剂的聚醚硅油，可由 80.4g $Me_3SiO(Me_2SiO)_{58}(MeHSiO)_6SiMe_3$ 与 201.2g $CH_2=CHCH_2O(C_2H_4O)_{45}(C_3H_6O)_{31}Me$，18.4g $CH_2=CHCH_2O(C_2H_4O)_{16}(C_3H_6O)_nMe$ 及 14.4g $CH_2=CHCH_2O(C_2H_4O)_5$

$(C_3H_6O)_{21}Me$ 在 $H_2PtCl_6$ 催化下加成反应而得。如果使用含有 $(C_4H_8O)$ 链节的聚醚，则效果更佳。

(4) 硬泡用匀泡剂。硬泡匀泡剂与软泡匀泡剂不同之处在于聚醚部分一端为 C—C 不饱和双键，另一端为羟基，而不用烷基封端。同时由于低含氢聚硅氧烷及 α-不饱和基聚醚两种大分子中间体分子量较小，活性较高，一般不用溶剂且加入很少的铂催化剂反应而成。适合作开孔硬聚氨酯泡沫匀泡剂的聚醚硅油，可按下法制取：反应瓶中加入 135g 的 $CH_2\!=\!CHCH_2O(C_2H_4O)_{14}(C_3H_6O)_7H$，

14. 3g $CH_2\overset{O}{\overbrace{\phantom{-}}}CHCH_2OCH_2CH\!=\!CH_2$ 及少量的 $H_2PtCl_6$ 催化剂，保持 110～115℃；慢慢加入 74. 6g 的 $Me_3SiO(Me_2SiO)_{40}(MeHSiO)_{10}SiMe_3$，进行加成反应，而后减压下蒸除未反应的 $CH_2\overset{O}{\overbrace{\phantom{-}}}CHCH_2OCH_2CH\!=\!CH_2$，直到达 140℃ 为止；取出 190g 产物（环氧基含 0.09mol），加入 13. 8g $Me_2N(CH_2)_3NH_2$，在 80℃ 下反应，得到含氨基的聚醚改性硅油，用于制硬质聚氨酯泡沫，产品中 95% 以上为开孔，收缩率小于 1%。

为了防止含氢硅油与水、$\equiv\!SiOH$ 等类发生铂催化脱 $H_2$ 反应，导致产物凝胶化，因而加入稳定剂或对原料脱水干燥特别重要。此外，聚醚硅油中残存的铂催化剂，对稳定剩留的 Si—H 键不利，若将聚醚硅油用己烷稀释，并在 60℃ 下通过填充有 $SiO_2$ 的塔中，即可使铂催化剂失效。

### 3.2.19.2  织物整理剂用聚醚硅油

含活性环氧侧基的聚醚硅油，适用作天然及合成纤维织物的柔软整理剂，也可通过氢硅化反应而得。在附有搅拌器、温度计及回流冷凝器的 100L 搪瓷釜中，加入 $Me_3SiO(Me_2SiO)_m(MeHSiO)_nSiMe_3$（$m=50\sim200$，$n=5\sim50$）28kg，$CH_2\!=\!CHCH_2O(C_2H_4O)_a(C_3H_6O)_bR$（R 为 H、烷基；$a$，$b=10\sim50$，且 $a>b$）74kg，

$CH_2\!=\!CMeCOOCH_2CH\overset{O}{\overbrace{\phantom{-}}}CH_2$ 0.6kg，搅拌升温至 80℃，加入配制好的 $H_2PtCl_6$ 作催化剂（用量按 Pt 计为反应物质量的 15μL/L），在 85～90℃ 反应 4h，得到浅褐色透明的聚醚改性硅油（黏度为 2000mPa·s（25℃），$n_D^{25}1.442$，$d_{23}^{25}1.021$），收率约 99%。

反应也可以甲苯为溶剂，使用含氢量为 14. 1mL/g 的硅油与不饱和聚醚及环氧酯进行铂催化加成，得到含 $w(Si)$ 为 18. 95% 及含 $w(环氧基)$ 为 0.5% 的聚醚硅油（22℃ 下的黏度为 8400mPa·s），用于整理纯棉布及涤棉布，具有良好的吸水性、耐洗性、柔软性，且可提高织物的抗撕裂性。

若以 $ViSi(OMe)_3$ 代替 $CH_2\!=\!CHCH_2OCH_2CH\overset{O}{\overbrace{\phantom{-}}}CH_2$，并和不饱和聚醚一起，

在甲苯溶剂中与含氢硅油进行加成反应，经中和、过滤、拔低沸物后得到含可水解硅基（Si—OMe）的聚醚硅油，用其处理涤棉等织物，除赋予亲水及柔软感外，由于它能在织物表面形成交联网络，从而可提高其抗皱性。

### 3.2.19.3 乳化剂用聚醚硅油

将 40 份甲基氢硅油及 0.3 份 5% 的 $H_2PtCl_6/i\text{-}PrOH$ 溶液（催化剂）加入反应瓶中，在搅拌及 85℃ 下加入 92 份十二碳烯进行加成反应，得到含 $C_{12}H_{15}$ 基的硅油，而后加入 20.75 份 $C_{28}$ 的异脂肪醇（活性溶剂）及 30 份 $CH_2\!=\!CHCH_2O(C_2H_4O)_a(C_3H_6O)_bH$，在 40℃ 下反应 45min。再加入 0.33 份催化剂及 38 份十二烷烯反应 1h，得到聚醚硅油，黏度为 1648mPa·s（24℃ 下），无凝胶形成。若不加异脂肪醇则有部分凝胶，产物适用作化妆品乳液的乳化剂。

适用作水/油型乳液乳化剂的聚醚硅油，可将三甲硅基封头的甲基氢硅油（聚合度为 20）与甲苯一起，先经共沸脱水干燥，而后升温至 100℃，先加入铂催化剂，进而加入 1-十一碳烯，使与甲基氢硅油进行氢硅化加成反应。由于反应放热，体系温度可升至 120℃。将体系冷却至 70℃ 以下，加入 NaOAc 作缓冲剂。而后升温至 90~100℃，再加入质量比为 50:50 的甲苯及不饱和聚醚 $CH_2\!=\!CHCH_2O(C_2H_4O)_nH$（摩尔质量为 550g/mol），并令其反应 1h 以上。进而补加 1-十一碳烯，在减压及加热下进一步反应。最后在 130℃/1.33kPa 条件下拔除低沸物。冷却后将产物过滤，即得到聚醚硅油产品。以其为乳化剂制成的水/油型乳液，可在 40℃ 下稳定存放 60 天以上，经四次结冰—融化循环考核，也未出现破乳问题。

### 3.2.19.4 消泡剂用聚醚硅油

嵌段型、侧基型及支链型聚醚硅油均可用作自乳化型消泡剂。这类不需使用乳化剂及乳化加工的消泡剂，使用方便，效果甚好。但唯一要求是必须在高于其浊点温度下使用。当低于其浊点温度下，任何类型的聚醚硅油都将失去消泡性，甚至变成起泡性的物质。据此，在制备聚醚硅油时，需仔细调整好聚醚与聚硅氧烷的比例以及聚醚中 $C_2H_4O$ 与 $C_3H_6O$ 链节的比例，使制成的聚醚硅油的浊点能够满足应用的要求。

试以制取支链型聚醚硅油为例，将 114.5 份 $Me_3SiO(Me_2SiO)_m(MeHSiO)_nSiMe_3$，100 份甲苯及 0.016 份铂配合物，先在加热下回流脱水干燥，而后在 1h 内加入 $CH_2\!=\!CHCH_2NH_2$，回流 45min 后，再慢慢加入 130 份 $\displaystyle +C_2H_4O]_a[C_3H_6O+_b$ 型聚醚及 $CH_2\!-\!\!\overset{\displaystyle O}{\overset{\displaystyle \triangle}{}}\!\!-CH_2CH_2OCH_2CH\!=\!CH_2$ 混合物，并回流 1.5h，得到浅黄色黏度为 100mPa·s（25℃）及浊点为 53℃ 的支链型聚醚硅油，具有

良好的消泡效果，还可用作织物整理剂。

### 3.2.19.5　个人保护品用聚醚硅油及其去色除臭

聚醚硅油大量用在沐浴添加剂、香波、香皂、喷发剂及除臭剂等个人洗护制品中。工业级聚醚硅油常有一股难闻的腐败臭味，这是加成反应中副生的 $\alpha$-位加成产物及不饱和化合物（如醛等）所致。为此，合成卫生级聚醚硅油，在工艺上应有特殊措施。例如，反应瓶中先加入 717g 含 SiH 约 5（mol）% 的二甲基硅油，219g $CH_2$＝$CHCH_2O(C_2H_4O)_9Me$，再加入 665g EtOH 及少量 $H_2PtCl_6$（按 Pt 对反应物计为 $5\mu L/L$），在 80℃ 下反应 5h，得到聚醚硅油。而后加入 50g 0.001mol/L 的盐酸，在 90℃ 下搅拌 4h，以除去有臭味的副产物，并经减压处理，得到几乎无味的产物，黏度（25℃）为 217mm²/s，相对密度为 1.000，折射率为 1.4170，经分析不含 $C_2H_5CHO$。

如果从工业聚醚硅油出发，可以通过催化氢化法或加入植酸（肌醇六磷酸），将异味除去。例如，将摩尔质量为 6000g/mol 的 $H(OC_2H_4)_m(OC_3H_6)_n$ $(Me_2SiO)_pSiMe_3$（$m=60\sim70$；$n=10\sim20$；$p=25\sim30$），加入表面载 Ni 的硅藻土作催化剂，在 120℃ 及 0.6/0.5MPa 下通氢氢化 1h，即可得到无色透明的产物，即使在 pH 值 3～4 的水中放置 42 天也没有刺激气味；再如在 $Me_3SiO(Me_2SiO)_{12}$ $[MeO(C_3H_6O(C_2H_4O)_9H)SiO]_4SiMe_3$ 中加入 100μL/L 植酸，在 40℃ 下放置 6 个月后，只有轻微气味，不加植酸则气味恶臭。

### 3.2.20　季铵盐基改性硅油

季铵盐基改性硅油是分子中含有季铵盐基的一类硅油，其结构可表示如下：

$$Me_3SiO\!-\!\!\left(\!\underset{\underset{Me}{|}}{\overset{\overset{Me}{|}}{SiO}}\!\right)_{\!n}\!\!\left(\!\underset{\underset{(CH_2)_a\overset{+}{N}R_3\,X^-}{|}}{\overset{\overset{Me}{|}}{SiO}}\!\right)_{\!m}\!\!-\!SiMe_3$$

式中，R 为相同或不同的有机基；X 为卤原子等。

季铵盐基改性硅油制备路线制主要有：

（1）从氨基改性硅油出发。氨基硅油与卤化物反应，得到季铵盐基改性硅油：

$$Me_3SiO\!-\!\!\left(\!\underset{\underset{Me}{|}}{\overset{\overset{Me}{|}}{SiO}}\!\right)_{\!n}\!\!\left(\!\underset{\underset{CH_2CH_2CH_2NH_2}{|}}{\overset{\overset{Me}{|}}{SiO}}\!\right)_{\!m}\!\!-\!SiMe_3 + 3RX \longrightarrow Me_3SiO\!-\!\!\left(\!\underset{\underset{Me}{|}}{\overset{\overset{Me}{|}}{SiO}}\!\right)_{\!n}\!\!\left(\!\underset{\underset{CH_2CH_2CH_2\overset{+}{N}R_3X}{|}}{\overset{\overset{Me}{|}}{SiO}}\!\right)_{\!m}\!\!-\!SiMe_3 + 2HX$$

（2）从环氧基改性硅油出发。环氧基改性硅油与仲胺反应先得到含叔氨基的改性硅油，后者再与卤代烷反应，便可得到季铵盐基改性硅油。

（3）从羧酸基改性硅油出发。羧酸基改性硅油的羧基与季铵盐反应，可得到季铵盐基改性硅油。

（4）从单体出发。首先由甲基氯丙基二甲氧基硅烷与二乙胺反应，制得叔氨基硅烷，后者水解得到叔胺基水解油，叔胺基水解油与 $D_4$ 与 MM 一起催化平衡反应，得到叔氨基改性硅油，再与卤化物反应，即可制得季铵盐基改性硅油。

抗菌防臭和抑菌整理是 21 世纪织物的四大功能性整理之一。季铵盐基改性硅油具有抗菌、抑菌性能，可用于织物的非溶出型抗菌、抑菌整理剂，与纤维结合牢固、持久。具有杀菌性能的阳离子吸引带负电荷的细菌、真菌、酵母菌等，束缚它们的活动自由度，抑制其呼吸功能，并通过细胞膜渗透入细菌的细胞内，破坏细胞中酶的代谢使其死亡，从而达到杀菌、抑菌的作用。广泛应用于内衣、袜子、毛巾、床单、地毯、手术用纺织品等的整理。也能附着于皮革、纸张、木材、金属及其他非金属等表面，产生长久杀菌性。另外，季铵盐基改性硅油也具有抗污染、防静电的功能，同时是一类新型的表面活性剂。用作高档香波调理剂，干湿梳理性、手感柔软滑爽、有光泽、对皮肤无刺激，并对革兰氏阳性菌、阴性菌都有很强的抑菌、杀菌能力。

### 3.2.21 羟基改性硅油

羟烃基（醇基或酚基）硅油中的 C—OH 键，可与有机化合物中的 OH、Cl、COOH、NCO 等基团反应，从而使聚硅氧烷与有机聚合物（如聚酯、聚氨酯、环氧树脂、蜜胺树脂等）得以通过 Si—C 键连接，而大大改善有机聚合物的混炼加工性、脱模性、光泽性、润滑性、耐热性、耐寒性、耐候性及抗水解性等。连接于硅原子上的羟烃基有多种多样，但出现在商品中的主要有—$(CH_2)_n OH (n=1 \sim 5)$、—$(CH_2)_3 OC_2H_4OH$、—$(CH_2)_3 OCH_2CHMeOH$、—$(CH_2)_3 OCH(OH)CH_2OH$、—$(CH_2)_3 OCH(CH_2OH)_2$、—$CH_2CHMeC_6H_4OH$ 等。

羟烃基硅油的主要制法有三种：氢硅化加成法、缩合法及金属有机化合物法等，并以氢硅化加成法最为重要。

（1）氢硅化加成法。即由氢硅（氧）烷先与链烯基化合物加成，继而水解而得：

$$\equiv SiH + CH_2 = CHCH_2OSiMe_3 \xrightarrow{Pt} \equiv SiC_3H_6OSiMe_3 \xrightarrow[-Me_3SiOH]{H_2O} \equiv SiC_3H_6OH$$

$$\equiv SiH + CH_2 = CHCH_2OCH_2CHMeOSiMe_3 \xrightarrow[(2)\ H_2O]{(1)\ Pt\ 加成} \equiv SiC_3H_6OCH_2CHMeOH$$

$$Me_3SiOSiMe_2H + CH_2 = CHCH_2OCH(CH_2OSiMe_3)_2 \xrightarrow[PtMe]{Pt}$$

$$Me_3SiOSiMe_2C_3H_6OCH(CH_2OSiMe_3)_2 \xrightarrow[H_2O]{OH^-} Me_3SiOSiMe_2C_3H_6O(CH_2OH)_2$$

在氢硅化反应中，Si—H 键除与不饱和键加成反应外，同时还可与含活泼氢的化合物（如水、醇等）发生脱氢反应，从而导致反应复杂化，并严重降低目的物收率。因此，首先要求原料及系统十分干燥；其次不饱和醇不宜直接与含氢硅油加成反应，而需将活泼氢保护起来。通用的方法是三甲硅基化，待加成反应结束后，再将硅基水解或醇解下来，即可恢复羟基。

制取双端型羟丙基硅油时，可由两头氢封端硅油与 $CH_2\!=\!CHCH_2OSiMe_3$ 加成反应而得；也可由 $(HMe_2Si)_2O$ 出发，先与 $CH_2\!=\!CHCH_2OSiMe_3$ 加成及水解反应制成 $(HOC_3H_6Me_2Si)_2O$，继而再和 $(Me_2SiO)_n$ 催化平衡，制得羟烃基硅油。同理，如果从 $CH_2\!=\!CHCH_2OC_2H_4SiMe_3$ 或 $CH_2\!=\!CHCH_2OCH_2CHMeOSiMe_3$ 出发与不同硅氢位置的含氢硅油反应，则可相应制得带—$C_3H_6OC_2H_4OH$ 或—$C_3H_6OCH_2CHMeOH$ 的侧基型、单端型及双端型羟烃基硅油。

（2）缩合法。由氯烃基、酰氧烃基硅（氧）烷或 $HO(Me_2SiO)_4H$ 出发，通过一次缩合反应或进而水解、缩合反应，可制得羟烃基硅油，如：

$$(ClCH_2Me_2Si)_2O+2NaOCH_2CH_2ONa \xrightarrow[-NaCl]{H_2O} (HOC_2H_4OCH_2Me_2Si)_2O$$

$$\equiv Si(CH_2)_nCl+KOAc \xrightarrow{-KCl} \equiv Si(CH_2)_nOAc \xrightarrow[OH^-\text{或} H^+]{MeOH} \equiv Si(CH_2)_nOH$$

$$2AcOC_3H_6SiMeCl_2+HO(Me_2SiO)_nH \xrightarrow{H_2O} HO(HOC_3H_6MeSiO)_2(MeSiO)_nH$$

（3）金属有机化合物法。主要通过格利雅法及有机锂法制成，例如：

$$\equiv Si(CH_2)_5Cl+Mg \longrightarrow \equiv Si(CH_2)_5MgCl \xrightarrow[-MgCl_2]{Me_3SiCl}$$

$$\equiv Si(CH_2)_5OSiMe_3 \xrightarrow[-Me_3SiOH]{H_2O} \equiv Si(CH_2)_5OH$$

### 3.2.22 氯烃基改性硅油

氯烃基硅油中的氯以 C—Cl 键的形式存在，具中等反应活性，在一定条件下可与含 OH、$NH_2$ 及 SH 等的化合物反应。它主要用作制备其他碳官能硅油的原料及有机树脂的改性剂。当前商品硅油中的氯烃基，主要为—$C_3H_6Cl$ 及—$CH_2Cl$。

氯烃基硅油可通过下列五种方法制得。

（1）氢硅化法。根据氢硅油中 Si—H 键的位置，可制得双端型、单端型及侧基型氯烃基硅油。以氯丙基硅油为例，其反应式如下：

$$HMe_2SiO(Me_2SiO)_nSiMe_2H+2CH_2\!=\!CHCH_2Cl \xrightarrow{Pt} ClC_3H_6Me_2SiO(Me_2SiO)_nSiMe_2C_3H_6Cl$$

$$Me_3SiO(Me_2SiO)_nSiMe_2H+CH_2\!=\!CHCH_2Cl \xrightarrow{Pt} Me_3SiO(Me_2SiO)_nSiMe_2C_3H_6Cl$$

$$Me_3SiO(Me_2SiO)_n(MeHSiO)_mSiMe_3+mCH_2\!=\!CHCH_2Cl \xrightarrow{Pt}$$
$$Me_3SiO(Me_2SiO)_n[Me(C_3H_6Cl)SiO]_mSiMe_3$$

此外，铂催化剂的种类及活性对加成方向也有很大影响。当使用 Pt/C 或 $H_2PtCl_6 \cdot 6H_2O$ 作催化剂时，除生成 γ-加成产物外，还要副产一定比例的 β-加成产物。后者性能不很稳定，受热下易分解成 $SiCl_4$ 及 $CH_2\!=\!CHCH_3$。为了减少β-位加成反应，使用均相催化剂，特别是选用与硅油相容性好的铂胺体系配合物效果较好。含氢硅油黏度愈大，反应愈难进行完全，为此可选用低黏度含氢硅油作原料，或加入溶剂稀释，对加成反应都有好处。

由氯烃基硅烷出发制氯烃基硅油，关键是氯烃基硅烷的合成。当前用量最大的两种氯烃基硅烷为 $ClC_3H_6SiMe(OR)_2$ 及 $ClCH_2SiMe(OR)_2$ （R 为 Me、Et），可通过加成法及甲基氯化法制得，反应式如下：

$$MeSiHCl_2+CH_2\!=\!CHCH_2Cl \xrightarrow{Pt} Me(ClC_3H_6)SiCl_2 \xrightarrow[-HCl]{2ROH} Me(ClC_3H_6)Si(OR)_2$$

$$MeSiH(OR)_2+CH_2\!=\!CHCH_2Cl \xrightarrow{Pt} Me(ClC_3H_6)Si(OH)_2$$

$$Me_2SiCl_2+Cl_2 \xrightarrow{h\nu} ClCH_2SiMeCl_2 \xrightarrow{2ROH} ClCH_2SiMe(OMe)_2$$

（2）催化平衡法。由 $ClC_3H_6SiMe(OR)_2$ 或 $ClCH_2SiMe(OR)_2$ 出发，制取氯烃基硅油的主要方法有二：一是由 $ClC_3H_6SiMe(OR)_2$ 或 $ClCH_2SiMe(OR)_2$ 直接与 $(Me_2SiO)_n$ 催化平衡，制得端基型氯烃基硅油；二是先将它们水解缩合成 $HO[Me(C_3H_6Cl)SiO]_nH$ 或 $HO[Me(CH_2Cl)SiO]_nH$ 低聚物，而后再与 $(Me_2SiO)_4$ 及 $(Me_3Si)_2O$ 催化平衡，制得侧基型氯烃基硅油：

$$ClC_3H_6SiMe(OMe)_2+(Me_3SiO)_n \xrightarrow{催化剂}$$
$$ClC_3H_6Me(OMe)SiO(Me_2SiO)_nSi(OMe)MeC_3H_6Cl$$

$$ClC_3H_6SiMe(OR)_2 \text{ 或 } ClCH_2SiMe(OR)_2+H_2O \xrightarrow{H^+}$$
$$HO[Me(C_3H_6Cl)SiO]_nH \text{ 或 } HO[Me(CH_2Cl)SiO]_nH+2ROH$$

$$HO[Me(CH_2Cl)SiO]_nH+n/4(Me_2SiO)_4+(Me_3Si)_2O \xrightarrow{催化剂}$$
$$Me_3SiO(Me_2SiO)_n[Me(CH_2Cl)SiO]_nSiMe_3+H_2O$$

（3）金属有机化合物法。该法又主要分为两种：

1）格利雅法。由氯封端硅油出发，在溶剂中与氯烃基格氏试剂 ClRMgCl 进行取代反应而得：

$$(ClMe_2Si)_2O+2Cl(CH_2)_nMgX \longrightarrow Cl(CH_2)_nMe_2SiOSiMe_2(CH_2)_nCl$$

2) 有机锂法，由氯封端硅油与有机锂试剂反应而得。

$$(ClMe_2Si)_2O + 2ClC_6H_4Li \longrightarrow ClC_6H_4Me_2SiOSiMe_2C_6H_4Cl + 2LiCl$$

单端含双氯烃基的硅油，可通过活性聚合—缩合法制取。例如，将 0.4mol $CH_2\!=\!C(CH_2Cl)_2$ 加入 0.4mol $Me_2SiHCl$ 中，再加入少量 $H_2PtCl_6$，并在 70～80℃ 下进行氢硅化反应，得到收率为 80% 的 $ClMe_2SiCH_2CH(CH_2Cl)_2$。再将 0.1mol $Me_3SiOLi$ 及 0.3 mol $(Me_2SiO)_3$ 在四氢呋喃中，在 0～20℃ 下活性聚合 10h，得到 $Me_3SiO(Me_2SiO)_nLi$，而后加入 0.12mol $ClSiMe_2CH_2CH(CH_2Cl)_2$，通过脱 LiCl 反应，得到收率为 95% 的 $Me_3SiO(Me_2SiO)_nCH_2CH(CH_2Cl)_2$。

（4）混合有机氯硅烷共水解缩合及催化平衡法。这是早期制备硅油的一种工艺，氯苯基硅油即由此法制得。氯苯基硅油主要有以下四种结构形式：

1)

$$Me_3SiO\left(\!\begin{array}{c} Me \\ | \\ SiO \\ | \\ Me \end{array}\!\right)_{\!m}\!\left(\!\begin{array}{c} C_6H_3Cl_{2\text{-}5} \\ | \\ SiO \\ | \\ O \\ | \\ SiMe_3 \end{array}\!\right)_{\!n}\!SiMe_3$$

2)

$$Me_3SiO\left(\!\begin{array}{c} Me \\ | \\ SiO \\ | \\ Me \end{array}\!\right)\!\left(\!\begin{array}{c} Ph \\ | \\ SiO \\ | \\ Me \end{array}\!\right)\!\left(\!\begin{array}{c} C_6H_3Cl_{2\text{-}5} \\ | \\ SiO \\ | \\ O \\ | \\ SiMe_3 \end{array}\!\right)\!SiMe_3$$

3)

$$Me_3SiO\left(\!\begin{array}{c} Me \\ | \\ SiO \\ | \\ Me \end{array}\!\right)_{\!m}\!\left(\!\begin{array}{c} C_6H_4Cl \\ | \\ SiO \\ | \\ Me \end{array}\!\right)_{\!n}\!SiMe_3$$

4)

$$Me_3SiO\left(\!\begin{array}{c} Me \\ | \\ SiO \\ | \\ Me \end{array}\!\right)_{\!m}\!\left(\!\begin{array}{c} Ph \\ | \\ SiO \\ | \\ Me \end{array}\!\right)_{\!n}\!\left(\!\begin{array}{c} C_6H_4Cl \\ | \\ SiO \\ | \\ Me \end{array}\!\right)\!SiMe_3$$

制取 1) 时，可由 $Me_2SiCl_2$、$Me_3SiCl$、$C_6H_{5-a}Cl_nSiCl_3$（$n=1～4$ 整数）出发；制取 2) 时用 $Me_2SiCl_2$、$Me_3SiCl$、$MePhSiCl_2$ 及 $C_6H_{5-n}Cl_nSiCl_3$；制取 3) 时用 $Me_2SiCl_2$、$Me_3SiCl$、$Me(C_6H_4Cl)SiCl_2$；以及制取 4) 时，由 $Me_2SiCl_2$、$Me_3SiCl$、$MePhSiCl_2$ 及 $Me(C_6H_4Cl)SiCl_2$ 出发，分别共水解缩聚得到具有相应链节的水解

物，经水洗中和干燥后，加入浓硫酸催化重排得到性能稳定的、具有上述结构的氯苯基硅油。上述氯硅烷原料中，氯代苯基三氯硅烷或氯代苯基甲基二氯硅烷，可由 $C_6H_5SiCl_3$ 出发，以 $FeCl_3$、$SbCl_3$、$I_2$ 等作催化剂，以 $CCl_4$ 等为溶剂，在高于 20℃下通氯气反应，得到收率约为 80%（质量分数）的 $C_6Cl_{13}H_{5-n}SiCl_3$（$n=1$ ~5）。再由后者出发，进一步在苯类或醚类溶剂中与 MeMgCl 或 PhMgCl 进行格利雅反应，即可得到 $C_6Cl_nH_{5-n}SiMeCl_2$（$n=1$ ~ 5）或 $C_6Cl_nH_{5-n}SiPhCl_2$。$C_6Cl_nH_{5-n}SiCl_3$ 是不同氯取代度（$n=1$ ~5）的混合物，而且以高取代度（$n\geqslant3$）的硅烷为多。既可将其减压分馏分出不同取代度的氯代苯基三氯硅烷，而后依需要再与其他氯硅烷一起共水解缩合，制取氧代苯基硅油；也可直接使用混合氯代苯基三氯硅烷与其他硅烷一起制取氯代苯基硅油。

Me($C_6H_4Cl$)$SiCl_2$ 同样可由 $C_6H_5SiCl_3$ 出发，在 $AlCl_3$ 或 $I_2$ 催化下与 $Cl_2$ 反应，可获得收率达 60%左右的 $C_6H_4ClSiCl_3$。而后再与格氏试剂（MeMgCl）反应，得到 $C_6H_4ClSiMeCl_2$。

### 3. 2. 23　甲基长链烷基硅油

甲基长链烷基硅油是大约 1965 年发展出的，这类油可以看成是硅油与烃类的杂交品种，其最突出的性质是对于许多摩擦富有优良的润滑性，虽然长期工作温度范围约为-50~150℃。甲基长链烷基硅油可写成下列通式：

$$(CH_3)_3Si-O-\left[\begin{matrix}CH_3\\|\\Si-O\\|\\(CH_2)_mCH_3\end{matrix}\right]_n-Si(CH_3)_3$$

当 $m=0$ 时即为二甲基硅油，一般认为它们是烷基硅油中稳定性最高，黏温性最好，但润滑性差的硅油。其聚合度的改变，除黏度以外，很少影响其他性质。如黏度增加 10000 倍，表面张力仅改变 2%；链的分枝能降低凝点而对表面性质几乎无影响，甚至有 20%的分枝时，其表面张力与无分枝的相同。与以上结构改变相比，改变侧链取代基的影响，就比较显著了，如每个硅原子上有一个苯基取代一个甲基的硅油，表面张力增加 40%。其他性质如低温性、黏温性、热稳定性、溶解性等都有很大的改变。甲基长链烷基硅油也是如此。取代基由甲基换为乙基时化学性质有较大的变化，烷基链在加长时变化不大，但许多物理性质则随着烷基链的加长而逐渐变化，例外的是压力-黏度特性几乎不变。润滑性和液膜散布特性在甲基辛基硅油处达到最高，再延长碳链时变化很小。由于受氧化攻击时最不稳定的是硅上的第二个碳原子，乙基硅油比甲基硅油不稳定，但烷基碳原子数在 2 以上之后，稳定性继续降低得很少。长时间工作的最高温度甲基硅油为 204℃，甲基长链烷基硅油为 150℃。表 3-5 列出了各种烷基硅油的物理性质。

从表 3-5 中可以看出碳链增长后黏温性下降。

表 3-5 甲基长链烷基硅油 ($n=6~8$) 的物理性质

| 硅油 | 黏度/CS | | | 密度 ($-14℃$) /g·cm$^{-3}$ | 表面张力 （20℃） /×10$^{-5}$ N·cm$^{-1}$ | 折射率 | 倾点/℃ | 闪点 （开杯） /℃ |
|---|---|---|---|---|---|---|---|---|
| | $-18℃$ | $10℃$ | $100℃$ | | | | | |
| 二甲基 | 30 | 8 | 4 | 0.960 | 20.2 | | $-54$ | |
| 甲基乙基 | 281 | 67 | 22 | 0.964 | 26.2 | 1.4243 | $-57$ | 282 |
| 甲基丙基 | 362 | 67 | 21 | 0.994 | 26.2 | 1.4243 | $-50.5$ | 282 |
| 甲基丁基 | 617 | 82 | 27 | 0.933 | 27.6 | 1.4332 | $-49.5$ | 316 |
| 甲基戊基 | 440 | 98 | 29 | 0.921 | 28.3 | 1.4337 | $-50.5$ | |
| 甲基己基 | 440 | 99 | 29 | 0.916 | 28.2 | 1.4406 | $-49.5$ | |
| 甲基辛基 | 677 | 147 | 37 | 0.906 | 30.4 | 1.4451 | $-45.5$ | |
| 甲基十烷基 | 1018 | 195 | 44 | 0.899 | 31.4 | 1.4494 | $-38.5$ | |
| 甲基十二烷基 | 1408 | 246 | 51 | 0.894 | 32.5 | 1.4523 | $-32$ | |
| 甲基十四烷基 | 1600 | 298 | 58 | 0.893 | 33.5 | 1.4555 | $-28$ | |

### 3.2.24 氰烷基改性硅油

氰烷基改性硅油为分子中含有氰烷基的一类硅油，主要是氰乙基改性硅油（简称氰乙基硅油），其分子结构可表示如下：

$$Me_3SiO-\left(\underset{Me}{\overset{Me}{\underset{|}{\overset{|}{Si}O}}}\right)_n-\left(\underset{CH_2CH_2CN}{\overset{Me}{\underset{|}{\overset{|}{Si}O}}}\right)_m-SiMe_3$$

氰乙基硅油可由 $MeCl_2SiCH_2CH_2CN$ 的水解物与 $D_4$、止链剂催化反应而得，也可由 $Me_2SiCl_2$ 与 $MeCl_2SiCH_2CH_2CN$ 共水解，然后用水解物加 MM 酸催化平衡反应制得：

$$\underset{CH_2CH_2CN}{\overset{MeSiCl_2}{}}+H_2O \xrightarrow[\text{cat.}]{+D_4+MM} Me_3SiO-\left(\underset{Me}{\overset{Me}{\underset{|}{\overset{|}{Si}O}}}\right)_n-\left(\underset{CH_2CH_2CN}{\overset{Me}{\underset{|}{\overset{|}{Si}O}}}\right)_m-SiMe_3$$

$$MeSiCl_2 + MeSiCl_2 \xrightarrow{H_2O} \xrightarrow[\text{cat.}]{+MM} Me_3SiO\left(SiO\right)_n\left(SiO\right)_m SiMe_3$$
$$\overset{|}{CH_2CH_2CN} \qquad\qquad\qquad \overset{Me}{\underset{Me}{|}} \quad \overset{Me}{\underset{CH_2CH_2CN}{|}}$$

或者，先由 $Me_2SiCl_2$ 与 $MeCl_2SiCH_2CH_2CN$ 按照一定比例制得含氰乙基的环硅氧烷，然后再与 $D_4$、止链剂催化开环聚合，得到氰乙基硅油：

$$CNC_2H_4SiMeCl_2 + 3Me_2SiCl_2 \xrightarrow[Et_2O]{H_2O}$$

（环状结构式）

$$+ 8HCl$$

（环状结构式） $+ D_4 + MD_2M \xrightarrow{Me_4NOH} Me_3SiO\left(SiO\right)_n\left(SiO\right)_m SiMe_3$

氰乙基硅油具有优良的介电性能，随着氰乙基含量不同，介电常数在 3.0~40 范围内变化，比甲基硅油（2.3~3.0）大得多，适于用作电子、电器工业的介电液体。绝缘性比甲基硅油差。随着氰乙基含量的升高，其极性成比例增加，逐渐不溶于大多数非极性溶剂（如甲苯、乙醚、四氯化碳、二甲苯、汽油等），可用作抗油、抗溶剂的有价值材料及石油加工用非水体系消泡剂。氰乙基硅油具有抗静电性，可作为纤维织物的抗静电剂。在色谱分析中，它常作为多组分化合物和手性化合物的分离用固定液。氰乙基硅油水解可制得羧酸基改性硅油，还原制得氨基改性硅油。

### 3.2.25 氟烃基改性硅油

在有机高聚物中引入氟原子，可导致热稳定性提高。但在聚硅氧烷中，氟代具有更广泛的作用，而且多在烷基侧链的 γ-位置（指氟对硅原子的相对距离）上发生。这是由于硅呈电正性，若在 α- 及 β-位置上氟代，则易导致耐热性降低，这也是氟烃基硅油多为 $CF_3CH_2CH_3$——一类的原因。

氟烃基改性硅油以改变二甲基硅油的物理性能为主要目的，使其兼具耐油、耐溶剂、耐化学药品特性。因而，由其配制的润滑剂、消泡剂、脱模剂及织物、皮革用的防水防污整理剂等，许多性能优于二甲基硅油，并已在飞机、汽车、机械、化工、轻工、纺织等部门得到广泛的应用。长期以来商品硅油中的氟烃基主要为 $CF_3CH_2CH_2$——，但新近含长链氟烃基及含氧氟烃基（氟醚基）的硅油发展也很快。下面侧重介绍三氟丙基硅油的制法。

氟烃基硅油的合成工艺比较繁杂，一般由单体合成、分离及水解、水解物解聚制环体及开环聚合制硅油等工序组成，并可用反应方程式示意如下：

$$MeSiHCl_2 + CF_3CH{=\!\!=}CH_2 \xrightarrow{Pt} CF_3CH_2CH_2SiMeCl_2$$

$$CF_3CH_2CH_2SiMeCl_2 + H_2O \longrightarrow$$

$$[Me(CF_3CH_2CH_2)SiO]_n + HO[Me(CF_3CH_2CH_2)SiO]_mH$$

$$[Me(CF_3CH_2CH_2)SiO]_n + HO[Me(CF_3CH_2CH_2)SiO]_mH \xrightarrow{KOH}$$

$$[Me(CF_3CH_2CH_2)SiO]_3$$

$$n/3(Me_2SiO)_3 + m/3[Me(CF_3CH_2CH_2)SiO]_3 + (Me_3Si)_2O \xrightarrow{H^+,\ OH^-}$$

$$Me_3SiO(Me_2SiO)_n[Me(CF_3CH_2CH_2)SiO]_mSiMe_3$$

其中，合成 $CF_3CH_2CH_2SiMeCl_2$ 是关键的一步。1956 年国外有人应用氢硅化反应由 $CF_3CH{=\!\!=}CH_2$ 与 $MeSiHCl_2$ 加成制得了满意收率的 $CF_3CH_2CH_2SiMeCl_2$，使氟硅油等的合成技术有了新的突破。利用氢硅化反应，同样可满意地制得长链氟烃基硅烷及氟醚烃基硅烷。

氢硅化反应属自由基引发机制，故可伴随 $CF_3CH{=\!\!=}CH_2$ 的调聚反应，从而附生聚合产物，降低原料有效利用率及目的产物收率。不过，调聚反应可通过加入适度过量的氯硅烷而加以抑制。此外，加成反应多在高压釜中进行，而引发反应阶段常发生瞬间剧烈放热，导致压力、温度猛升，对此需要格外注意。改变引发体系及操作工艺，例如使用 $H_2PtCl_6/SnCl_2$（摩尔比为 1:1）的 i-PrOH 溶液作催化剂以及补加 $CF_3CH{=\!\!=}CH_2$，控制反应，可使加成反应在 100~120℃ 及低于 1MPa 压力下顺利进行，从而避免或减少发生爆炸的可能性。

从加成产物中分馏、精制出高纯度（>99.5%）的 $CF_3CH_2CH_2SiMeCl_2$，对水解缩合后工序特别重要。因为少量的三官能硅烷，α- 或 β- 位氟代烷基硅烷以及氟代链烯基硅烷等的存在，即可严重影响水解产物的质量与收率。$CF_3CH_2CH_2SiMeCl_2$ 水解过程为吸热反应，但副产的 HCl 溶于水中为放热过程，由于放热量超过吸热量，故引起体系温度上升。水解产物系由环硅氧烷及含羟基的线型低聚硅氧烷组成，经水洗、中和、干燥后，即可将水解物与 $(Me_2SiO)_n$、$(Me_3Si)_2O$ 等一起催化平衡，制成氟丙基硅油。

如果 $CF_3CH_2CH_2SiMeCl_2$ 中含有较多的三官能硅烷，则水解物不宜直接用于制硅油，而需通过碱（KOH）裂解，重排成混合环体（主要为环三体）。混合环体中，只有环三体 $[Me(CF_3CH_2CH_2)SiO]_3$ 适用作开环聚合制硅油及硅橡胶的原料。环四体以上的环体，非常稳定，很难单独开环聚合成线型硅油。为此可进一步将其裂解重排成环三体使用。

由环三体出发，既可单独与水作用制成羟基封端的氟丙基硅油，也可与

$(Me_2SiO)_n$ 及 $(Me_3Si)_2O$ 等一起，催化平衡制成共聚型氟烃基硅油，开环聚合及平衡反应，如同其他硅油制法一样，既可使用强酸（如 $H_2SO_4$、$CF_3SO_3H$ 等），也可使用强减（如 NaOH、KOH、$Me_4NOH$、$Bu_4POH$ 及它们的硅醇盐等）作催化剂。

下面侧重介绍由 $[Me(CF_3CH_2CH_2)SiO]_3$ 出发制备氟烃基硅油的具体方法。

### 3.2.25.1 聚合-水解法制 $HO[Me(CF_3CH_2CH_2)SiO]_nH$

（1）以 KOH 作催化剂，以 $MeO(C_2H_4O)_3Me$ 为助催化剂。将 3500g $[Me(CF_3CH_2CH)Si]$、21g $H_2O$、0.34g KOH 及 1.2g $MeO(C_2H_4O)_3Me$，在搅拌及35℃下反应3h，而后加入4.2g硅基磷酸酯以中和 KOH 使反应终止，得到黏度（25℃）为 $1360mm^2/s$ 的 $HO[Me(CF_3CH_2CH_2)SiO]_nH$，内含 $[Me(CF_3CH_2CH_2)SiO]_n$ 1.4%。

（2）以 LiOH 作催化剂，邻苯二甲酸二甲酯作助催化剂。将一定配比的 $[Me(CF_3CH_2CH_2)SiO]_3$、LiOH、邻苯二甲酸二甲酯（COOMe/COOMe）及 $H_2O$ 在 65~80℃ 下进行开环聚合，而后加入 $Cl_2HCCHCl_2$ 终止反应。经拔低沸物得到黏度（25℃）为 $17000mPa \cdot s$ 的 $HO[Me(CF_3CH_2CH_2)SiO]_nH$，挥发物含量（150℃下3h后）为 2.7%，产物置于70℃下15天，黏度无变化。

（3）以极性非质子传递溶剂作催化剂。将1310g $[Me(CF_3C_2CH_2)SiO]_3$ 溶于210g $Me_2CO$ 及225g MeCN 混合溶剂中，再加入10.5g $H_2O$，在78℃下回流2.5h，即可得到937g $HO[Me(CF_3CH_2CH_2)SiO]_nH$。

（4）在充氮加压下水解。由153.1份 $[Me(CF_3CH_2CH_2)Si]_3$ 及1份水，通 $NH_3$ 使压力升至 207kPa，并在50℃下反应4h，即可得到黏度（25℃）为 $1300mm^2/s$ 的 $HO[Me(CF_3CH_2CH_2)SiO]_nH$。

### 3.2.25.2 酸催化平衡法制

$Me_3SiO(Me_2SiO)_n[Me(C_4F_9CH_2CH_2)SiO]_mSiMe_3$：将一定配比的 $(Me_2SiO)_3$、$[Me(C_4F_9CH_2CH_2)SiO]_3$ 及 $(Me_3Si)_2O$ 在少量 $CF_3SO_3H$ 催化及75℃下，反应6h，拔低沸物后得到黏度（25℃）为 $300mm^2/s$，相对密度为1.20，表面张力为18.3mN/m，折射率（$\eta_D^{25}$）为 1.3752 的 $Me_3SiO(Me_2SiO)_{25}[Me(C_4F_9CH_2CH_2)SiO]_6SiMe_3$。倘若仅由 $[Me(C_4H_9CH_2CH_2)SiO]_3$ 与 $(Me_3Si)_2O$ 反应，则得到的产物为 $Me_3SiO[Me(C_4F_9CH_2CH_2)SiO]_nSiMe_3$。

### 3.2.25.3 碱催化平衡法制

$Me_3SiO(Me_2SiO)_n[Me(CF_3CH_2Cl_2)SiO]_mSiMe_3$：先将 $(Me_2SiO)_4$、

（$Me_3Si$）$_2O$ 及 $Me_4NO$（$Me_2SiO$）$_aH$（即 $Me_4NOH$ 碱胶催化剂，$a=50\sim150$，碱浓度约为 1%）在加热减压下脱水干燥 15h，而后升温平衡成均聚物 $Me_3SiO$（$Me_2SiO$）$_nSiMe_3$ 作为封端剂。取出 0.2mL 加入 7mL 干燥过的（$Me_2SiO$）$_4$ 及 0.1g 催化剂，升温至 $95\sim100℃$；再加入 4mL［$Me$（$CF_3CH_2CH_2$）$SiO$］$_3$ 继续平衡 1h，然后在减压下迅速升温至 150℃，并维持 0.5h 以破坏催化剂，得到收率为 57%（质量分数）无色透明的 $Me_3SiO$（$Me_2SiO$）$_n$［$Me$（$CF_3CH_2Cl_2$）$SiO$］$_mSiMe_3$。

此外，还可由 $HO$［$Me$（$CF_3CH_2CH_2$）$SiO$］$_nH$ 出发，与 $Me_3SiCl$ 或（$Me_3Si$）$_2NH$ 反应，制取 $Me_3SiO$［$Me$（$CF_3CH_2CH_2$）$SiO$］$_nSiMe_3$。

### 3.2.26　长链烷基硅油

长链烷基硅油是二甲基硅油中的部分甲基被长链烷基（$C_aH_{2a+1}$，$a=2\sim17$，$a$ 主要为 $6\sim17$）取代后的产物。从结构上看它属于烃基硅油范畴，但其合成方法、物理性能及应用效果又不同于烃基硅油，因而人们习惯上将它归入改性硅油中讨论。

长链烷基硅油兼具优良的润滑性、憎水性、防污性、可涂印性及对有机材料的相亲性。作为润滑油使用时，还具有低磨损、低摩擦系数及对添加剂感受性好等优点。

长链烷基硅油的制法有两种：

（1）由甲基氢氧硅烷或甲基氢烷氧基硅烷与 $\alpha$-烯烃，通过氢硅化加成反应制成甲基长链烷基氯硅烷或烷氧基硅烷［$MeRSiCl_2$ 或 $MeRSi$（$OR'$）$_2$］，后者再经水解缩合，得到相应的硅氧烷中间体，即 $HO$（$MeRSiO$）$_mH$ 及（$MeRSiO$）$_n$，然后再按常规方法与（$Me_2SiO$）$_n$、（$Me_3Si$）$_2O$ 等催化平衡，制得共聚型长链烃基硅油 $Me_3SiO$（$Me_2SiO$）$_m$（$MeRSiO$）$_nSiMe_3$。

（2）由甲基含氢硅油出发，直接与 $\alpha$-烯烃进行氢硅化反应而得。

由此可见，不管从硅烷还是从硅氧烷出发，引入长链烷基都离不开氢硅化反应，主要相关应式示意如下：

$$MeSiHX_2+CH_2{=\!=}CH(CH_2)_aH \xrightarrow{Pt} Me[(CH_2)_{a+2}H]SiX_2$$

$$Cl_2SiH_2+2CH_2{=\!=}CH(CH_2)_aH \xrightarrow{Pt} [(CH_2)_{a+2}H]SiX_2$$

$$MeRSiX_2+H_2O \longrightarrow (MeRSiO)_m+HO(MeRSiO)_nH$$

$$R_2SiX_2+H_2O \longrightarrow (R_2SiO)_m+HO(R_2SiO)_nH$$

$$(MeRSiO)_n+H_2O \longrightarrow HO(MeRSiO)_nH$$

$$(MeRSiO)_n+(Me_3SiO)_2O \xrightarrow{H^+ 或 OH^-} Me_3SiO(MeRSiO)_nSiMe_3$$

$$(MeRSiO)_4+(Me_2SiO)_4+(Me_3Si)_2O \xrightarrow{H^+ 或 OH^-} Me_3SiO(Me_2SiO)_n(MeRSiO)_mSiMe_3$$

$$（MeRSiO）_m+HO（MeRSiO）_nH+（Me_2SiO）_4+（Me_3SiO）_2O \xrightarrow{H^+或OH^-}$$
$$Me_3SiO（Me_2SiO）_n（MeRSiO）_mSiMe_3$$

$$HO（MeRSiO）_nH+2Me_3SiCl \longrightarrow Me_3SiO（MeRSiO）_nSiMe_3+2HCl$$

$$HO（MeRSiO）_nH+（Me_3Si）_2NH \longrightarrow Me_3SiO（MeRSiO）_nSiMe_3+NH_3$$

$$Me_3SiO（MeHSiO）_nSiMe_3+CH_2\!=\!\!CH（CH_2）_4H \xrightarrow{Pt} Me_3SiO（MeC_6H_{13}SiO）_nSiMe_3$$

$$Me_3SiO（Me_2SiO）_n（MeHSiO）_mSiMe_3+CH_2\!=\!\!CH（CH_2）_{10}H \xrightarrow{Pt}$$
$$Me_3SiO（Me_2SiO）_n（MeC_{12}H_{23}SiO）_mSiMe_3$$

### 3.2.27 其他改性硅油

以上是改性硅油的主要品种。此外，具有高极性及高介电常数（3~40），适用作电容器介电液体，抗静电、耐油润滑剂及非水体系消泡剂的氰乙基硅油；具有良好的脱模性与有机树脂相容性，润滑性好，适用作塑料、涂料助剂及脱模剂的 α-甲基苯乙基硅油；具有高熔点与有机树脂相容性好，适用作树脂改性及涂料助剂的长链脂肪酸基硅油；具有高熔点与有机树脂相容性好，脱模性好，适用作纤维处理及涂料助剂的长链烷氧基硅油；具有反应活性适用作树脂改性剂的酚基硅油；具有高熔点及润滑性，适用作纤维处理及涂料助剂的长链烷氧基硅油；具有耐高温，主链含亚烃基或环硅氮烷基等的硅油等，都是比较熟悉的改性硅油。其中，氰乙基硅油可由 $MeSiHCl_2$ 与 $CH_2\!=\!\!CHCN$ 加成得到 $NCCH_2CH_2SiMeCl_2$。后者可以单独水解缩合制成 $HO（MeC_2H_4CNSiO）_nH$，也可与 $Me_2SiCl_2$ 共水解，而后加入 $（Me_3Si）_2O$ 用浓硫酸催化而得；α-甲基苯乙基硅油可由含氢硅油与 $CH_2\!=\!\!CMePh$ 加成而得；长链脂肪酸基硅油可由醇基硅油与高级脂肪酸脱水反应而得；酚基硅油可参照醚基硅油制取；长链烷氧基硅油可通过 Si—Cl 键与高级醇反应而得；主链改性硅油可由 $XMe_2SiRSiMe_2X$ $[$ R 为 $\leftarrow CH_2\xrightarrow{}_n$ （$n=1，2，3$）、$—C_6H_4—$、$—C_2H_4OC_6H_4—$ 等；X 为 Cl、OH、OMe、OEt $]$；

$$XMe_2SiN\Big\langle\!\!\begin{array}{c}SiMe_2\\SiMe_2\end{array}\!\!\Big\rangle NSiMe_2X，$$（X 为 Cl、OH、OMe、OEt 等）与 $（Me_2SiO）_n$，$（Me_3Si）_2O$ 等催化平衡而得。

## 3.3 硅油的二次产品

硅油二次产品是以硅油为原料，配入增稠剂、表面活性剂、溶剂及添加剂等，并经特定工艺加工成的脂膏状物、乳液及溶液等产品，例如，硅脂、硅膏、消泡剂、脱模剂以及隔离剂等。硅油经过二次加工后，不仅产品形态变化了，而且性能也大不一样，因而应用范围更宽，使用效果及效益更好。当前它们的市场规模已与硅油一次产品相当。

### 3.3.1 硅脂与硅膏

硅脂与硅膏是以硅油为基础油，加入增稠剂、稳定剂及改性添加剂，经混合研磨加工而成的产品。习惯上，人们将金属皂（主要为锂皂）增稠的润滑用产品称为硅脂；而把非皂类（主要为白炭黑）增稠的产品称为硅膏（又称硅油复合物）。表3-6为硅脂、硅膏用作润滑剂与硅油的比较。

表3-6    硅油与硅脂润滑的比较

| 硅油润滑 | 硅脂润滑 | 硅油润滑 | 硅脂润滑 |
|---|---|---|---|
| 需连续加油 | 可长期不加脂 | 可高速转动 | 高速极限低 |
| 耗油量大 | 耗脂量少 | 冷却能力大 | 冷却能力小 |
| 润滑系统复杂 | 润滑系统简单 | 摩擦损失小 | 摩擦损失大 |
| 密封装置复杂 | 密封简单 | 停车后油面上部<br>无保护，易生锈 | 周围附着硅脂，<br>不生锈 |
| 可连续去除异物 | 异物不能去除 | 添加剂效果好 | 添加剂含量高 |

硅脂、硅膏至少由两个组分组成，通常是由四个组分，即基础油、增稠剂、稳定剂及改性添加剂组成，相应组分及其特性见表3-7。

硅脂、硅膏可以制成不同用途的产品，包括通用硅脂、耐热润滑硅脂、耐寒润滑硅脂、脱模硅脂、黏着硅膏、介电硅膏、密封硅膏、散热硅膏、高真空密封硅膏、防锈硅膏及光透明硅膏等，其分类及用途见表3-8。

表3-7    硅脂、硅膏的基本组成及其特性

| 组　成 | | 特　性 |
|---|---|---|
| 基础油 | 二甲基硅油 | 轻润滑密封 |
| | 甲基苯基硅油 | 耐高、低温，润滑密封 |
| | 甲基氯代苯基硅油 | 改善润滑性 |
| | 甲基氯烃基硅油 | 改善润滑性，耐油、耐溶剂、耐化学试剂 |
| | 甲基长链烷基硅油 | 优良润滑性，相溶性 |
| 增稠剂 | 皂系　硬脂或辛酸锂，硬脂酸铝，硬脂酸钙，硬脂酸钠 | 润滑，耐高温，耐水解 |
| | 非皂系　白炭黑（憎水处理） | 耐高温透明 |
| | 炭黑（石墨） | 高温润滑 |
| | 金属氧化物（如 ZnO 等） | 导热 |
| | 聚四氟乙烯粉 | 提高滴点及界面润滑 |
| | 二氟化钼 | 润滑耐热 |
| | 酞青铜 | 耐辐射，高温润滑 |

续表3-7

| 组 成 | | 特 性 |
|---|---|---|
| 稳定剂 | 醇，乙二醇，聚乙二醇，甘油，水 | 保持脂膏状态，提高稳定性 |
| 改性添加剂 | 抗氧剂（辛酸铁，吩噻嗪，芳胺等） 防锈剂（苯并三唑，硫醇，环烷酸盐等） | 提高热氧化稳定性 抑制对钢，铜的腐蚀 |
| | 极压抗磨剂（含硫，磷化合物）增稠剂 | 提高边界润滑 |
| | 颜料 | |

表3-8 硅脂，硅膏的分类及用途

| 分类 | | 牌号 | 特性及用途 |
|---|---|---|---|
| 硅脂 | 低温润滑用 | G30（F. L. M. H.） | 一般用，使用温度范围-60~180℃ |
| | | G31 | 配入 $MoS_2$，边界润滑性好，使用温度范围-60~120℃ |
| | 高温润滑用 | G41（F. M. H.） | 由耐热硅油与炭黑制得，使用温度范围-30~200℃ |
| | | G41 | 使用温度范围-30~250℃ |
| | | G420 | 高温下润滑好 |
| | 高度润滑用 | FG720 | 优良边界润滑性，耐溶剂性好 |
| | 塑料润滑用 | G501 | 润滑性好，还适用于低负荷下钢-钢润滑 |
| | 黏合用（转动缓冲） | G330 | 黏合性良好，使用温度范围-10~100℃，适用于转动部位润滑 |
| | | G340 | 黏合性良好，使用温度范围-30~60℃，转速变化小 |
| | | G630 | 黏合性良好，转动轴用，填隙性好 |
| 硅膏 | 介电用 | KS62F | 糊状，耐热，使用温度范围-30~250℃，不流淌，适作绝缘、润滑、防水、密封、脱模 |
| | | KS62M | 脂膏状，耐热，性能用途同 KS62F |
| | 密封用 | KS63W | 脂膏状，一般用 |
| | | KS64F | 糊状，一般用 |
| | | KS64 | 脂膏状，通用 |
| | 抗电弧用 | KS63G | 电绝缘性好，表面憎水性强，涂覆在高压绝缘子上，可防盐尘引起的飞弧事故，使用温度-50~200℃ |
| | | KS63G5 | 为 KS63G 的三氯乙烯溶液，可在带压下涂敷 |

| 分类 | | 牌号 | 特性及用途 |
|---|---|---|---|
| 硅膏 | 散热用 | KS609 | 通用型，散热及电绝缘性好，适用作电子器件及机器的传热与绝缘 |
| | | KS612 | 耐热，用途同 KS609 |
| | | G746 | 适用于硅树脂封装型电子器件 |
| | | G749 | 适用于硅树脂封装型电子器件，耐热性、传热性好 |
| | 导电用 | KS660 | 导电性好，耐热氧化，耐化学试剂 |
| | 真空封装用 | HIVXC-G | 耐热氧化性，化学稳定性好，适用作高真空（1.33×10$^{-5}$kPa）装置密封 |
| | 防锈用 | KS622 | 对铜防腐效果好 |
| | 阀门封装用 | KS654 | 玻璃活塞用 |
| | | KS623 | 阀门密封用 |
| | 硅橡胶用 | KS650N | 对硅胶不溶胀，电绝缘性好 |
| | 光学用 | | 透明性高，光学耦合，密封 |

### 3.3.1.1 制法

#### A 一般方法及原理

硅脂、硅膏的组成及配方设计主要取决于用途，基础油及增稠剂是配制硅脂、硅膏不可缺少的原料，而大多数硅脂和部分硅膏中含有改性添加剂，大多数硅膏和所有白炭黑增稠的产品都含有稳定剂。

适用作基础油的有二甲基硅油、甲基苯基硅油、氟烃基硅油、长链烷基硅油及氯苯基硅油等。前四类硅油的部分性质见表 3-9。

表 3-9   用作基础油的硅油性能

| 性能 | | 基础油 | | | | |
|---|---|---|---|---|---|---|
| | | 二甲基硅油 | 甲基苯基硅油 | 氟烃基硅油 | 长链烷基硅油 | 石油烃 |
| 使用温度 | 下限 | −54 | −73 | −57 | −57 | −28 |
| | 上限 | 204 | 260 | 232 | 150 | 150 |
| 润滑性能 | | 适用于轻负载 | 适用于轻负载 | 良 | 良 | 良 |
| 黏度温度系数 | | 0.59~0.60 | 0.62~0.87 | 0.85 | 0.76 | 0.80~0.87 |
| 极性 | | 非极性 | 非极性 | 极性 | 非极性 | 非极性 |
| 可涂性及可钎焊性 | | 差 | 一般 | 一般 | 良 | 良 |
| 价格 | | 中 | 高 | 很高 | 中 | 低 |
| 对橡胶的影响 | | 收缩 | 稍收缩 | 极小 | 中等溶胀 | 高溶胀 |

其中，二甲基硅油及甲基苯基硅油在 20 世纪 40 年代末就已先后用作基础油，黏度为（10~100）×10⁴mm²/s。黏度过低可导致产品的锥入度及油离度过高；反之则锥入度过小，黏合性也变差。低苯基［5%~10%（摩尔分数）］硅油适于配制低温条件下使用的产品，使用温度范围为−70~170℃；中苯基［约25%（摩尔分数）］硅油适于配制高温条件下使用的产品，其使用温度范围为−30~200℃；高苯基［约45%（摩尔分数）］硅油适于配制超高温度条件下使用的产品，但其低温性能欠佳，使用温度范围为−23~260℃，短时间可耐370℃。由这两类硅油制得的硅脂、硅膏，对钢-钢的润滑性很差。20 世纪 50 年代，采用甲基氯代苯基硅油用作基础油，润滑性有所改善，但对软钢的润滑性、热氧化稳定性及抗起泡性仍欠佳。1961 年使用甲基三氟丙基硅油配制的硅脂有效改善了对钢的边界润滑性，它既可单独使用，也可与二甲基硅油或甲基苯基硅油混用，其润滑性明显优于氯代苯基硅油，在高负荷下甚至优于矿油类润滑脂；但其黏温性不令人满意，不能在−40℃以下使用。1965 年由甲基长链烷基硅油配制得到了相容性好的高润滑性硅脂，在 100kg 负荷下可满意解决不锈钢与钛钢间的润滑，但是使用温度上限只有 150℃。

增稠剂与硅油形成稳定均匀的脂膏状产品，小粒径、高比表面积是其基本条件。一般要求皂类增稠剂粒径约为 100μm，比表面积约为 40m²/g；白炭黑的粒径为 0.7~0.12μm，比表面积为 100~350m²/g。还应指出，白炭黑表面憎水处理后可大大提高其增稠效果。但是，由于增稠剂与硅油的相溶性很差，因而将增稠剂均匀分散在硅油中，并不是一件容易的事，它比分散在石油烃中麻烦得多。因此，混合时必须借助于高剪切力，例如使用三辊磨、捏合机、均化器、高速辊筒混合器等设备。

使用高细度、大比表面积增稠剂及高剪切力的混合设备，有时还不能得到均匀而稳定的脂膏产品，特别是制备白炭黑增稠硅膏时，这时需要加入亲水性化合物（如醇、乙二醇、聚乙二醇、甘油甚至是水等）作稳定剂。其作用机理认为是带极性的稳定剂被浸湿，附着在疏水性的增稠剂表面上，极性端在疏水性脂膏中像聚合物一样排列，形成了较稳定的体系。

以硅油作基础油制得的硅脂、硅膏有不少优点，但其高速度及高负荷下的边界润滑性及抗高温氧化性还不甚满意。为此在配方中常需加入改性添加剂，如抗氧剂、防锈剂、抗磨极压添加剂、润滑改善剂及钝化剂等。此时需经试验确定它们的适宜用量。

把性质差异很大的增稠剂分散到基础油中，并使之形成三相稳定的体系，这是生产中的关键技术。增稠剂与基础油混合的主要方法有两种。

（1）分散法。是制取硅膏（白炭黑等为增稠剂）主要使用的方法。它是通过化学力及机械力的作用，将固体微粒（增稠剂）分散到基础油中，使之形成稳定的固液分散体系。在生产中多在捏合机或行星式混合器中进行。为了提高固体粒子在硅油中的分散性，可以采取三个措施：一是使用高细度增稠剂固体粒子，即要求有足够大的比表面积（$\geqslant 100^2 \text{m/g}$）；二是使用表面经过憎水处理的白炭黑，以强化对硅油的亲和性；三是将预混的硅膏热处理，以提高硅油对白炭黑的浸润性。

（2）气凝胶法。是制取硅脂（锂皂等为增稠剂）主要使用的方法，由于脂肪酸锂等对硅油的相溶性很差，采用直接分散法很难得到稳定的分散体系，还可能产生两种后果，即皂与油相分离或硅脂失重大。为此提出了多种有效的改进方法，其一是先将锂皂在合适矿油中晶析成微粒，而后加压下用有机溶剂置换矿油，再减压蒸除溶剂，得到锂皂的纤维骨架（气凝胶），最后用机械力将其分散在硅油中制得硅脂；其二是将锂皂加入烃类溶剂中加热溶胀，而后加入硅油，并减压蒸除溶剂而得。也可先将锂皂加入烃油中溶胀，继而加入己烷萃取出烃油，再用硅油/己烷溶液处理，并蒸除己烷而得；还有一种方法是先将锂皂研磨成微粉，加入硅油混匀，升温膨润，再研磨得到稳定的硅脂，膨润温度以比皂的熔点低于 $1 \sim 2℃$ 为宜，过高或过低均不利分散。还需指出，硅脂的稳定性很大程度上取决于锂皂纤维的粗细、形状及其自身强度，而这些均与锂皂制备工艺相关。采取低皂化反应速率及低冷却速率，制得的锂皂纤维能较好满足硅脂增稠剂的要求。

由基础油、增稠剂及改性添加剂混合得到的粗产物，最后还需移入三辊机中进一步研磨，以获得均匀的、不含粗粒子增稠剂或添加剂的硅脂或硅膏，再经减压脱泡处理，即可包装。

各类硅脂、硅膏产品，除了有专用指标外，锥入度、油离度及挥发分是它们共有的控制指标。其中锥入度是产品稠度的具体表征，并随稠度增大而提高。在基础油黏度固定条件下，锥入度的大小与增稠剂的用量成正比。符合使用的锥入度一般应控制在 $150 \sim 380$（$25℃$，$1/10\text{mm}$）之间，稠度过低时，硅脂硅膏剪切稳定性差，升温后可发生流淌；稠度过高时，产品涂布困难；油离度是指产品在 $200℃$ 下保持 24h 后硅油的析出量，它是评价产品耐热性及稳定性的重要指标，一般要求小于 8%；挥发分是产品经 $200℃$ 下保持 24h 后硅油质量减少的百分数，它也是评价产品耐热性及应用条件的重要指标，一般要求小于 3%，对于高真空体系使用的产品，则要求小于 0.1%。

B  锂皂系硅脂

配制锂皂系硅脂使用的基础油，可以从二甲基硅油、甲基苯基硅油、甲基氯苯基硅油、氟烃基硅油、长链烷基硅油、聚醚硅油、硅油与二元脂肪酸二酯的混合油等之中选用，增稠剂金属皂的类型不仅在很大程度上决定了硅脂的使用温度及润滑性能，而且对硅脂的机械稳定性、耐水性、防锈性、噪声污染性也有一定影响。虽然 Li、Na、Ca、Al 的脂肪酸皂均可用作硅脂增稠剂,但应用最多的是脂肪酸锂,其次为脂肪酸铝。金属皂系硅脂的使用温度主要取决于金属皂的耐温特性。

(1) 使用脂肪酸锂皂增稠二甲基硅油。所用锂皂系由高级脂肪酸对甲酰胺苯甲酸酯与氢氧化锂反应而得。例如,先将 60 (质量) 份的二甲基硅油、141 份蓖麻油及 1.6 份对-N-十八烷基甲酰胺苯甲酸,在加热下混合而后降温至 90℃,加入 2.2 份 25% (质量分数) 的 LiOH 水溶液进行皂化反应,接着在 150℃ 及强烈搅拌下混入 21.1 份二甲基硅油,进一步在 185℃ 下混匀,然后冷却至 100℃ 以下。加入芳胺类抗氧剂,并进一步搅拌均匀即得到硅脂,后者在 150℃ 可稳定 100h 以上。

(2) 使用硬脂酸铝增稠长链烷基硅油。所用长链烷基硅油中 $Me_2SiO$ 链节占 50%~99% (摩尔分数),$MeC_{10}H_{21}SiO$ 链节为 1%~50% (摩尔分数)。取出 100 (质量) 份硅油,加入 10 份硬脂酸铝、3.7 份苯甲酸及 1 份对,对二辛基二苯胺 (抗氧剂),在 150~160℃ 下混匀,再加入 0.2 份苯并三唑 (防锈剂),即得到优良耐候性的润滑硅脂。

(3) 加入添加剂并使用硬脂酸锂稠化甲基苯基硅油的硅脂。例如,在 68 (质量) 份黏度 (25℃) 为 $1000mm^2/s$ 的甲基苯基硅油 [苯基含量为 5% (摩尔分数)] 中,混入 15 份硬脂酸锂 (稠化剂) 及 17 份四氯邻苯二甲酸二丁酯 (极压添加剂),在捏合器中混匀,可以得到无腐蚀性、耐极压、耐高温及防锈性良好的硅脂。

(4) 使用聚醚硅油制成的电器接点用润滑硅脂。所用聚醚硅油的分子式为 $Me_3SiO(Me_3SiO)_{29}\{Me[C_3H_6O(C_2H_4O)_2(C_3H_6O)_{24}Bu]SiO\}_3SiMe_3$。取出 75 (质量) 份,加入 25 份 $Al(OCOC_{17}H_{35})_3$ (稠化剂) 混匀得到润滑用硅脂。其电阻为 8~13mΩ,若使用二甲基硅油制得的硅脂,则相应为 60~80mΩ。

C  白炭黑增稠硅膏

配制白炭黑增稠硅膏,通常可选用二甲基硅油、带支链烃基或羟基封端的甲基硅油、甲基苯基硅油、甲基氯苯基硅油、氟烃基硅油或长链烷基硅油等作基础油。硅油用前需加热,减压脱去低聚物,以减少或避免硅膏在应用中发生电气接触失效。配制硅膏使用的白炭黑增稠剂,主要是表面经过憎水处理的高细度 (比表面积 150~400m²/g) 气相法白炭黑。对于介电性能无要求的产品,也可使用含 Si—OH 较多的沉淀法白炭黑。由于白炭黑的耐热性极佳,故由其配制得到的硅膏具有优异的耐热性、抗氧化性、介电性;且其稠度在应用温度范围内变化很小,电性能变化也很小。

(1) 电子电器用润滑硅膏。是由 94 (质量) 份带支链烃基的甲基硅油,6 份白炭黑及 5 份棕榈酸甲酯,在捏合机中混匀,得到黏度 (25℃) 为 $12000mm^2/s$ 的硅膏。

（2）加入含羟基的 MT 或 MQ 型硅树脂以提高硅膏润滑性。例如，使用的基础硅油是由黏度（25℃）为 300000mm²/s 的羟基封头二甲基硅油及羟基封头的 $Me_3SiO_{0.5}$ 与 $MeSiO_{1.5}$ 链节摩尔比为 1.6 : 10 的硅氧烷混合而成。取出 90（质量）份，加入 10 份白炭黑混匀，制成硅膏，其扭矩值（10r/min，50s）为 30g·cm（1kg·m=9.8N·m），转动 5000 次后，扭矩值为 25g·cm。

（3）透明硅膏。光学用透明硅膏，可由 88（质量）份甲基苯基硅油 [Ph 含 5%~20%（摩尔分数），黏度（25℃）5000mm²/s]，12 份白炭黑（比表面积为 20m²/g）及 4 份 $ViSi(OMe)_3$，在捏合机中混炼均匀，再经脱泡，即可得到透明度（1cm 厚，可见光）为 93%~95%、油离度（200℃，4h）为零的硅膏。

（4）抗静电硅膏。是由 100（质量）份聚醚硅油，10 份经 $(Me_3Si)_2NH$ 处理过的白炭黑，20 份聚四氟乙烯粉（平均粒径 50μm）在捏合机中混炼，并经脱泡，得到抗静电硅膏。

（5）阻燃硅膏。配制硅膏时，混入少量铂或铂的化合物，可提高硅膏的阻燃性，所得硅膏具有燃自熄性，适用作电缆填充膏。例如，由 100（质量）份甲基乙烯基硅油 [乙烯基含 5%（摩尔分数），黏度（25℃）50mm²/s]，12 份气相白炭黑 [比表面积为 200m²/g] 及 0.002 份（按铂质量计）$H_2PtCl_6/C_8H_{17}OH$ 溶液（阻燃剂），在捏合机中混匀，经脱泡后得到的硅膏产品，其自熄时间为 2s。

D　硅树脂增稠硅膏

使用硅树脂包括 $(MeSiO_{1.5})_n$ 及 MQ 硅树脂代替白炭黑作增稠剂，可以不加入其他改性添加剂，即可获得良好润滑、密封性的硅膏。

（1）$(MeSiO_{1.5})_n$ 增稠硅膏。以氟烃基硅油作基础油，聚甲基硅倍半氧烷（硅树脂）为主增稠剂，可配制得到具有耐油、耐溶剂及耐化学试剂特性的密封用硅膏。

（2）MQ 硅树脂增稠硅膏。配制硅膏时是用 100（质量）份氟烃基硅油或长链烷基硅油作基础油，与 20~300 份链节组成比例为：$n(R_3SiO_{0.5})/n(SiO_2) = 0.5~0.95$ 的 MQ 硅树脂（R 为 Me、Vi 或 Ph），在捏合机中混匀，经脱泡得到硅膏。

E　导热硅膏

此类硅膏是使用导热性化合物或金属微粉（如氧化锌、氧化铝、氮化硼、氮化铝、碳化硅及铝粉等）作增稠剂配制得到的产品，具有良好导热性，广泛用于半导体元器件与散热板或散热器之间的填充或涂布，可在 200℃ 以上长时间使用而不流淌。因而配制时需要很好地选择增稠剂的品种、粒径及加入量，以获得导热性、油离率及稠度等符合要求的产品。

（1）氧化锌增稠硅膏。由 25（质量）份含有芳烷基的长链烷基硅油 $Me_3SiO$

（MeC$_6$H$_{13}$SiO）$_{28}$［Me（C$_2$H$_4$Ph）SiO］$_{28}$SiMe$_3$ 作基础油，混入 25 份 ZnO，在 100℃下捏合 2h，得到稠度为 308、热导率为 0.17W/（m·K）的硅膏。

（2）氮化硼增稠硅膏。将质量比为 1：1，黏度（25℃）为 1000mm$^2$/s 的二甲基硅油及氮化硼（粒径为 1～5μm），先在室温下混合，而后在 150℃下加热 2h，得到硅膏。其热导率为 1.47W/（m·K），相对密度为 1.37。对比用 ZnO 作增稠剂的产品，则热导率只有 0.42W/（m·K）。

（3）铝粉增稠硅脂。由含不少于 2 个链烯基的硅油及含不少于 2 个 Si—H 键的甲基氢硅油交联得到的硅氧烷作基础油，并以铝粉稠化制得的硅膏，具有很低的离油率，并可在高温下长时间储存。例如，搅拌下先将 100（质量）份 ViMe$_2$SiO（Me$_2$SiO）$_n$SiMe$_2$Vi、300 份平均粒径为 2.2μm 的铝粉、300 份平均粒径为 2.2μm 的铝粉及 3 份（Me$_3$Si）$_2$NH 混匀，而后在减压及 150℃下加入 7 份 Me$_3$SiO（MeHSiO）$_m$SiMe$_3$ 及 H$_2$PtCl/i-PrOH 溶液（按 Pt 对硅氧烷计为 10μL/L），在 150℃下加热交联，得到硅膏，在 150℃下 24h 后油离度为 0.01%，其热导率为 1.76W/（m·K）。

（4）氧化铝和碳化硅导热硅脂。以 Al$_2$O$_3$ 和 SiC 为导热填料，可制备高导热性硅脂。如以羟基硅油或甲基硅油为基础油，但 Al$_2$O$_3$ 的添加体积分数分别为 0.47 和 0.64 时，硅脂的热导率为 1.2W/（m·K）和 2.2W/（m·K）。当 SiC 的添加体积分数分别为 0.47 和 0.64 时，硅脂的热导率为 1.3W/（m·K）和 2.6W/（m·K）。导热填料粒径分布对硅脂的热导率也有重要的影响。

F 其他硅膏

（1）耐磨硅膏。可由 63（质量）份黏度（25℃）为 150mm$^2$/s 的甲基三氟丙基硅油、37 份聚四氟乙烯粉及 5 份（Et$_2$NCS$_2$）$_2$Cu，经混合研摩加工得到润滑用硅膏。

（2）润滑硅膏。一种耐高低温、润滑性好，并适用作轴承润滑的硅膏，可由 320（质量）份甲基苯基硅油、45 份聚四氟乙烯粉及 135 份蜜胺（异）氰脲酸加成物（提高润滑性的固体添加剂），经混合配制而得。

### 3.3.1.2 性质

A 硅脂

硅脂的使用温度上限，主要取决于增稠剂金属皂的熔点，同时也与基础油的种类有关。市售硅脂多以甲基苯基硅油作基础油。使用低苯基硅油配制的硅脂，适于低温应用，工作温度为 -60～180℃；使用中苯基硅油配制的硅脂，适于高温条件下应用，工作温度为 -30～200℃；使用长链烷基硅油配制的硅脂，润滑性及黏合性好，易制得散热、透明的产品，使用温度为 -50～150℃；由氟烃基硅油配制的硅脂，具有良好润滑、耐油、耐溶剂、耐化学试剂性；由氨烃基硅油配制的硅脂，润滑性好，适于作陶瓷品润滑。

金属皂系特别是锂皂，具有耐水解、熔点高、在宽广温度范围内性质稳定的特点，故由其稠化制得的硅脂与常用的石油系润滑脂相比，具有滴点高、油离度及热失重少，氧化稳定性高，耐水、耐化学试剂等优点，但其边界润滑性较差。

（1）滴点高。滴点是润滑脂受热熔化开始滴落的温度。润滑脂一旦熔化，便失去了润滑功能，因而通过滴点可估计出润滑脂的最高使用温度（比滴点低 $10 \sim 20℃$）。硅脂的滴点均在 $200℃$ 以上。明显高于黄干油（约为 $80℃$）及抗丝脂（约为 $150℃$），说明硅脂允许在较高温度下使用。

（2）油离度及热失量小。油离度及热失量也是表征润滑脂耐热性及稳定性的重要参数，而硅脂的油离度及热失量大大低于双酯类或石油系润滑脂。

（3）热氧化稳定性高。硅脂与石油系润滑脂的吸氧量比较，其中硅脂吸氧量很小，说明热氧化稳定性比矿物油润滑脂高得多。

（4）低温性能。硅脂的低温性能取决于硅油的结构，使用低苯基硅油制得的硅脂，其低温起始扭矩小于高苯基硅脂。

（5）流动性。硅脂的流动性与皂含量有关，在相同剪切速率下，不同含皂量硅脂的黏度，皂含量高的黏度大，不同皂含量的硅脂黏度均随剪切速率增加而降低。

（6）润滑性。硅脂的润滑性不如矿物油润滑脂，故不宜用作连续运转轴承的润滑。使用氯苯基硅油、三氟丙基硅油、长链烷基硅油或与双酯混合作为基础油，或加入改性添加剂，可以提高润滑性。例如，以乙基硅油和优质矿物油混合作基础油，以地蜡及硬脂酸锂作增稠剂配制的硅脂，可在 $-70 \sim 120℃$ 温度范围内，适应转速在 $2400 \sim 4000 r/min$ 的滚动轴承的润滑。

（7）耐水性及耐化学试剂性。硅脂的耐水性非常好。例如，将硅脂置入水中几个月，即使表面变白，内部仍不变质。硅脂的耐酸性优于拉丝润滑脂，而耐碱性不如后者。硅脂的耐化学试剂性良好。由氟烃基硅油配制的硅脂更具优良的耐油、耐溶剂性能。

（8）密封性。硅脂用作轴承润滑时，若氯丁橡胶等与硅脂接触，将发生体积收缩。应用时需要注意。甲基苯基硅油润滑脂可用作氟橡胶密封，而长链烷基硅油润滑脂可引起天然橡胶体积大幅度膨胀，应用时也需加以注意。

（9）其他皂基润滑脂。除锂皂外，硬脂酸钙、醋酸钙、对苯二甲酰胺钠、硬脂酸钠、硬脂酸铝及硅酸钠铅等也常用作稠化剂。使用硬脂酸铝皂、铅皂配制润滑脂，适用于光学仪器不同间隙滚动滑动摩擦部位，以及螺旋结构的润滑及密封。使用苯二甲酰胺钠皂稠化甲基苯基硅油配制的润滑脂，适于高温使用，其滴点达 $250℃$ 以上。使用硬脂酸钙增稠配制的硅油润滑脂，具有很高的滴点及化学稳定性，适用于与腐蚀介质接触的摩擦组合体，如金属与金属、金属与橡胶接触面的润滑与密封，但较易吸水变硬。

B　硅膏

硅膏的综合性能，同样取决于所用的基础油、增稠剂、改性添加剂的种类及用量。使用气相法白炭黑增稠的硅膏，其外观多为白色膏状物，滴点多半高于250℃，具有优良的耐热性、憎水性、电绝缘性、抗氧化性，在宽广的温度范围内（-60~200℃），不固化也不熔化，且其稠度及电性能变化很小。通过改变基础油品种及白炭黑加入量，特别是混入不同的改性添加剂，可以制出不同用途的硅脂。它们主要用于电绝缘及防湿、润滑、密封及防震；也可用作导热、光学耦合、脱模剂及消泡剂。使用炭黑增稠的硅膏具有良好的耐温性。使用还原染料增黏的硅膏，则具有良好的抗辐照性，并适于高温高速条件下的润滑。

### 3.3.1.3　用途

A　硅脂

硅脂的主要用途：（1）一般用于润滑，主要用于钢-钢，钢-其他金属，以及金属轴承的润滑；（2）塑料润滑油，主要用于各种工程塑料之间的润滑；（3）黏着、阻尼用，主要用于转动或滑动机构的润滑。

一般润滑用硅脂依其特性及用途又可分为四种：由甲基苯基硅油与不同增稠剂及添加剂配制成的，具有不同使用温度范围的高负荷、高转速用润滑脂；由甲基苯基硅油与炭黑等配制成的，适于在-30~250℃范围内使用的低负荷、高转速用润滑脂；由长链烷基硅油配制成的适于在-50~150℃范围使用的低负荷、高转速用润滑脂；由氟烃基硅油配制成的，适用于-39~252℃下使用的高润滑性润滑脂，例如用在接触化学试剂的高速、重负荷轴承的润滑，接触腐蚀性化合物的阀门的润滑与密封等。

塑料润滑用硅脂主要由长链烷基硅油及氟烃基硅油作基础油与增稠剂等配制而得，它们对 POM、PBT、PS、HIPS、ABS、PP、AS、PC、尼龙-6、尼龙-66、改性 PPO 及耐热树脂或"合金"等具有良好的润滑性，适用作它们滑动、滚动、转动的润滑。

黏着性硅脂有两种。一种是用在转动或滑动部位，作阻尼防震用，这类产品即使填充在狭小的缝隙中，也能与壁面良好黏着，一经滑动即可产生很大的阻抗。基于此，被广泛用作录音机磁带盒开关缓冲，用于录音放演的拾音器、消音器、增加音量开关的旋转阻力。另一种是阻抗力可变的轴承用润滑脂，这类硅脂只能在 0~80℃范围内使用。

B　硅膏

使用白炭黑增稠的硅膏，由于具有优良的耐热性、憎水性、耐候性及耐化学药品性，在广阔的温度范围内能够长时间地保持物性及电性能的稳定。因而它们被广泛用作电气绝缘及防潮填充料、密封填充料、阻尼材料及绝缘子防飞弧材料等。

（1）用作电绝缘及防潮材料。将白炭黑硅膏填充或涂在绝缘材料（包括玻璃、陶瓷、塑料、橡胶等）表面及连接部位上，可免受水分及异物污染，保持电绝缘性能不降。例如，涂覆硅膏后的飞机及汽车用火花塞，电器电缆接头以及各种测定器可以防潮及防表面泄漏电流，橡胶被覆线防电晕，填入机器终端可防凝水；室外电表开关可防结冰，陶瓷及合成树脂泡沫材料表面防湿及防凝水，填入晶体管内可防潮等。

（2）用作绝缘子保护。输电线路上使用的陶瓷绝缘子，表面上附有一层水膜。随着尘土及盐雾污染的积累，水膜变厚，盐层增加，于是局部容易产生飞弧，以致发生跳弧，特别是在雷电时，局部产生的高电压会击断输电线路等设施，造成供电中断事故。如果绝缘子表由涂覆一层硅膏，则落在表面上的固体污染物很快被硅膏包覆，加之硅膏表面张力低及对水的接触角大（105°），因而绝缘子上不会形成连续的水膜，可以有效防止或减少飞弧的发生。涂覆一次，根据环境及硅脂厚度，有效期约为1年，但仍比较麻烦。目前，美国已推出一种可喷涂的绝缘子专用材料，如道康宁公司的DC3099HVIC复合物。喷涂在陶瓷及合成橡胶制的绝缘子上作保护层，效果比较满意。

（3）用作密封材料。白炭黑硅膏的边界润滑性很差，不宜用作高速转动及钢-钢润滑剂，而仅适用作低转速或无负荷部位的润滑、密封及防潮，对塑料及橡胶件的润滑效果尤佳。由于硅膏优良的憎水性及耐化学药品性，故在实验室被广泛用作玻璃及金属旋塞、试验装置及管道安装中磨口连接部位的润滑、密封剂；还适用作接触高温水、水蒸气、气体、酸、碱、植物油及腐蚀性物质等的流量计、轴承、阀门及填料的润滑密封。若高真空系统中使用的玻璃或金属旋塞及连接部位均用高真空硅膏（即经高温及减压拨除低挥发分的产品）进行密封及润滑，既可获得 $1.33×10^{-4}$ Pa 的高真空条件，还可延长高温下的使用寿命，从而提高工作效率；若使用由氟烃基硅油配制的硅膏，可用作接触苯类溶剂部位的润滑与密封。由于改性硅油配制的硅膏，对硅橡胶不溶胀，故它用作电视机中硅橡胶阳极帽等的绝缘密封效果良好。硅膏还可用作六芯光缆密封填充膏。透明硅膏现已成功用于连接光缆的密封。

（4）用作黏着性阻尼材料。白炭黑硅膏中混入具有黏着性的硅树脂或石油系树脂（如聚丁烯等），可以得到对各种材料具有良好黏着性的阻尼硅膏。在滑动或转动过程中即可产生阻抗力，并能在-40~100℃温度范围保持稳定的起动扭矩，与各种塑料接触也不会引起裂缝或体积变化，它被广泛用于音频及视频机等放演时提高转动或滑动或音量开关阻力，从而提高操作稳定性以及改善视听效果。

（5）其他方面的应用。硅膏还可用作消泡剂及脱模剂。硅膏还被广泛用作仪表类、电器用开关、办公机械等接点部位的防潮防锈剂。

C 散热用硅膏

使用 ZnO、$Al_2O_3$、Al、BN、SiC 等导热性粉末作增稠剂，与硅油配制成的硅膏，具有良好的导热性及电气特性。由二甲基硅油作基础油配成的硅膏，适用作一般散热用；由甲基苯基硅油配制的硅膏，适宜在 200℃ 以上且发热量大的场合使用；还可使用长链烷基硅油配制的硅膏。散热用硅膏广泛被填充或涂布于晶体管、二极管、散热板、散热器之间，可达到提高散热效果的目的。

D 塑料润滑用硅膏

塑料在成型加工中可产生应力，若与油脂等接触，更可导致应力增长而开裂。与通用硅脂接触也不例外。但是，不同组成的硅脂，硅膏效果不一样。

E 硅脂、硅膏用途

硅脂、硅膏用途见表 3-10。

**表 3-10 硅脂、硅膏用途一览**

| 用途 | 使用的硅脂硅胶 | 用途 | 使用的硅脂硅胶 |
|---|---|---|---|
| 金属与金属润滑 | 1，6，10，13，14 | 导热性 | 4，5，9，12 |
| 铝润滑 | 7，8 | 防锈性 | 1，2，3，8，10，14 |
| 滚珠轴承 | 1，7，10，14 | 抗氧化性 | 各类硅脂均可 |
| 滚柱轴承 | 7，13 | 耐水性 | 各类硅脂均可 |
| 套筒轴承 | 6，，7，13 | 水溶性 | 各类硅脂均可 |
| 底盘润滑 | 7 | 溶于非极性溶剂 | 除 11，16 外均可溶 |
| 高温链条 | 6，7 | 溶于极性溶剂 | 除 11，16 外均不溶 |
| 旋转铰链 | 1，7 | 介电性 | 除 12 外均介电 |
| 重负荷 | 6，7 | 重负荷 | 12 |
| 中负荷 | 1，7，10，14 | 可涂装性/可焊接性 | 3，5，6，7，8， |
| 轻负荷 | 1，7，8，10，14 | 闪点 | 均大于 150℃ |
| 低速 | 1，10，14 | 光耦合性 | 10 |
| 滑动面保护 | 3，8，13 | 脱模性 | 1，3 |
| 金属与橡胶润滑 | 3，6，8，10 | 电绝缘体 | 2，3 |
| 金属与塑料润滑 | 1，3，8，10 | 电子设备用 | 2，3，4，6，8，9 |
| 橡胶与塑料润滑 | 1，3，8 | 电气性能（静电） | 3，6 |
| 高温工作环境 | 2，3，4，6，10，13，14 | 继电器与开关 | 2，3，8 |
| 低温工作环境 | 1，2，3，5，7，8，9，13，14 | 密封 | 3 |
| 化学腐蚀环境 | 2，3，6 | 锭子 | 7 |

| 用途 | 使用的硅脂硅胶 | 用途 | 使用的硅脂硅胶 |
|------|------|------|------|
| 潮湿环境 | 1, 2, 3, 6, 7, 8, 13, 14 | 输送机 | 3, 6, 10, 13 |
| 真空环境 | 3 | 钻油井 | 3, 5, 6, 13 |
| 辐射环境 | 10 | | |

注：1—二甲基二酯硅油用皂类增稠的硅脂；2—二甲基二苯基硅油用白炭黑增稠的硅膏；3—二甲硅油用白炭黑增稠的硅膏；4—二甲基硅油用 ZnO 增稠的硅膏；5—长链烷基硅油用 ZnO 增稠的硅膏；6—长链烷基硅油用 MoS$_2$ 增稠的硅脂；7—长链烷基硅油用皂类增稠的硅脂；8—长链烷基硅油用白炭黑增稠的硅膏；9—长链烷基硅油用 ZnO 增稠的硅膏；10—甲基高苯基硅油用皂类增稠的硅脂；11—甲基氰基硅油用白炭黑增稠的硅膏；12—甲基苯基硅油用铝粉增稠的硅膏；13—甲基苯基硅油用石墨增稠的硅膏；14—甲基苯基硅油用皂类增稠的硅脂；15—甲基苯基硅油用白炭黑增稠的硅膏；16—甲基三氟丙基硅油用白炭黑增稠的硅膏。

### 3.3.2 硅油织物整理剂

将油、树脂、橡胶等各种有机硅通过处理附着于纤维上，以提高纤维制品的附加价值，这就是使用有机硅织物整理剂的目的。织物整理剂按其形态可分为两类：（1）溶解于有机溶剂的溶液型；（2）用乳化剂乳化分散于水中的乳液型。硅油织物整理剂按其用途可分为四类。

#### 3.3.2.1 防水剂

A 有机硅的防水机理

W. A. Zisman 是用聚甲基氢硅氧烷反应生成的甲基取向所形成的低临界表面张力（$\gamma c$，-CH$_3$ 基的单分子膜，22~24dyne/cm）来解释的，据称用有机硅防水剂处理过的布，其临界表面张力为 38~45dyne/cm。

有机硅防水剂的固化机理：

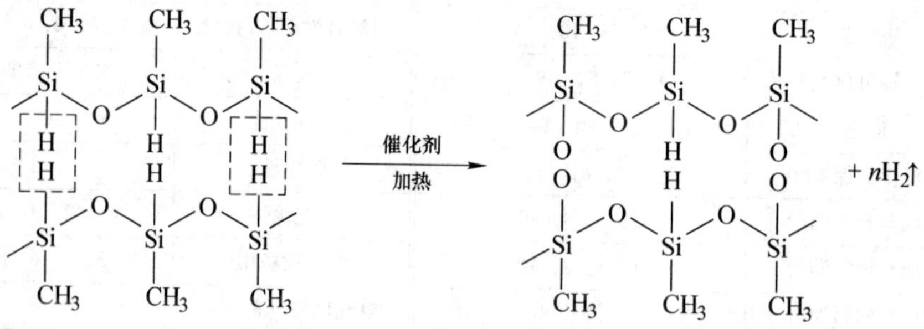

最一般的有机硅防水剂是聚甲基氢硅氧烷，但为了得到更柔软的手感，可以配合的硅氧烷及其他改性油使用。

可以使用 Zn、Pb、Ti、Al、Zr 等有机酸盐作固化催化剂，通常是在 100~

180℃下加热数分钟固化。实际使用时，可并用三聚氰胺、乙二醛等树脂加工助剂，添加少量即有效。

有机硅防水剂的竞争对象是氟系防水剂，但它比氟系手感柔软，有利用价值。

B 玻璃纤维用防水剂

（1）玻璃纤维制品。在加工作为隔热材料使用的玻璃纤维板的防水时，为了达到提高防水性的目的而在酚醛树脂中使用有机硅防水剂乳液，具有特殊的效能。

（2）润滑剂（袋式过滤器用）。为了使过滤高温气体中尘埃的袋式过滤器具有柔软性，可使用耐热性优良的有机硅处理。从而，无论在什么情况下，一般都不用催化剂，在200～300℃的高温下进行加热烘烤。

$$(CH_3)_3SiO\left[\begin{matrix}CH_3\\|\\SiO\\|\\CH_3\end{matrix}\right]_n \qquad (CH_3)_3SiO\left[\begin{matrix}CH_3\\|\\SiO\\|\\CH_3\end{matrix}\right]_n Si(CH_3)_3$$

$$\left[\begin{matrix}H\\|\\SiO\\|\\CH_3\end{matrix}\right]_n Si(CH_3)_3 \qquad HOSiO\left[\begin{matrix}CH_3\\|\\SiO\\|\\CH_3\end{matrix}\right]\begin{matrix}CH_3\\|\\SiOH\\|\\CH_3\end{matrix}$$

### 3.3.2.2 柔软剂

为了改善化纤织物的手感，必须对化纤织物进行柔软整理。织物柔软整理的基本原理是通过柔软药剂赋予织物以平滑的柔软性。当柔软剂附到织物上后，可避免纤维之间、纱线之间的摩擦阻力，相互间产生平滑作用，因而会使织物产生柔软手感。有机硅是一种最理想的织物柔软整理剂，它不仅使织物具有柔软滑爽的性能，还使织物具有表面光泽、弹性、丰满、防皱、耐磨、防污和毛料感强的特色，并能提高织物的缝纫性，增加人们所喜爱的滑、挺、爽的风格，这是其他类型柔软剂无法比拟的。若和其他树脂如2D树脂、G树脂等并用更具特色。

有机硅织物柔软剂的另外一个特点可应用于各种不同纤维成分的织物，这种多方面的适用性就决定了它具有广泛的用途。有机硅织物柔软整理剂可用于天然纤维（毛、棉）、人造纤维（包括粘胶、尼龙、聚酯、聚丙烯腈和烯烃类纤维）、天然纤维与人造纤维混纺以及玻璃棉等。

由于有机硅柔软剂具有这些性能和特点，因此在纺织工业中的应用飞速发展。据统计，国外有10%～20%的有机硅产品用在纺织和造纸工业上。作为聚酯被套棉的柔软剂或润滑剂，使用交联度较低的有机硅膜，氨基、环氧基改性的硅烷、硅氧烷,可以得到柔软而富有丰满感的羽绒被褥一样的手感。

此外,用水溶性的聚醚基改性的有机硅具有亲水性,可用作合成纤维的亲水化处理剂。

### 3.3.2.3　弹性整理剂

在注重编织服贴感的布的表面,固化以有机硅弹性膜,可以改善布的弹性和手感,这种处理方法正在受到重视。不论哪一种整理剂,基本上都以如下交联反应形成:

$$\underset{\underset{CH_3}{|}}{\overset{\overset{CH_3}{|}}{HO-SiO}}-\underset{\underset{CH_3}{|}}{\overset{\overset{CH_3}{|}}{SiO}}\Big]_n-\underset{\underset{CH_3}{|}}{\overset{\overset{CH_3}{|}}{Si}}-OH + \Big[\underset{\underset{CH_3}{|}}{\overset{\overset{H}{|}}{SiO}}\Big]_n \xrightarrow[\text{加热}]{\text{催化剂}} 橡胶膜 + H_2\uparrow$$

和前项相同,可以进行各种组合。其代表示例见表 3-11,表中的 Poloncoat 是溶液型涂料,用金属盐催化剂可形成良好的橡胶膜,用作外衣的防水和憎水涂层。

有机硅布面成膜整理剂具有优异的耐热性,可以防止由聚酯纤维制品的摩擦或热熔融而产生的"孔斑",即所谓的不熔整理剂。

表 3-11　弹性整理剂的应用效果

| 整理剂 | 聚酯纤维/棉 (65/35) 针织品 | | | 聚酯/棉平纹布感 /g |
|---|---|---|---|---|
| | 伸长率/% | 瞬时回弹率/% | 回弹力/% | |
| 未整理 | 62 | 74 | 78 | 14.5 |
| Polon coat 溶液型涂层剂 | 110 | 81 | 86 | 13.8 |
| Polon MF23 乳液型 | 116 | 80 | 84 | 12.4 |

注:定负荷方式。

### 3.3.2.4　油剂

合成纤维在纺丝或缝制时,为提高其润滑性或加工性而使用硅油作油剂。尤其是聚酯纤维纺线时粘连,对聚酯缝纫机线防止摩擦熔融效果最大。

## 3.3.3　有机硅消泡剂

### 3.3.3.1　起泡与消泡剂

工业上,很多运转或工艺过程,常因产生泡沫而产生严重问题。例如,润滑油工作中产生泡沫,势必降低或丧失润滑性,使元件磨损甚至发生故障;在传动系统中，泡沫能使油压降低，功率下降，导致供油中断，操纵失灵；在气体吸收过程中，泡沫的产生将降低吸收装置的处理能力，甚至发生液泛；在制取抗菌素、谷氨酸、味精等发酵过程中，常因起泡而严重降低发酵罐利用率，甚至影响供氧，使目的产物收率下降。由此可见，消除有害泡沫具有极大的技术与经济意义。

液体体系的起泡既与自身的化学组成及物理性质有关，也和工作条件及混入的杂质（包括气体、液体及固体）有关。一些表面活性物质，如洗涤剂、皂类、淀粉及蛋白质等很容易起泡；液体在强烈混合及泵送过程中容易混入空气或杂质而起泡；溶于液体中的气体，在加热及化学反应过程中被释放时，也容易导致起泡。

热力学理论认为，纯液体产生的泡沫只能短暂存在，而溶有杂质的液体，却能增强起泡倾向，并使泡沫变得持久而稳定。泡沫是气体作为非连续相（球形体）在液体中的分散体系，而且气体占据了大部分体积，气泡之间仅被很薄的液膜所隔离。当大小不同的两个气泡接触时，由于小泡内部压力高，经过一定时间，空气通过隔膜向大泡移动，最后合并成一个更大的气泡。而且泡沫一经形成，由于相对密度低等原因，逐渐上升至液面，并逸离液体。因而当泡沫产生速度大于破泡速度时，泡沫就会成为祸害。

消除泡沫，可以采取各种各样的方法。例如，精心设计装置、严格控制操作可以减少泡沫发生；采取 X 光或紫外线照射，急速减压，通入冷空气，热金属丝接触，器壁润湿及机械捞泡等方法作为应急措施，也能收到一定效果，但都不是满意的解决方法，特别对大量泡沫无能为力。人们将某种加入起泡体系中有起泡作用，而有良好的消泡效果的物质通称为消泡剂。严格讲，消泡剂还有破泡剂与抑泡剂之别，前者能够迅速破除已生成的泡沫，某些难溶于水的表面活性剂（如辛醇等）即属于这类物质；后者可以抑制泡沫的产生，某些不溶于水的有机化合物（如硅油等）即属于此类物质，而且许多消泡剂都兼有这两方面的功能。

适用作消泡剂的有机化合物较多，有硅油、聚醚、醇、脂肪酸、酰胺脂、磷酸盐及金属皂等。但以硅油及聚醚类消泡剂的性能最好、应用最广，品种牌号也最多。

消泡剂有较强的针对性及专用性，一种消泡剂可以在某一起泡体系中效果十分突出，但在另一起泡体系中却成为助发泡剂。因此为了满足不同用户的需求，生产厂家需要提供多种消泡剂。

关于消泡剂的作用机理，普遍认为是低表面张力的消泡剂进入了双分子定向气泡膜的局部，破坏了定向气泡膜的力学平衡，而导致破泡（或抑制发泡），但是对具体防泡过程却有不同的解释。一种看法认为，由于低表面张力的消泡剂粒子附着在气泡膜表面，降低了接触点上液膜的表面张力，形成了薄弱点，泡沫面上在较强张力的拉引下，由此导致泡沫破裂，消泡过程如图 3-1 所示。

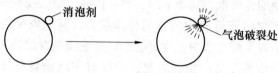

图 3-1　消泡作用过程

　　另一观点认为，消泡过程分为三步，首先是低表面张力的消泡剂粒子渗入气泡液膜内；其次是消泡剂膜进一步向气泡液膜扩展，并变薄；最后消泡剂膜被拉破，导致整个气泡破裂，过程如图 3-2 所示。

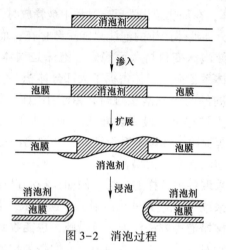

图 3-2　消泡过程

　　对于含憎水性白炭黑硅膏的消泡过程，有人认为消泡是憎水性白炭黑微粒吸附并冲击泡薄膜的结果，即硅膏消泡剂在起泡液中，经过扩散、破泡作用转变硅油及亲水性白炭黑，具体过程如图 3-3 所示。

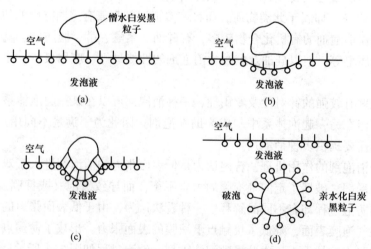

图 3-3　白炭黑消泡过程

据此，适用作消泡剂的化合物最好兼具三个条件：（1）基本上不溶于起泡液（溶解的多半有助泡作用）；（2）表面张力低于起泡液；（3）能迅速分散在起泡液内。在三个基本条件中，如果按消泡剂对水的分散能力及溶解性大小来划分，则可得出如表3-12所示的结果。

表3-12 消泡剂的分类

| 溶解性 | 分散性大 | 分散性小 |
|---|---|---|
| 大 | 破泡强，抑泡弱 | 破泡弱，抑泡弱 |
| 小 | 破泡强，抑泡强 | 破泡弱，抑泡强 |

亦即使用溶解性大及分散性大的消泡剂（如丙酮、乙醇等），效果是破泡强，而抑泡弱；使用溶解性大而分散性小的消泡剂（如苯酚），效果是破泡及抑泡均弱；使用溶解性小及分散性也小的消泡剂（如硅油、聚醚乙二醇等），效果是抑泡强而破泡弱。据此，只有使用溶解性小而分散性大的物质，才能成为破泡及抑泡均强的消泡剂。这是制取高效消泡剂的努力方向；这也是硅油很少直接用作消泡剂，而需将其加工成乳液、硅膏、溶液、粉末等形态，以最大限度地提高其分散性，借以达到抑泡、破泡双强的目的。

### 3.3.3.2 硅油消泡剂的特性与种类

#### A 硅油消泡剂的基本特性

从结构上看，非硅系消泡剂包括脂肪酸、脂肪酸脂、酰胺、酯、磷酸酯及金属皂类等，他们都是分子一端或两端带有极性基团的有机化合物。它们与起泡剂相似，因而使用不当便会有起泡剂的作用。此外，它们的使用量比较大，不宜用作食品添加剂。

但是，使用硅油或其二次加工品作为消泡剂的有效成分，则具有一系列不同于非硅系消泡剂的特点。

（1）难溶性。硅油具有特殊的化学结构，它属于非极性化合物，而其溶解度参数又与有机化合物相差很大，因此它既不溶于水或含有极性基团的化合物，也不溶于非极性化合物（如烃）。由硅油配制的消泡剂，同样不溶于水、动植物油及高沸点矿油等中，这就决定其既可用于水体系，又可用于油体系，不仅用途广，抑泡能力强，而且其破泡效果也大为增强。

（2）表面张力低。中等黏度的二甲基硅油，其表面张力为 $20 \sim 21 mN/m$，比水（$76mN/m$）及一般起泡液的表面张力都低得多，这是硅油消泡剂应用面广和消泡能力强的主要原因之一。

（3）热稳定性好。以甲基硅油为例，它长时间可耐150℃，短时间耐300℃以上，其 Si—O—Si 主链不会分解，因而保证了硅油消泡剂可在广阔的温度范围内使用。在中性系统条件下，高达 150℃也是稳定的。

（4）化学稳定性高。由于 Si—O 键及 Si—C 键比较稳定，所以硅油的化学稳定性很高，很难与其他物质发生化学反应。因此只要配制合理，硅油消泡剂允许在含有少量酸、碱、盐的体系中使用。

（5）生理惰性。硅油是生理惰性物质，已被证明对人体是安全的物质，其半致死量（$LD_{50}$）为 50g/kg 鼠。中国药典及国外食品卫生法等都已明确规定，硅油消泡剂允许用于药物、食物及个人保护用品中。

（6）消泡力强。硅油消泡剂不仅能有效破除已经生成的泡沫，而且可以显著地抑制泡沫的生成。它的使用量少（按起泡液计为 1~100μL/L），不仅成本增加不多，且不污染体系及影响产品的加工性能。

B　硅油消泡剂的种类

硅油消泡剂按其产品形态可分为硅油型、硅膏型、溶液型、乳液型、改性硅油型及固态型六类。其中，用量最大的是乳液型消泡剂。但是近 10 年来，改性硅油（特别是自乳化型的聚醚硅油）及固态（粉末型）消泡剂发展迅速。上述六类消泡剂各具特点及适用范围。

（1）硅油型。即直接使用硅油作消泡剂，它主要用在那些不允许有分散剂（$SO_2$ 等）及乳化剂等存在的油相起泡体系中。主要使用表面张力小的中、低黏度二甲基硅油。此外，含羟基或烷氧基的二甲基硅油、二乙基硅油、长链烷基硅油及甲基三氟丙基硅油也可应用。硅油的黏度对消泡效果的影响很大。一般认为，低黏度硅油消泡效果快，但持久性差；高黏度硅油（大于 1000mm²/s）的消泡速度慢，但持久性好，这与硅油在起泡体系中的分散快慢及溶解度大小有关。

使用硅油型消泡剂，可将硅油直接涂布在系统加料口（喷嘴）或器壁上，也可涂在装入或挂在系统内的丝绒或丝网上，以扩大接触面。使用末端带羟基的线型或支链型二甲基硅油，可有效提高在水体系中的分散性。为了提高分散性，还可将二甲基硅油先吸附在白炭黑表面上，而后分散在矿油中，可有效提高在纸浆黑液中的消泡效果。

对于能溶解二甲基硅油的起泡体系，二甲基硅油不仅丧失消泡能力，还可能助长起泡。此时可改用表面张力更低及溶解性更低的氟烃基硅油。

（2）硅膏型。硅膏型消泡剂是将硅油与一定比例的 $SiO_2$、$Al_2O_3$、$MgO$ 或 $TiO_2$ 等微粉（比表面积大于 100m²/g）在捏合机或混炼机中捏炼而得的膏状产品。由于微粒的存在，提高了硅油的分散效率，从而提高了其消泡效率。硅膏主要用于非水体系，主要用法是经适当溶剂稀释后加入起泡体系中，由于硅油对水体系的消泡效率极差，配制成硅膏后可改善在水体系中的分散性，特别是使用含 SiOH 较多的白炭黑作增稠剂时，效果更为明显。但与在油体系中的应用效果不完全一样，即使用高黏度二甲基硅油的消泡性往往不如低黏度的硅油，这与其难于乳化有关。对 $SiO_2$ 等表面进行处理，可提高硅膏型消泡剂的耐酸、碱性。

（3）溶液型。溶液型消泡剂是由硅油或硅膏与各种有机溶剂配制得到的产品，所用溶剂可以是汽油、煤油等烷烃类溶剂；也可以是二甲苯、甲苯及苯等芳烃溶剂；还可以是氯化烃（氯代甲烷、三氯乙烯等）等溶剂。配成溶液后，可大大提高硅油在非水体系起泡液中的分散性，从而改善其消泡效果。其用法与油型及硅脂型相同，但局限用在油相起泡体系。

（4）乳液型。上述三类硅油消泡剂，共同特点是很难分散在水相中，故不宜用作水体系消泡剂（硅膏型消泡剂虽可用于水相消泡，但效果不佳）。如果将硅油或硅膏在强烈搅拌或乳化剂作用下，制成水包油型（O/W）的乳液，则可有效提高硅油在水相中的分散性，从而广泛用作水体系起泡液的消泡剂，它也是硅油消泡剂使用最广和应用量最大的一种消泡剂产品。

配制乳液型消泡剂使用的硅油，主要是黏度（25℃）$100\sim1000mm^2/s$ 的二甲基硅油。特殊用途的消泡剂还可使用高黏度（$>1000mm^2/s$）的二甲基硅油、二乙基硅油、甲基苯基硅油、改性硅油以及支链型硅油等配制。由于硅油是一类不易被乳化的物质，而且随着黏度变大而愈难乳化。使用的乳化剂主要是低起泡性的非离子型乳化剂，如失水山梨糖醇酐脂肪酸酯（司盘类）、聚氧乙烯山梨糖醇酐脂肪酸酯（吐温类）及聚乙二醇等。使用量一般为硅油量的5%（质量分数）左右，在满足乳液稳定性的基础上以少为好。乳化剂亲水亲油平衡值（HLB值），一般在 $8\sim12$ 之间较好，而使用混合型乳化剂的效果又优于单一乳化剂，通常是选一个低 HLB 值的作主乳化剂，选 $1\sim2$ 个高 HLB 值的作为分散促进剂。硅油乳液粒径是乳液型消泡剂最重要的控制指标，如能获得消泡效率高及储存稳定性好的硅油乳液，通常要求粒径小于 $10\mu m$。为此，除选用适宜的乳化剂及混合研磨工艺条件外，还可加入增稠剂，如聚乙烯醇及甲基纤维素等，以提高连续相的黏度。

使用乳液型消泡剂时，一般选用凉水或起泡液将浓乳液稀释至10%（质量分数）以下，稀释后的乳液稳定性变差，应尽快用完。了解起泡液体系的温度，酸、碱性等对使用乳液型消泡剂十分重要，因为它们将影响乳液的稳定性，甚至导致破乳。硅油乳液的适宜用量一般为起泡液质量的 $10\sim100\mu L/L$，其最宜用量应通过试验确定。

（5）改性硅油。前四类硅油消泡剂在使用中存在一个共同的问题，即分散了的硅油微粒，在起泡体系中将慢慢凝集变大，最终析出硅油，失去其消泡能力，于是泡沫再度发生。如何长时间地保持硅油在起泡体系中的分散状态，显然是延长使用寿命的关键。据此，改性硅油特别是引入了部分亲水聚醚链段的甲基硅油，即可变成自乳化消泡剂，而且在起泡体系中长久地保持分散性。当前已用作消泡剂的改性硅油有聚醚硅油、氟烃基硅油及长链烷基硅油等，它们的应用及效果均极引人注目。

1）聚醚硅油。端基型、侧基型及支链型聚醚硅油均可用作消泡剂。它们均有一个明确的浊点，而且只有在其浊点（随温度上升，改性硅油的水溶性降低，亲油性提高，开始出现混浊态的温度）以上，它们才具有很强的消泡性；而在浊点以下，则有助长起泡作用。因而了解聚醚硅油的浊点温度，并在浊点温度以上使用它，这是成功应用聚醚硅油消泡剂的关键。此外，利用聚醚硅油的强乳化能力，由它和二甲基硅油硅膏复配成的消泡剂，在水体系中即可自乳化成稳定、高效消泡剂，并已被广泛用作聚酯纤维高温（130℃以上）染色消泡剂，各种润滑油、切削油、防冻液等的内用消泡剂及强酸体系用消泡剂。聚醚硅油与其他硅油消泡剂共用，可以收到更满意的消泡效果。

2）长链烷基硅油。在油基型及胶乳型涂料或油墨的生产应用中，经常发生泡沫，影响工作效率及产品质量。如果使用二甲基硅油配制的消泡剂，则将影响产品的后加工性能，包括黏接性变差及可涂性或印刷性变坏。由于长链烷基硅油对有机材料具有良好的相容性，因而由其配制的消泡剂可以避免上述弊病。但是长链烷基（$C_nH_{2n+1}$）硅油的表面张力随 $n$ 的增加而提高，亦即消泡效率将随 $n$ 的增大而降低，而可印涂性则随 $n$ 的增大而提高。因此，为了兼顾上述两方面的功能，$n$ 的选择很重要。若使用含聚醚及长链烷基硅油制得的消泡剂，则可适应高温及高剪切条件下的应用。

3）氟烃基硅油。由于氟烃基硅油，特别是长链全氟烷基硅油的表面张力比其他硅油更低，因而由其配成的消泡剂对降低各种起泡体系的表面张力更有效，效果优于其他硅油消泡剂。均聚型及共聚型氟烃基硅油均可用作消泡剂。

（6）固态型消泡剂。固态型消泡剂是新近开发的一个品种，依其形状又可分为粉末型消泡剂及非粉末型消泡剂两种。前者系将硅油吸附在具有较强吸油能力的固体粉末上，如多孔性硅胶、白炭黑、碳酸钠、α-纤维素、聚乙烯醇等。倘若使用蔗糖、糊精等作吸附剂，则制得的消泡剂可用于食品加工。粉末型消泡剂具有储存稳定及使用方便等优点，各主要生产公司都在进行研制或大量投产。后者是以聚醚硅油作乳化剂与高级脂肪酸及硅油等配制成混合物，加热融化，而后冷却得到外观类似肥皂的固体型消泡剂。

### 3.3.3.3　硅油消泡剂的制法

在上述六类硅油消泡剂中，硅油型和改性硅油型的制法可参见前面有关章节，这里不再赘述。溶液型消泡剂是由硅油或改性硅油加入溶剂配成的产物，工艺过程较简单，这里也不需更多说明。为此本节侧重介绍硅膏型、硅油乳液型及固体型消泡剂的制法。

#### A　硅膏型

硅油中混入一定比例粒径小于 50μm 或比表面积大于 100mm²/g 的气相法白

炭黑、沉淀法白炭黑、$Al_2O_3$、$MgO$、$TiO_2$ 等微粉作增稠剂。特别是表面上带有一定数量羟基的微粉，不仅自身具有消泡能力，而且还能提高硅油乳液的稳定性，并有效增强硅油在起泡体系中的分散能力。为了改善白炭黑与硅油的亲和性，提高两者混合效果，对白炭黑表面进行疏水处理，如使用甲基氯硅烷、六甲基二硅氮烷、环二甲基硅氧烷及含活性端基的低聚硅氧烷等处理或者加入脂肪酸等一起处理，均可达此目的。混合方法对所得硅膏的稳定性及消泡性能有影响。当使用未经疏水处理的白炭黑，为达到混匀的目的，可将硅油及白炭黑置入捏合机或行星式混合器中混合，最好再经胶体磨或均化器研磨，而后在 150~250℃ 通氮及搅拌下处理 2~16h，以进一步提高白炭黑与硅油的浸润性。若使用经过 $(Me_3Si)_2NH$ 处理的白炭黑，则不需研磨或匀化，可在 150℃ 下维持 2~7h，即可达到相同目的。此外，硅油中混入一定比例的 MQ 硅树脂（即由 $Me_3SiO_{0.5}$ 与 $SiO_2$ 链节组成的硅树脂），支链型硅油或由含 Si—H 键与 Si—Vi 键的硅氧烷加成反应得到部分交联的硅氧烷，还可进一步提高硅膏消泡效果。

B 硅油乳液

（1）一般方法原理。乳液是两种不相溶的液体的其中一相以微粒状态分散在另一相中形成的乳状物。由硅油与水组成的乳状物，称为硅油乳液。已知当一液相分散在不相溶的另一液相中，必将引起两液相界面面积的增大，并使体系热力学变得不稳定化。为使分散态相对稳定，则需加入一种能提高稳定性的物质，即乳化剂。乳化剂是一类分子内同时存在亲水及亲油基团的表面活性剂，它容易吸附富集在油水界面，降低界面能，防止或减缓油、水恢复原状；同时，由其形成的表面双电层也将产生排斥力，防止油粒聚集变粗或破乳。乳液中，以水为连续相的称为水包油型（O/W）乳液，以油为连续相的则称为油包水型（W/O）乳液。乳化时形成 O/W 或 W/O 型乳液，主要取决于乳化剂的性质（亲水性大的易形成 O/W 型，亲油性大的易成 W/O 型）。同时也与水油容积比、温度、研磨条件及乳化容器亲水或亲油的程度等有关。

配制乳液主要有 4 种方法：一是将乳化剂加入水相，即选用亲水性高的乳化剂，直接加入水相，而后与油混合并研磨成 O/W 型乳液；二是将乳化剂先加入油相，而后加水先制成 W/O 型乳液，进而再转相成 O/W 型，后法比前法效果更好；三是交替添加法，即将油和水少量交替加入乳化剂制取乳液；四是转相温度乳化法，使用非离子型乳化剂时，在转相温度下乳化可提高乳化效果。但在生产中主要使用第二种方法。不管使用何法，最终均需借助强力把油相打碎成小于 $10\mu m$ 的微粒。例如，使用高能混合器、胶体磨及均化器等。

乳液的稳定性及粒径大小，主要取决于乳化剂的种类及性质，同时也与乳化方法、相容性及温度等有关。因而，选择乳化剂特别重要。首先，应根据起泡体系的离子状态，确定与其相适应的乳化剂类型；接着就是选用乳化剂的 HLB 值。

乳化剂的亲水亲油平衡值（HLB 值），是制取稳定乳液及选用乳化剂的主要参数。对于非离子型表面活性剂，HLB 值范围确定为 0～20。数值愈大，表示亲水性愈强；反之则亲油性愈好。选定乳化剂的值主要应与油相所需的 HLB 值适应。在 HLB 值相同的条件下，则应选用最佳的化学结构。此外，使用多组分乳化剂的效果优于单一乳化剂。

乳液破乳是通过聚结、乳析及聚集三种方式进行的。因而，为了提高乳液的稳定性可采取下列方法：缩小液相间的相对密度差，以防止乳析；加入增黏剂提高连续相黏度，以防止乳析；改进乳化方法及设备，提高乳液粒子细度，以防止乳析；选好乳化剂及调节离子强度，使乳液粒子表面形成扩展的双电层，以防止油粒的聚结及提高吸附相的强度。

（2）具体配制方法。制备硅油乳液大多采用间歇法工艺，一般过程是先将硅油（或硅膏）、乳化剂（1 种或 2～3 种）及增稠剂等置入混合釜中，搅拌预混合，而后逐步加入水搅匀，得到粗乳液，最后再经胶体磨（或匀化器）反复研磨至乳液粒径合乎要求为止。如果采用连续法，则需首先配制混合料，例如由 100（质量）份硅油料（由硅油 100 份与白炭黑 40 份混得），乳化剂 10～300 份，水 10～500 份，及增稠剂 0～20 份混合而得。而后将混合料连续泵入带有剪切作用的高效搅拌的立式容器中进行乳化，并连续从容器中排出乳液产品。一种适用的连续乳化装置是由带搅拌的容器与均化器组成环路体系，并使容器中的粗乳液通过下部出料口，连续进入均化器进行研磨，而后再回到容器中，直至乳液粒径符合要求为止。制取硅油乳液使用的乳化剂多为非离子型产品，用量一般不超过硅油量的 5%，其 HLB 值以 8～12 的效果较好，而且使用混合乳化剂的效果比单一的好，搭配的原则是，选一个 HLB 值较低的作主乳化剂，再选一个高 HLB 值的作为分散促进剂。

C　固体型消泡剂

（1）使用羧甲基纤维素钠盐作赋形剂。例如，由 400（质量）份硅膏（由 90∶10 的硅油与白炭黑配得）出发，在 70℃ 下先混入 50 份聚氧乙烯脂肪醇（HLB 值为 10.6）及 50 份聚氧乙烯三甘油酯（HLB 值为 18），再加入 500 份水并均化成乳液，取出 400 份乳液，加入 2000 份羧甲基纤维素钠盐溶液，得到含有 100∶72.2（质量比）的硅油及羧甲基纤维素钠盐的混合物。后者再与 1000 份 10%（质量分数）的硫酸铝水溶液作用，得到内含 160 份硅油、55 份羧甲基纤维素铝盐及 647 份水的沉淀物，分离出沉淀，干燥后得到含硅油量 74.4% 的粉末消泡剂。

（2）使用环糊精作赋形剂。例如，40（质量）份硅膏［由 95∶5 的二用基硅油（黏度为 500$mm^2$/s）及白炭黑配成］、60 份环糊精及 70 份乙醇混匀后，减压下加热，蒸出乙醇得到流动性物粉末；取出 0.3g 加入 100g0.2%（质量分数）

的油酸钠起泡液中，通气鼓泡，具有良好的消泡性。

（3）使用复合型赋形剂。将 210（质量）份硅油（黏度 60mPa·s，折射率 1.4041，相对密度 1.039）、5 份白炭黑、20 份三聚磷酸钠、10 份葡萄糖、5 份甘露糖醇、20 份白糖及 50 份食盐直接混成消泡剂。将 100mL 聚乙烯醇水溶液在鼓泡至泡高 500mL 时加入此消泡剂，11s 后泡沫体积即降为 110mL。

（4）加入甘油改善载体对硅油的吸附。先将 12（质量）份甘油与 12 份硅膏混匀，并将其混入 58 份淀粉中，再加入 18 份十八烷醇，混匀得到储放稳定可自由流动的粒料。

（5）喷雾干燥法制粉末消泡剂。适合作为低泡或无泡洗衣粉用的粉末消泡剂。可由 7.5%~18%（质量分数）的二甲基硅油、0.2%~3%（质量分数）的由羧甲基纤维素碱金属盐及非离子型纤维素醚配成的混合物，及 70%~90%（质量分数）的由 95%~100%（质量分数）的 $Na_2SO_4$ 与 0%~5%（质量分数）的硅酸钠配成的载体，加入水搅匀，通过喷雾干燥，得到流动性好的粉末消泡剂。

（6）可在苛刻条件下使用的固态消泡剂。在碱性条件下显示良好消泡性的固态消泡剂，可由 $Me_3SiO(Me_2SiO)_nSiMe_3$、$Vi(Me_2SiO)_mSiMe_2Vi$ 及 $Me_3SiO(Me_2SiO)_n-(MeHSiO)_nSiMe_3$（Si—H 大于 3 个）、MQ 树脂 $[m(Me_3SiO_{0.5}):m(SiO_2)=(1~3):(0.5~8)$（摩尔比）]、白炭黑及铂催化剂，在 50~200℃ 下使 Si—H 与 Vi—Si 进行加成反应，得到固体型消泡剂，内含未交联的硅油及 $SiO_2$，在使用过程中可慢慢析出，而达到消泡的目的。

D　其他类型消泡剂

（1）适用于含酸水体系及含碱水体系的消泡剂。例如，先将 60 份 $Me_3SiO(Me_2SiO)_nSiMe_3$（黏度为 $1000mm^2/s$）、29 份 $HO(Me_2SiO)_nH$ [黏度（25℃）为 $12500mm^2/s$]、4.8 份 $HO(Me_2SiO)_nH$ [黏度（25℃）为 $43mm^2/s$]、2.9 份聚硅酸乙酯-45，4.8 份硅醇钾及 2.9 份气相法白炭黑，在加热下反应制成部分交联的产物，再混入聚醚硅油，可作为酸、碱水体系消泡剂，目前已用在纸浆黑液及胶版印刷中。

（2）含长链烷基链节的高效消泡剂。由 100（质量）份 $Me_3SiO(Me_2SiO)_{80}\{Me[C_3H_6O(C_2H_4O)_{20}(C_3H_6O)_{10}Bu]SiO\}_5(MeC_8H_{17}SiO)_5SiMe_3$，45 份 $Me_3SiO(MeHSiO)_nSiMe_3$ [黏度（25℃）为 $5000mm^2/s$]、5 份白炭黑（Nipsil），再加入吐温-80 及斯盘-60 混匀得到消泡剂，在盛有 100g 50% 丁苯胶乳中加入 $3\mu L/L$ 上述消泡剂，而后鼓入空气，5min 后泡沫体积为 200mL，10min 后为 220mL，15min 后为 240mL。若使用不含 $MeC_8H_{17}SiO$ 链节的硅油制成的消泡剂，则泡沫高度相应为 240mL，260mL 及 290mL。

（3）稀释稳定的染色用消泡剂。可由 650g[黏度（25℃）为 $950mm^2/s$] $Me_3SiO(Me_2SiO)_{37}(MePrSiO)_3\{Me[C_3H_6O(C_2H_4O)_5(C_3H_6O)_{24}H]SiO\}_{7.1}$

$\{Me[C_3H_6O(C_2H_4O)_{27}(C_3H_6O)_5Bu]SiO\}_{2.9}SiMe_3$、67.5g［黏度（25℃）为 1150mm²/s］$Me_3SiO(Me_2SiO)_nSiMe_3$、67.5g［黏度（25℃）为 100mm²/s］$Me_3SiO$（$Me_2SiO$）$_nSiMe_3$、15g 湿法白炭黑（Nipsil 9OH）、150g［黏度（25℃）为 250mm²/s］$CH_2=CHCH_2O(C_2H_4O)_{20}(C_3H_6O)_{20}Ac$ 及 60g［黏度（25℃）为 50mm²/s］$HO(Me_2SiO)_nH$ 配制而得。

### 3.3.3.4　消泡剂的用途

硅油消泡剂具有一系列特性与优点，它们已广泛用于各工业部门，而且应用面及使用量正在迅速扩大，硅油消泡剂的主要用途有以下几个方面：

（1）石油工业。硅油消泡剂在石油行业用得十分广泛，已成为生产过程中不可缺少的一个重要助剂。由于钻井液中大量使用强起泡性表面活性剂，不仅抽提原油离不开消泡剂，在原油精炼的后工序中，同样也须使用消泡剂。首先，在原油蒸馏过程中需要使用硅油消泡剂；其次，由塔顶脱出的气体或从气井出来的天然气中均含有 $H_2S$、$CO_2$ 等杂质，当使用乙醇胺或（$HOCHMeCH_2$）$_2NH$ 作 $H_2S$ 吸收液循环运转时会产生大量泡沫，影响生产正常进行。若在胺液中加入硅油消泡剂，即可实现高效率的连续运转。

在原油馏分分离芳烃（苯、甲苯、二甲苯等）的过程中，在裂解及加氢重整反应中，或多或少都有泡沫产生。在氢化裂解过程中，由于使用水-二甘醇作溶剂，后者有强烈起泡倾向，这些工艺过程均需使用消泡剂。此外，在生产各类润滑油时，由于添加了诸如浮游剂、抗氧剂、防锈剂、固体润滑剂及极压抗磨剂等，它们均为表面活性物质，都有不同程度的起泡作用，因而需加入硅油消泡剂。

（2）纺织工业。纺织行业是使用硅油消泡剂量最多的部门之一，在织物加工的 8 个主要工序（即纺纱、上浆、织布、去浆、洗毛、漂白、染色（扎染）及后整理）中，有 4 个工序（上浆、洗毛、染色及后整理）需要使用表面活性剂及其他助剂，因而存在不同程度的泡沫困扰。例如，在织物印染、匀染及漂染过程中，对于厚密织物的染色常需加入渗透剂，以提高染色均匀性，而渗透剂极易起泡而引起色渍，甚至造成废品；再如，尼龙绸印花时，也容易产生"泡边"而影响产品质量。如果分别加入硅油乳液消泡剂或与辛醇等共用作消泡剂，则可解决泡沫的困扰，提高匀染效果及色浆的稳定性。需要指出，在纤维织物染色及整理过程中，对所用消泡剂的质量有严格要求。如果消泡剂的稳定性不佳，就可能在织物上出现油迹或油斑，使产品降档或成为废品。为此对消泡剂的性能，浴液配方及酸、碱性，整理温度及搅拌状况等均要认真加以选定。对于一般织物多选用硅油乳液消泡剂；对于聚酯纤维织物的高温（130℃以上）染色，则多使用自乳化型改性硅油消泡剂。

（3）合成橡胶及树脂工业。使用乳液聚合法制取橡胶胶乳时，多以脂肪酸皂作乳化剂，起泡问题比较严重。特别是在反应结束后，汽提回收未反应的单体时，起泡尤为严重。例如，在合成丁苯胶乳、丙烯腈—丁二烯—苯乙烯（ABS）共聚物、氯丁共聚物及酚醛树脂等过程中，均有不同程度的起泡问题，使用聚醚硅油消泡剂或硅油乳液消泡剂，可以较满意地解决上述问题。再如，在聚氯乙烯（PVC）地板等生产过程中，需涂布一层 PVC 溶胶膜，以提高表面耐磨性，而PVC 溶胶中存在密集的气泡，不予消除则将影响涂层的透明性及美观。当加入0.2%（按 PVC 质量计）的改性硅油消泡剂后，可加快溶胶真空脱泡的速度；还能降低溶胶液黏度，改善施工性，固化后的溶胶膜，使表面光滑无气泡。

（4）涂料及油墨工业。在制备、使用水基涂料及油基涂料时，泡沫的形成会带来众多麻烦。首先，气泡在上升过程中，将由小变大，导致涂膜干燥后形成陷穴或针孔，因而必须事先加入消泡剂以抑制涂料泡沫的形成或破坏已形成的泡沫，为此硅油消泡剂已相当广泛地用于高档的水基涂料中。其中，二甲基硅油型消泡剂，仅对少数场合有效，而且得到的产品不能涂印。聚醚硅油适用于大多数涂料中，是当前用得最多的一种消泡剂。若使用长链烷基硅油作消泡剂，则可获得能印涂的产品。由氟烃基硅油、含羟基的硅油或混合硅油配制的消泡剂，也已在涂料及油墨中获得应用。

（5）食品加工业。二甲基硅油及由其制得的硅膏及乳液（使用食品级乳化剂），均为生理惰性物质，其半致死量（$LD_{50}$，鼠经口）大于 $50g/kg$，故用作食品消泡剂十分安全。每千克食品中加入 $0.05g(5\mu L/L)$ 以下的硅油消泡剂，无任何不良影响。当前由二甲基硅油配制的硅膏及乳液，已广泛用于豆腐（在黄豆磨碎成豆浆，煮开、过滤、装入模型前加入消泡剂）、大豆蛋白（煮开及过滤）、土豆片（洗涤）、奶制品及冰激凌加工、饮料加工、速食品加工、制糖、果酱、果冻加工、食用油加工、淀粉、肉类加工、海产品加工及蔬菜加工等过程。

（6）发酵工业。利用微生物发酵法生产抗菌素、谷氨酸钠、酵母以及泡菜等过程中，由于发酵罐营养液容易起泡，不得不降低装罐系数，降低或中停通气搅拌，影响生产能力及发酵系统效率的提高，还可能导致液泛跑料。加入聚醚硅油消泡剂，可顶替大量食用油，同时提高产能及发酵单位。

（7）医疗应用。硅油消泡剂已在血液消泡剂、肺水肿气雾剂、人及反刍动物胃肠鼓胀药及胃镜检查用胃液消泡剂等中获得成功应用。例如，体外血液循环用鼓泡式氧合器中使用血液消泡剂后，使氧合器与变温储血器连通，在血液流量为 $3500L/min$，氧气流量为 $15L/min$ 的条件下循环 $1.5h$ 后，确保血液平面 $5cm$ 以上无直径大于 $4mm$ 的气泡连续冒出，氧分压大于 $13.33kPa$，溶氧饱和率达98% 以上，已在医院获得使用。

（8）提高混凝土抗压强度。加入外加剂（如减水剂等），可有效改善混凝土的混合性、输送性，加快熟化速度，并提高其抗压强度。但由于它们多为表面活性剂，故在混合过程中有大量泡沫产生，从而降低了减水剂等的使用效果。加入少量由 $HO(Me_2SiO)_2H$ 配制的消泡剂，可满意地解决这个矛盾。

### 3.3.4  硅油脱模剂

脱模剂的主要功能是防止或减少成型制品出模时的机械损伤。理想的脱模剂应具有：(1) 脱模效果好；(2) 对模具不腐蚀，无沉积；(3) 易流展，不留空白；(4) 制品表面光洁；(5) 不影响制品后加工（如黏接、印刷、涂饰、压纹等）；(6) 稀释稳定；(7) 稀释剂生理惰性，不易燃，易挥发；(8) 成本低廉；(9) 用量少；(10) 一次涂布可多次使用等特性。

硅油具有表面张力小、耐热性好、溶解度参数低等特点，是一种十分理想的脱模剂材料，并早已用作脱模剂。与常用的有机脱模剂（如蜡及硬脂酸等）相比，它具有许多优点，如容易流展到细微结构的模具表面形成薄膜；用量少，一次涂刷可多次使用，对多种材料均易脱模，不沾污模制品及模具，表面精度高；不需经常清理模具，减少操作手续及时间；对绝大多数高分子材料具有良好抗黏性及润滑性；不腐蚀模具及制品；闪点高，无毒无味，使用安全；具有生理惰性，有的产品可用作食品包装材料及食品烘烤的脱模剂等。硅油脱模剂可在模塑、浇注、封装及涂布等工艺中应用。当前在塑料（包括热塑性及热固性塑料）成型、橡胶（包括合成及天然橡胶）加工、精密铸造、浇注玻璃制品、印刷及包装等行业中用得比较广泛，其中尤以轮胎成型及聚氨酯塑料生产中用得最多。尽管硅油脱模剂的生产成本高于通用脱模剂，但因其用量少故而可以补偿。加之使用时不产生烟雾及异味，更为用者欢迎。

以硅树脂为基础的半永久性脱模剂，可以减少涂布频率及表面处理时间，从而减少清理模具或注模的时间。高黏度硅油作为内加工助剂和脱模剂加入热塑性树脂中，有助于缩短生产周期和降低废品率、工具及设备的磨损，且利于脱模。但这一用途现已越来越多地被交联型硅氧烷取代。由于以二甲基硅油作基础油的脱模剂常因硅油迁移制品表面，而使后者难于印刷、涂装及黏接，因此，开发出了以甲基苯基硅油及长链烷基硅油作基础油的可涂印型脱模剂；同时，还开发出氟烃基硅油脱模剂。

#### 3.3.4.1  硅氧烷脱模剂的类型

适用作硅氧烷脱模剂的基础聚合物，主要有非交联型硅油及可交联型硅橡胶或硅树脂两类，它们可以直接用作脱模剂，也可经配入有机溶剂、白炭黑稠化剂或乳化剂及水等，相应制成溶液型、气雾型、硅膏型或乳液型脱模剂产品。据此，硅氧烷脱模剂按其产品形态，可分为纯硅油型、溶液型、硅膏型、乳液型、喷雾型及可固化型6种。上述6种产品可以单独使用，也可混合使用或与有机类脱模剂共用。

（1）纯硅油型脱模剂。当脱模体系不能接触水有机溶剂、白炭黑及乳化剂时，可直接使用硅油作脱模剂，用软皮或布将其涂抹在模具表面上。适用作脱模剂的硅油主要有二甲基硅油、甲基苯基硅油、羟基硅油、烷氧基硅油、长链烷基硅油、聚醚硅油、巯基硅油、氨烷基硅油、酚烃基硅油等。

（2）溶液型脱模剂。通常是将硅油及添加剂溶解在有机溶剂中，得到5%~30%（硅油容积分数）产品。选用何种溶剂，取决于脱模剂应用的场合，低温（<100℃）模具用脱模剂可选用石油醚及三氯乙烯等低沸点溶剂；高温模具用脱模剂宜选用石油溶剂等高沸点溶剂。溶液型脱模剂主要用于不宜用水和模具不要冷却的场合，模铸加工时，可简便地采用喷涂或刷涂等施工方法将其涂布在模具表面，待溶剂挥发后留下的硅油膜即有脱模作用。适合用作橡胶、塑料及树脂的成型加工，以及铸造壳型等。溶剂型脱模剂具有溶剂挥发快、不须使模具冷却，且有除尘去污作用等优点；其最大的缺点是容易着火，因而需加强使用现场的通风及防火措施。根据应用需要还可由高黏度硅油出发配制，或者在溶液中配入各种改进脱模性的固体状微粉，如MQ硅树脂、聚甲基硅倍半氧烷、云母粉、滑石粉、陶土以及硅石等。

（3）乳液型脱模剂。纯硅油脱模剂使用不够方便，脱模效果也不尽满意。使用溶液型脱模剂，又存在着火与中毒的危险，于是发展了乳液型脱模剂，并已成为当前脱模剂的主流产品。乳液型脱模剂既可通过机械乳化法，即由硅油与水在乳化剂作用下分散而得；也可通过乳液聚合法，即由低聚硅氧烷出发，在乳化剂、催化剂作用下，在水体系中乳化聚合而得。使用的乳化剂可以是非离子型、阴离子型及阳离子型。但在机械乳化法中，主要使用非离子型乳化剂。乳化装置主要为均化器、胶体磨或高速搅拌器。制得的乳液产品中，硅油含量（体积分数）一般为30%~40%（质量分数）。使用前进一步用水稀释成硅油浓度为0.2%~1.0%（质量分数）的乳液。稀释后的乳液稳定性变差，应尽快用完。乳液型脱模剂在成本、防火及卫生等方面都很有利。据此它有很强的市场竞争力，预计它将继续快速发展。但是它也存在三个缺点，即水的挥发性太差，不宜用作低温模具脱模剂；对基材特别是对高分子材料的浸润性差；使用乳化剂降低了制品的精密度。如果不断使用普通硬水稀释，则会在模具表面产生水垢，若不经常清扫，将进一步影响制品精度，因此以使用软水稀释乳液为好。

在乳液型产品中，还有的通过添加有机溶剂，以减少乳化剂用量，达到加快水分挥发和减少模具表面固体沉积的目的。

（4）硅膏型脱模剂。通常是将白炭黑（包括气相法及沉淀法产品）等微粉混入硅油中得到白色半透明的膏脂状产品。它的热氧化稳定性及脱模耐久性优于油型，溶液型及乳液型产品在300℃空气中可经受1h以上的考核，适用于高温高压成型脱模或防黏，既可用作（橡胶、塑料等）长管的成型脱模剂，也可用于尼龙等合成纤维在其熔融纺丝时喷嘴的防黏剂，防止纤维黏附和熔融纤维断丝，实现长周期连续稳定运转。

（5）喷雾型脱模剂。喷雾型脱模剂实际上是溶液型产品的一个分支，它是由硅油及添加剂等与室温下呈气态的有机溶剂（如三氟氯甲烷、二氟二氯甲烷、氟氯甲烷；低级烷烃如丙烷、丁烷及异丁烷等，低级氯代烃如三氯乙烯、三氯乙烷等）混合后，装入带压的气雾瓶中，使用时喷嘴对准模具，掀压阀盖即喷出雾化的脱模剂，其具有脱模性，适用于橡胶及塑料的成型。

（6）可固化型脱模剂。以上五种脱模剂的有效成分均为不可交联的硅油，而可固化型脱模剂的有效成分为加热或催化剂作用下可交联的聚硅氧烷（包括硅树脂及硅橡胶）。

硅树脂型脱模剂通常是将含有可缩合反应基团的低 R/Si 比值的硅树脂低聚物、硅油、固化剂及增稠剂等溶于芳烃或混合溶剂中，配制成浓度为 20%～50% 的溶液。使用时进一步加入有机溶剂稀释，并采用涂刷或喷涂方法，将其涂布在模具型腔或烤盘表面，经 150～200℃ 固化后，得到一层光滑的半永久性涂膜，被广泛用于食品烘制及不粘锅的脱膜涂层。树脂型脱模剂与硅油型脱模剂相比，其优点有：（1）涂布一次可使用几十次到几百次，减少材料费及人工费；（2）提高设备生产能力；（3）减少废、次品率；（4）提高制品表面光洁度；（5）模具型腔清洁，有害烟雾少；（6）延长模具型腔使用寿命等。

橡胶型脱模剂通常是由室温硫化硅橡胶与有机溶剂配制而成的分散液，或者是由 $HO(Me_2SiO)_nH$ 乳液出发，配入交联剂、填料及催化剂制成 O/W 型乳液。使用前经进一步稀释后，将其喷涂或刷涂于模具或型腔表面，在室温或稍许加热下使其硫化成防黏层，它的使用寿命不如硅树脂好。

### 3.3.4.2 脱模剂的制法

在六类硅氧烷脱模剂中，有关硅油型、溶液型、乳液型及硅膏型产品的一般制法，多已在有关章节中介绍过了，这里不再重复。下面结合脱模剂的特点，重点介绍当前用量最大和发展最快的硅油乳液、硅油溶液、硅橡胶溶液、硅树脂溶液及其他类型的脱模剂的具体制备方法。

A 硅油乳液

硅油乳液脱模剂的主要制法有二：一是机械乳化法，即在乳化剂作用下，通过机械力的作用将硅油分散在水中，得到稳定的乳液；二是乳液聚合法，即由低聚硅氧烷 [如 $(Me_2SiO)_n$，$HO(Me_2SiO)_nH$] 出发，在含有乳化剂及催化剂的水相中，于乳化状态下升温聚合得到稳定的硅油乳液。使用的硅油主要有二甲基硅油、甲基苯基硅油、长链烷基硅油、氨烃基硅油、聚醚硅油及巯烃基硅油等，使用的乳化剂可以是非离子型、阴离子型及阳离子型，主要是使用非离子型乳化剂。

a　机械乳化法

（1）二甲基硅油乳液。制取 O/W 型二甲基硅油乳液时，可先将乳化剂溶于 0.5~3 倍于其体积的水中，混入硅油，并通过高剪切均化器研磨成均匀的凝胶物，再经多孔研磨盘处理，得到浓乳液；而后在简单搅拌下与余量的水混合成 O/W 型乳液。

（2）长链烷基硅油乳液。例如将 500g $Me_3SiO(MeC_{12}H_{25}SiO)_{11}$ $(MeC_{14}H_{29}SiO)_{12}SiMe_3$、28g $C_{13}H_{29}O(C_2H_4O)_5H$、22g $C_{13}H_{27}O(C_2H_4O)_nH$、1.5g $C_{13}H_{27}O(C_2H_4O)_5SO_3Na$ 及水 450g，经混合研磨成 O/W 型乳液脱模剂，其黏度（25℃）为 390mPa·s，储放稳定，对铝质模具表面黏接性好。

（3）氨烃基硅油乳液。由氨烃基硅油与 $C_{18}H_{37}NMe_2C_4H_9CHEtCOOH$（乳化剂）及水配制成 30%（质量分数）的内含 6%（按硅油计质量分数）乳化剂的氨烃基硅油乳液。将其涂布在铝质模具上，用作聚氨酯在 60℃ 下成型的脱模剂，使用 2 次及 20 次后，脱模力分别为 $4N/100cm^2$ 及 $3N/100cm^2$。若改用 50∶50 的聚氧乙烯基酚及聚氧乙烯脂肪酸酯作乳化剂，则脱模力相应为 $6N/100cm^2$ 及 $19N/100cm^2$。

（4）轮胎成型用硅油乳液。应用气袋成型法生产橡胶轮胎时，为了防止胶袋损坏，便于取出轮胎，必须在胶袋表面涂布一种脱模剂，一种性能优良的乳液型脱模剂是由 35%（质量分数）的硅油乳液 25 份、丁二酸二辛酯磺酸钠 0.2 份、聚环氧丙烷月桂酯 0.5 份、羧甲基纤维素 0.1 份、云母粉（200 目）45 份、水 28.2 份及亚硫酸钠 1 份配制而得，可用于轮胎硫化成型。将后者涂布在丁基橡胶袋上，可使用 1065 次才损坏。

b　乳液聚合法

先将 850 份水、100 份十二烷基苯磺酸及 100 份八甲基环四硅氧烷，在加压下通过匀化器处理得乳液；而后在 48℃ 下进行乳液聚合 2h；加入 NaOH 水溶液中和，得到平均粒径为 0.05μm 的微乳液；再混入卵磷脂、羧甲基纤维素及水，即得到适用作轮胎成型的脱模剂。

B　硅油溶液

（1）含金属氧化物基团的二甲基硅油溶液。由含有 3%~10%（mol）金属氧化物基（如 ≡TiO—）的硅油与有机溶剂配成的溶液，适用作聚氨酯泡沫塑料成型的脱模剂。例如，由 28.8 份 $HO(Me_2SiO)_nH$（黏度 1Pa·s）与 11.2 份 $Ti(OBu)_4$ 在搅拌下反应，黏度先升后降，最后加入 40 份溶剂油（沸程为 140~180℃）及 920 份 $MeCCl_3$ 得到脱模剂，将其涂在钢质模具上，并令其在 50℃ 下成膜。而后用于成型聚氨酯泡沫制品，可使用 5 次。若反应产物中改用 60 份

$(Me_2SiO)_5$ 作溶剂，所得脱模剂在室温下可稳定 6 周以上，将其涂于钢模上，用于聚氨酯成型，可重复使用 7 次以上，且无残留物沉积。

（2）含氨烃基硅油的二甲基硅油溶液。塑料（如聚氨酯）成型脱模剂是由 40%~60%（质量份）的低聚合度二甲基硅油 $Me_3SiO(Me_2SiO)_aSiMe_3(a=2\sim6)$、0.1%~5%（质量份）的氨丙基硅油及 35%~95.9%（质量份）的挥发性有机溶剂（如脂烃）配制而得。将其喷涂到模具上，待溶剂挥发后即可使用，一直用到二甲基硅油挥发光，仅留下少量氨丙基硅油为止。得到的制品具有良好的可黏性及印涂性。

（3）聚二甲基硅醇锂溶液。由 $ViMe_2SiO(Me_2SiO)_nSiMe_2Vi$ 及 $Me_3SiO(Me_2SiO)_m(MeHSiO)_nSiM_3$ 在铂催化下，加成硫化制得硅橡胶模具。再浸入含有 1 份 $LiO(Me_2SiO)_mLi$ 的正己烷溶液中，取出放置 24h，得到浇铸用模具，用于聚氨酯成型，可使用 20 次，制品光洁度达 81%。若使用未 $LiO(Me_2SiO)_mLi$ 处理的模具，则光洁度只有 21%。

（4）含全氟烷基磷酸酯的硅油溶液。在聚氨酯橡胶与丙烯酸橡胶成型加工中，如果模具上光使用 $C_8H_{17}CH_2CH_2P(O)(OH)_2 \cdot (HOC_2H_4)_3N$ 的 $F_2C=CFCl$/i-PrOH 溶液作脱模剂，则只能使用 2 次，而由 5g 硅油及 1.5g $C_8H_{17}CH_2CH_2P(O)(OH)_2 \cdot (HOC_2H_4)_3N$，适量 $F_2C=CFCl$/i-PrOH 配制的溶液，则可连续成型 6 次。

（5）聚氨酯成型用内脱模剂。适用作聚氨酯泡沫成型内脱模剂的硅油，是由 $HO(Me_2SiO)_nH$ 先与 $HOC_2H_4NH_2$ 缩合得到 $H_2NCH_2CH_2OMe_2SiO(Me_2SiO)_nSiMe_2OC_2H_4NH_2(n=44)$，然后取出 1495.2g，与 446.2g$CH_2=CHCN$ 在 20℃ 下反应 24h，得到 $NCC_2H_4NHC_2H_4OMe_2SiO(Me_2SiO)_nSiMe_2OC_2H_4NHC_2H_4CN$。在聚氨酯反应注射成型时，混入 1.5%（质量份）的上述硅油作内脱模剂，即可连续成型 40 次，模具上无明显脏物；若不加入上述硅油，则只能使用 3 次。

C 橡胶型溶液

（1）室温硫化脱醋酸型脱模剂。由 20 份（质量）$HO(Me_2SiO)_nH$［黏度（25℃）2000 $mm^2/s$］，10 份 1:1（质量）的 $MeSi(OAc)_3$—$EtSi(OAc)_3$ 及 85 份 $CH_2Cl_2$ 混合成溶液。将其喷涂在铝质模具上，在 60℃ 下固化 15min，而后用于聚氨酯成型，可连续使用 14 次。若交联剂与 $HO(Me_2SiO)H$ 的摩尔比低于 0.2/1.0 时，则脱模性很差，甚至无法使用。

（2）室温硫化脱醇型脱模。先由等摩尔比的 $H_2NC_3H_6Si(OEt)_3$ 与 $CH_2CHCH_2OC_3H_6Si(OMe)_3$，在 80~100℃ 下反应 3h，得到 $(EtO)_3SiC_3H_6NHCH_2CHOHCH_2OC_3H_6Si(OMe)_3$，取出 0.5 份加入由 $HO(Me_2SiO)_nH$ 30 份、$Me_3SiO(Me_2SiO)_nH$ 10 份及甲苯 60 份配成的混合物中，并在 80℃ 下加热 8h，得到脱模

剂。使用时再加入甲苯稀释至硅油含量（质量）为 10%，涂布在模具上，用于硬聚氨酯的成型，脱模性好，制品表面平滑，若使用硅油及白炭黑作脱模剂，则制品表面粗糙。

（3）室温硫化脱酮肟型脱模剂。由 100 份 $HO(Me_2SiO)_nH$、15 份白炭黑、5 份 $MeSi(ON\!\!=\!\!CMeEt)_3$ 及 10 份氨烃基硅油，配制成的脱模剂，将其涂布在硫化用胶袋上，用于硫化橡胶轮胎，可使用 400 次以上。

（4）含聚醚硅油的室温硫化硅橡胶型脱模剂。由 100 份 $HO(Me_2SiO)_nH$、20 份 $Me_3SiO(Me_2SiO)_8\{Me[C_3H_6O(C_2H_4O)_9(C_3H_6)_4Bu]SiO\}_5SiMe_3$、10 份 $Ca(OCOC_{17}H_{35})_2$、2 份 $PhSi(OMe)_3$、0.5 份 $Bu_2Sn(OAc)_2$ 及 500 份石油溶剂配制的脱模剂，将其涂布在硅橡胶模具上，可使用 20 次；若涂在聚酯模具上，则可使用 100 次，对比未经脱模剂处理的，则只能使用 60 次。

（5）混有硅树脂的橡胶型脱模剂。适用聚氨酯成型制鞋底、汽车零件及家具等的脱模剂。是由 72 份 $HO(Me_2SiO)_nH$（$n$ 约为 40）、26.3 份 60% 的甲基硅树脂 [摩尔质量 2500，MeO 含量 10%（质量分数）] 石油醚溶液及 1.7 份 $Ti(OPr\text{-}i)_4$ 混匀后，再加入辛烷稀释至含固量为 5%（质量分数）的溶液，将其涂布到模板上，并在 70℃ 下烘干 4min，而后用于成型聚氨酯泡沫塑料，可连续使用 5 次。

（6）添加固体粉末的橡胶型脱模剂。适合用作轮胎成型硫化的橡胶型脱模剂，是由室温硫化硅橡胶胶料 35 份、硅氧烷微粉 5 份、云母粉（平均粒径 2μm）5 份及溶剂 55 份配制而成。

（7）加成型硅橡胶脱模剂。是由 100 份 $HMe_2SiO(MeViSiO)_nSiMe_2H$、5 份 $HMe_2SiO(MeSiO)_nSiMe_2H$ 及 1 份 $[MeSiO_{1.5}]_n$、0.01 份铂的氯化物及 2000 份甲苯配成的脱模剂。

D 树脂型溶液

（1）由硅树脂预聚物制取。先由可固化的甲基硅树脂预聚物与甲苯配制成 1:1（质量比）的溶液。取出 100 份，加入 20 份 $MeSi(ON\!\!=\!\!CMe_2)_3$、1 份 $HO(Me_2SiO)_nH$、0.5 份 $Bu_2Sn(OAc)_2$ 及 1 份 $\overset{O}{\overset{\triangle}{CH_2CHCH_2OC_3H_6Si(OMe)_3}}$ 混匀得硅树脂料备用；再将膨润土用 $i\text{-}PrHN\!\!-\!\!\!\!\bigcirc\!\!\!\!-\!\!NHPh$ 处理得到无机粉末；而后将 100 份（质量）硅树脂料、10 份无机粉末及 390 份甲苯混匀，得到脱模剂，适用作橡胶轮胎成型硫化的脱模。

（2）烘烤器具脱模剂。将 $PhSiCl_3$、$Me_2SiCl_2$ 及 $MeSiCl_3$ 按 80:15:5（百分摩尔比）混匀，并进而通过水解缩聚制成甲基苯基硅树脂。取出 1000g，加入 63.9g 三羟甲基丙烷、14.8g 乙二醇、0.2g 钛酸丁酯及 1000g 二甲苯，搅拌升温在 140℃ 下反应 1h。蒸出醇后得到 50%（质量分数）浓度的硅树脂溶液，黏度

（25℃）为 4.6cm²/s。取出 100 份，混入 0.4 份二甲基硅油（聚合度为 4）及 0.5 份钛酸丁酯，得到脱模剂。将其涂布在经处理过的铝质炒锅上，在 270℃下固化 10min，涂层厚约 30μm，此锅在 180℃下用于炒硬果，冷却至 30~40℃下取出硬果，连续使用 10 次，锅壁不留残渣。

E  其他

（1）聚硅氧烷-聚硅氮烷脱模剂。这种脱模剂能在模具表面于低温下固化成膜，并可反复使用，保持良好脱模性。其制法如下：将 88.8∶11.2（质量比）的 MeSiCl₃ 与二甲基硅氧烷混合物 40g，溶入 400mL CH₂Cl₂ 中，而后通 NH₃ 反应 4h，得到甲基硅氮烷-二甲基硅氧烷共聚物。将其溶于 CH₂Cl₂ 中，并涂布在铝质模具上，在室温下即可固化成膜。而后用于环氧树脂成型，可使用 100 次以上，无迁移问题。

（2）木质模具用脱模剂。木质模具用脱模剂，可由硅油、含氧聚合物、石蜡、石墨或油类为主要原料，再配入一种或一种以上的多元醇、长链醇、胺类、酰胺、亚胺或碱性化合物制得。例如，由 75%（质量份）的硅油及 25%（质量份）的甲酰胺配成脱模剂，将其涂在木质模板上。而后将砂子 1000 份（质量）、呋喃均聚物 15 份，有机磺酸固化剂 6 份配成物料，灌入木模中成型，固化后取出砂模，木模可反复使用 380 次，但每次均需涂刷脱模剂。若单独使用硅油作脱模剂，则只能使用 120 次。

### 3.3.4.3  脱模剂的用途

（1）脱模剂的选用。如何选用脱模剂才能获得最佳的效果？一般来说，模具的材质、结构及形状，待脱模制品的种类，使用温度，后加工性（印涂性、黏接性）以及稀释剂等都是必须考虑的前提。首先，金属模具温度是选用脱模剂的主要根据，热模从安全角度（着火与中毒）看，不能使用溶液型，而宜选用乳液型、硅膏型或硅油型脱模剂。使用乳液型脱模剂时，由于水的比热容大，蒸发速度慢，容易在热量不足的模具表面残留水分，从而影响脱模剂的均匀分布，故使用时应趁热迅速蒸除水分。冷模不能使用乳液型，而多选用溶液型及油型脱模剂。溶液型脱模剂容易润湿且均匀分布在模具及制品表面，从而获得光滑的制品；但使用时当有机溶剂自然蒸发后，仍应加热进一步赶除残留模具内的溶剂，以免影响制品质量。一般说，对于结构简单，且温度较高的模具，多使用价廉且安全的乳液型脱模剂。由于复杂模具的脱模较困难，故宜增加脱模剂用量，使用高浓度的溶液型脱模剂，每次均得喷涂，成本较高，而以使用低浓度产品为好；但残留溶剂要清除干净。使用高黏度硅油（25℃下为 60000~100000mm²/s）配制的脱模剂，润湿性稍差，但脱模效果明显优于黏度低于 20000mm²/s 的硅油。使用油型及溶剂型脱模剂在模具表面残留的沉积要少于乳液型产品，而且使用高黏度硅油配制的溶液型及乳液型产品，具有较佳的脱模耐久性。

硅油对各种橡胶及塑料均无膨胀及收缩作用，因而特别适合作它们的脱模剂，但是硅油或多或少要迁移到被成型制品的表面，而影响它们的后加工性能。例如，在成型环氧树脂、聚氨酯树脂及聚氨酯橡胶时，最好使用固化型脱模剂或与固化型脱模剂混用。对于需要黏接、涂饰及压印的成型品，不能用二甲基硅油配制的脱模剂。如果使用长链烷基（碳原子数 8~16 个）硅烷作脱模剂，则可免除这一弊端。

任何稀释剂，包括有机溶剂、抛射剂及水，均不得残留在模具上，否则将导致制品质量下降。稀释剂选用不当，可使模具表面硅油分布不均，从而导致制品出现应力开裂及加速老化等问题。

（2）在塑料成型加工中的应用。硅氧烷脱模剂已在模塑、浇注及封装法制备塑料、橡胶、聚合物、金属、玻璃、铸模及食品中应用。而塑料的成型加工是硅氧烷脱模剂最重要的应用对象。例如在聚氨酯、聚苯乙烯、聚氯乙烯、三聚氰胺、丙烯酸树脂、环氧树脂及聚酯等的模压成型、传递成型、注射成型、浇注成型、层压成型等工艺中均有使用。其中，聚氨酯泡沫塑料的成型脱模占据绝大部分，通常使用的是浓度为 0.5%~2.0% 的溶液或乳液型脱模剂，将其喷涂在清洁的模具上，并在成型加工温度下烘干 30min，即可获得良好的脱模性。如果要求耐久的脱模性，则应使用固化型脱模剂。对于新使用的模具，使用初期宜用浓度较高的脱模剂擦拭，适应一段时间后，再把脱模剂浓度降下来。对于食品包装容器使用的脱模剂，主要使用黏度（25℃）为 400~10000mm$^2$/s 的二甲基硅油及食品级乳化剂配成的乳液型脱模剂。对于较难脱模的材料，如环氧树脂及聚氨酯等，最好使用含有硅树脂的硅油或氟烃基硅油作脱模剂。

上面介绍的都是作为外脱模剂使用的情况。近 10 年来，作为内脱模剂的使用发展很快，此法系将硅油直接加于热塑性树脂中或事先制成含高浓度硅油的热塑性树脂粒料，而后再混入母料中使用。例如，在聚苯乙烯、丙烯腈-丁二烯-苯乙烯（ABS）、聚烯烃、尼龙、聚甲醛及聚氯乙烯中加入少许硅油或硅油粒料，在挤出成型时即可提高流动性及树脂吐出量。在注射成型时，可缩短螺杆的回复时间，改善树脂流动性，降低制品表面的摩擦系数，提高制品的耐磨性、润滑性、光泽性及疏水性。若使用二甲基硅油时，则以黏度较高的为好；加入甲基苯基硅油时，可调整折射率，获得透明制品；加入聚醚硅油时，可赋予防静电性，使薄膜制品具有防黏合性；加入长链烷基硅油时，得到的制品具有可印刷、涂饰及压纹等后加工性。在热塑性树脂中引入多官能团的活性 MQ 硅树脂、含羟基的硅油及硬脂酸镁等，还可提高制品的阻燃性。此外，在聚氨酯反应注射成型中，加入羧烃基硅油或 NaO(Me$_2$SiO)$_n$Na 作内脱模剂，可以免用外脱模剂，而且使用前者得到的制品对水基油墨还有良好的黏接性。

（3）在橡胶成型加工中的应用。在橡胶成型加工中，乳液型脱模剂是应用最广的一个品种，对干燥时间要求快和生产周期要求短的轮胎生产，才使用溶液型产品。当前，在各种橡胶制品中，轮胎脱模约占 85%，而且轮胎（外胎）生产中广泛采用气袋成型法，后者主要由弹性胶袋（附有热空气接管）及刚性模具两部分组成。此法系通过橡胶弹性袋（胶囊）将压力传递给轮胎内壁，胶袋压力总是垂直作用于被压件表面，而与后者表面光洁度无关。由于轮胎外壁紧贴刚性模具，在加热加压下完成硫化作用后，轮胎便成型了，最后卸压开模取出轮胎。在气袋成型法工艺中，有两处使用脱模剂，一是轮胎外壁与刚性模具之间，一般将脱模剂喷涂在刚性模具表面上；二是胶袋与轮胎内壁之间，通常是将脱模剂喷涂在胶袋上。后者对脱模剂的要求较苛刻。一般说，使用高黏度二甲基硅油配制的乳液型脱模剂，可同时用作刚性模具及胶袋的脱模剂。但在轮胎硫化时，伴随硫化剂等的分解，残渣将沉积在胶袋表面，使脱模效果变差。为此，在硅油脱模剂中需加入一定比例的云母粉、滑石粉及碳酸钙等无机粉末，以有效提高脱模效果及挤压下的流动性，使胶袋较易从轮胎内侧剥离取出，从而有效延长胶袋的使用寿命，现在已有连续使用 1000 次以上的报道。但是，加入云母等无机粉末，也会带来胎面泛白的弊病。当前正在开发以改性硅油为主，不添加云母粉的脱模剂。据认为使用寿命有可能超过 100 次。

除乳液型脱模剂外，溶液型特别是室温硫化硅橡胶型产品，也已获得广泛的应用。其中有的使用寿命已超过 400 次。经硅氧烷脱模剂处理后的各种橡胶制品，还能有效提高表面的光泽性及耐磨性。

（4）在壳模（铸型）及机械加工中的应用。硅氧烷脱模剂具有良好的热稳定性，高温下不分解，因而广泛用于制造壳模及铸造各种金属件体。制造壳模时，多使用乳液型或溶液型脱模剂，既可将脱模剂喷涂在由砂子与酚醛树脂制成并加热到 250℃ 下的壳模上，再置入加热炉内处理数分钟；也可将脱模剂喷涂在木模上，再用于制取壳模。由于使用了脱模剂，从木模与金属模脱模时变得十分容易，得到的壳模可以不另行加工，因而可以得到精密的铸件。同样在低熔金属（如锌、铅及其合金等）的精密铸造中，耐高温的硅油脱模剂能起良好的作用，所用脱模剂的浓度以 5%（质量分数）为好，可以达到成本低及效果佳的目的。对于初次使用的新模，须经高温处理或使用溶剂、碱液处理或经打磨处理等，以除去附在壳模表面上的有机物及氧化物。而后再用较高浓度的硅油乳液或硅膏溶液处理，即可投入使用。储存壳模时，其表面最好也用硅油等涂布保护。

（5）食品脱模剂及不粘性烹调器皿防粘涂料。利用硅树脂的生理惰性及优良脱模性，将其涂布在食品烤盘或模具上，加热固化形成一层耐热且有一定强度的防粘性涂膜，可使面包、点心、糖果、巧克力极易脱模，不但可节省植物油、消除油烟，改善工作环境及劳动强度，而且产品外观有光泽。该脱模涂层可连续使用数十次以至数百次，烤盘及模具始终保持干净，当涂层失效后，可将器具置入热碱液中煮沸 10~30min，残余涂层可全部脱落，再经水洗、醇洗、晾干后重涂脱模剂，即可再用。

各种不粘性烹调炊具，如烧锅、饭煲、烙饼锅、烘炉、无油烙饼器及煎鸡蛋饼器等已进入千家万户，当前主要使用氟树脂作防粘涂层，但最近使用硅树脂脱模防粘涂料发展很快。硅树脂脱模剂具有室温干燥及低温烧成的特点，可耐热高达 250℃，万一超温也不会裂解出有毒害的物质，而且硅树脂对铁、铝等金属的黏结性较好，配入适当的增黏剂，还可直接涂布在未处理及无底涂的基材上，烧成温度也远低于氟树脂。

（6）其他应用：

1）防粘隔离剂。电子元器件在浸渍树脂（环氧树脂、酚醛树脂等）封装前，引线上先涂以防粘隔离剂（GMT-421，晨光化工研究院产品），即可不粘树脂，免去固化后清除黏附在引线上的树脂固化物的过程。

2）非金属复合材料及其胶黏制品用脱模剂（GMT-457，晨光化工研究院产品），为树脂型半永久性高效脱模剂，涂覆流平性好，对模具无腐蚀，附着牢固，一次涂覆可多次使用，工作温度在 180℃ 以上。制品易脱模，无迁移现象，保持可涂可黏性，也适用作塑料、橡胶制品的成型脱模，可降低劳动强度及生产成本，改善制品外观。

# 4 硅烷偶联剂

## 4.1 硅烷偶联剂简介

硅烷偶联剂属于分子中同时具有两种不同化学性质官能团一类的有机硅化合物，主要应用于复合材料中的玻璃钢中的玻璃纤维的表面处理、无机粉体填料表面处理、橡胶塑料改性剂、涂料和胶黏剂的增黏剂、金属材料表面预处理剂等方面。是有机硅化合物及其工业产品中的四大下游产品之一。

硅烷偶联剂于 20 世纪 40 年代由美国联合碳化物公司和道康宁公司首先开发，最初把它作为玻璃纤维的表面处理剂而用在玻璃纤维增强塑料中。1947 年 K. W. Ralph 等发现用烯丙基三乙氧基硅烷处理玻璃纤维制成的聚酯复合材料的强度为采用乙基三氯硅烷处理玻璃纤维的两倍，从而开创了硅烷偶联剂实际应用的历史。

硅烷偶联剂能在无机材料和有机物之间形成持久牢固的化学键。当遇到两种不同的材料时，通常其中一种是硅酸或是表面化学性质类似于硅酸，如硅酸盐、铝酸盐、硼酸盐等地壳中主要的组成物，而另一种为有机物，这些有机与无机材料之间的界面研究已经成了化学中的热点，人们对这些无机材料的表面进行化学改性，以获得不同材质间或非均相之间的融合，成为一个统一结构的整体。

硅烷偶联剂的通式如下：$R-(CH_2)_n-Si{\overset{X}{\underset{X}{\diagdown}}}X$

式中，R 为有机官能团；X 为可水解基团。

由通式可以看出，硅烷偶联剂分子内主要包含两类官能团——有机官能团 R 和水解基团 X。根据可水解基团的数量多少，硅烷偶联剂又可分为四种：

| 三官能基硅烷 | 单官能基硅烷 | 双官能基硅烷 | 双爪硅烷 |

硅烷偶联剂发展到现在，几乎所有的有机官能团都能够被引入到分子中，R

的种类很多，不同的 R 有着不同的特点和用途。但它们在偶联剂分子中所起的作用是一致的，那就是和有机材料相结合，无论是以物理的还是化学的方式。X 是可水解基团，通常包括烷氧基、酰氧基、卤素、胺等。它们在偶联剂的使用过程中发生水解，生成硅醇。硅醇羟基可以与无机材料表面的羟基发生脱水缩合，形成稳定的缩合产物，由于 R 和 X 的共同作用，硅烷偶联剂就在无机和有机材料的界面上架起了稳定的桥梁。图 4-1 可以形象地表示出这一过程。

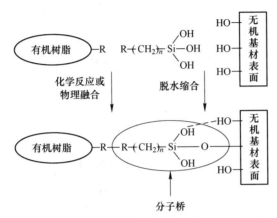

图 4-1 硅烷偶联剂在有机树脂与无机基材间架起分子桥

随着硅烷偶联剂的发展，如今已有三官能度硅烷、二官能度硅烷、双爪硅烷等种类。它们有各自的特点，所以有不同的应用，三官能度硅烷水解速度快，易形成三维网状结构，经常用作交联剂；双官能度的水解速度较慢，适合制备线型聚合物和对储藏稳定性要求较高的产品；双爪硅烷键合能力强，交联密度高，易形成强度较高的链节或较致密的膜，在橡胶和涂层材料中应用较广。

## 4.2 硅烷偶联剂的偶联机理

硅烷偶联剂在提高复合材料性能方面具有显著的效果。但迄今为止，还没有一种理论能解释所有的事实。常用的理论有化学键理论、表面浸润理论、变形层理论、拘束层理论和可逆水解键理论等。目前应用最广泛的当属三官能度硅烷偶联剂，其分子中有 1 个有机基团 R 和 3 个可水解基团，可水解基团中最常见的当属烷氧基，如甲氧基、乙氧基等。下面就以三甲氧基硅烷为例，介绍化学键理论。

### 4.2.1 化学键理论

化学键理论认为，硅烷偶联剂的作用过程分为四个化学过程：偶联剂水解、硅醇之间缩聚、低聚物羟基与基材羟基以氢键缔合，脱水缩合形成牢固的化学键。具体过程如图 4-2 所示。

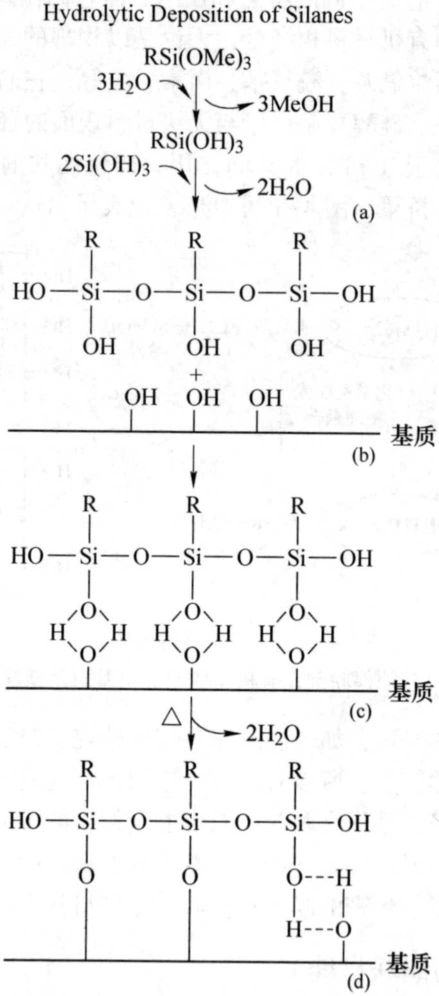

Hydrolytic Deposition of Silanes

$$RSi(OMe)_3$$

$$3H_2O \longrightarrow 3MeOH$$

$$RSi(OH)_3$$

$$2Si(OH)_3 \longrightarrow 2H_2O$$

(a)

HO—Si—O—Si—O—Si—OH (with R groups and OH)

+

OH OH OH —— 基质

(b)

HO—Si—O—Si—O—Si—OH

(氢键 H—O...H—O) —— 基质

(c)

$$\triangle \longrightarrow 2H_2O$$

HO—Si—O—Si—O—Si—OH

O O O—H / H—O —— 基质

(d)

图 4-2 硅烷偶联剂的化学键合过程

（a）水解；（b）缩合；（c）形成氢键；（d）形成共价键

　　首先，硅原子上的甲氧基水解，形成硅醇羟基，之后硅醇羟基会与基材上的羟基材发生作用，通常情况下，三官能度的硅烷只有一个硅羟基与基材结合，另外两个会发生自身的缩合反应，形成低聚体。硅醇羟基先是与基材表面的羟基发生氢键缔合的作用面吸附到基材上，之后受热脱水，形成稳定的化学键，将偶联剂牢固地固定在基材表面上，从而实现偶联剂对基材的表面改性。偶联剂上的 R 基团，可以与其他有机树脂发生作用。

　　硅烷偶联剂可以在水溶液中对材料进行表面改性，也可以用气相沉积法，以获得在材料表面的单分子层。处理过程中升高温度在 50~120℃，延长反应时间 4~12h，有利于得到好的效果。

### 4.2.2 表面浸润理论

硅烷偶联剂的表面能较低，润湿能力较强，能均匀地分布在被处理表面，从而提高异种材料间的相容性和分散性。硅烷偶联剂的作用在于改善了有机材料对增强材料的润湿能力。

实际上，硅烷偶联剂在不同材料界面的偶联过程是一个复杂的液-固表面物理化学过程。首先，硅烷偶联剂的黏度及表面张力低、润湿能力较强，对玻璃、陶瓷及金属表面的接触角很小，可在其表面迅速铺展开，使无机材料表面被硅烷偶联剂湿润；其次，一旦硅烷偶联剂在其表面铺展开，材料表面被浸润，硅烷偶联剂分子上的两种基团便分别向极性相近的表面扩散，由于大气中的材料表面总吸附着薄薄的水层，一端的烷氧基便水解生成硅烃基，取向于无机材料表面，同时与材料表面的烃基发生水解缩聚反应，有机基团则取向于有机材料表面，在交联固化中，二者发生化学反应，从而完成异种材料间的偶联过程。

### 4.2.3 变形层理论

变形层理论认为，硅烷偶联剂在界面中是可塑的，它可以在界面上形成一个大于 10nm 的柔性变形层，这个层具有遭受破坏时自行愈合的能力，不但能够松弛界面的预应力，而且能够阻止裂纹的扩张，故可改善界面的黏合强度。但这种理论不能解释形成的柔性层小于 10nm 的单分子层却仍能改善黏合效果的事实。

### 4.2.4 拘束层理论

拘束层理论认为，复合材料中高模量增强材料与低模量树脂之间存在着界面区，而硅烷偶联剂为其中一部分。硅烷偶联剂不仅能与无机物表面产生黏合，而且有可以与树脂反应的基团，能将聚合物"紧束"在界面上。当此界面区的模量介于增强材料与树脂之间时，应力可以被均匀地传递。此作用符合拘束层理论，但与变形层理论相矛盾。

### 4.2.5 可逆水解键理论

可逆水解键理论认为，有水存在时硅烷偶联剂和玻璃纤维间受应力作用而产生断裂，但又能可逆地重新愈合。这样，在界面上既有拘束层理论的刚性区域（由树脂和偶联剂交联生成），又可允许应力松弛，把化学键理论、拘束层理论和变形层理论调和起来。此机理不但可以解释界面偶联作用机理，而且也可以说明松弛应力的效应以及抗水保护表面的作用。但此理论不能应用于柔韧性聚合物与亲水矿物表面的黏结。

### 4.2.6　水解缩合

水解所需要的水可以有几种来源，可能是基材表面吸附的，也可能是大气中含的水汽，也可以是人为加入的。

硅烷的聚合度是由可用于水解的水的量和硅烷分子上的有机取代基决定的。如果将硅烷加入水中，同时溶解度又很小的情况下，将获得非常大的聚合度。硅烷被高位阻的有机取代基，如苯基、叔丁基等取代，有利于生成单体硅醇。

聚硅氧烷层的厚度取决于硅烷溶液的浓度。虽然我们期望得到聚硅氧烷的单分子层，但是通常溶液法吸附得到的都是多分子层，已经计算出从 0.25% 硅烷溶液中沉积在玻璃表面的聚硅氧烷大约是 3~8 个分子层。这些分子层之间可以是任意的网络结构相连接，也可以是相互掺杂的复杂网络，或者是他们二者的混合体，通过一般的技术就能获得这样的分子层。在基材表面吸附的分子层上有机官能团的取向通常情况下是平坦的，但也不是必然的。

在基材表面形成共价键的化学过程存在一种可逆的过程，如果水在加热的条件下，120℃下反应 30~90min，或者真空条件下 2~6h 被脱除，那么共价键可以发生形成—断裂—再形成的过程，以降低界面上的应力。同样的道理，界面上的组分可以发生移动。

## 4.3　特殊硅烷

### 4.3.1　双爪硅烷

官能化的双爪硅烷及官能化和非官能化的双爪硅烷的混合物，在提高材料耐水解性和机械强度中起着至关重要的作用，在许多涂料中，尤其是在底胶和潮湿的环境中应用广泛。双爪硅烷的作用原理如下：其水解后每一个分子能形成 6 当量的硅醇羟基，大大提高了界面区的交联密度。事实上用双爪硅烷处理的材料其耐水解性大约是普通硅烷处理的 10 万倍。

由于双爪硅烷与普通硅烷相比不容易官能化，也由于成本问题，所以，通常将非官能化的双爪硅烷与普通硅烷混合使用。如双（三乙氧基硅基）乙烷以 1:5 或 1:10 的比例与普通商业化的硅烷复配，使用方法与一般的偶联剂无异。

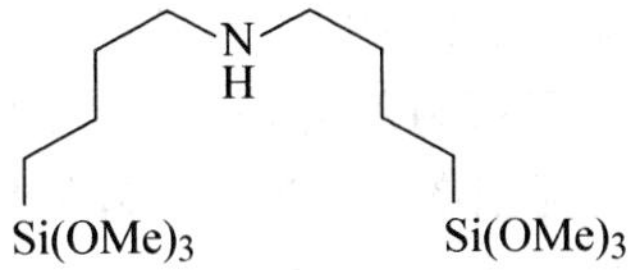

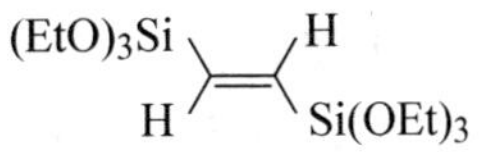

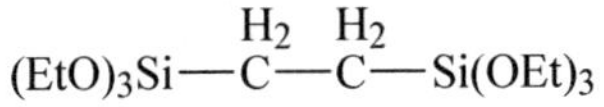

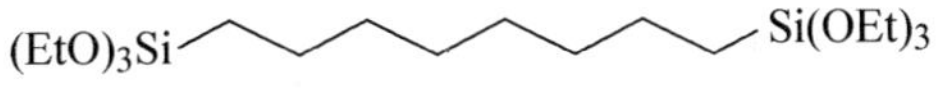

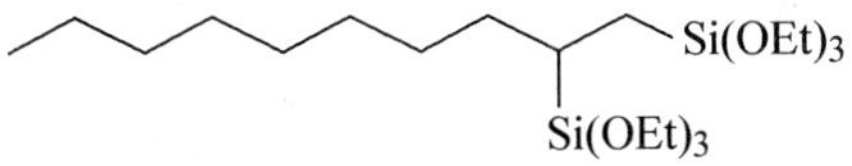

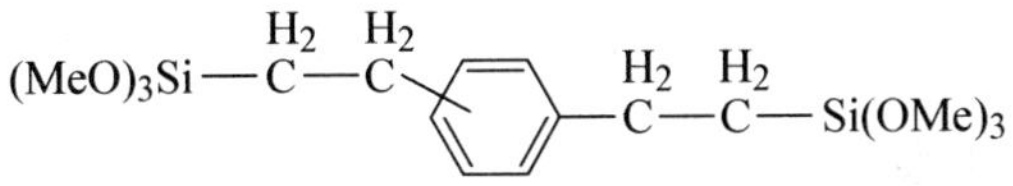

链长是指硅烷分子中有机官能团和硅原子之间的碳链长度，它是影响偶联体系效果和性质的重要因素，硅烷的物理性质和反应活性也与链长有密切关系。一方面，如果是在传感器中应用，我们希望硅烷的反应中心靠近基材。在非均相催化、荧光材料方面应用时，则需要尽量与体系的模数和热膨胀系数匹配；另一方面，无机表面会形成巨大的立体位阻，妨碍有机官能团的接近，如果硅烷分子的链长足够长，那么有机官能团就更具移动性，更容易在无机基材上伸展。基于这个原理，可以使长链硅烷中的官能团在均相催化、非均相催化、生物学、医学及液相色谱中所遇到的多组分有机相或水相中，选择性地和其中的单一组分反应。此外，长链硅烷在取向一致方面有重要应用，如在单分子层自组装领域。典型的链长是 3 个碳原子的碳链，实践证明，丙基官能团硅烷合成容易，且具有良好的热稳定性。

短链硅烷： 长链硅烷：

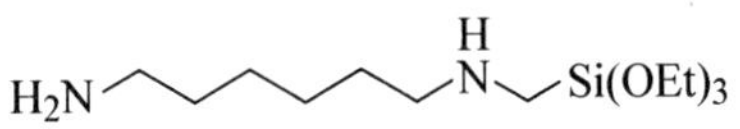

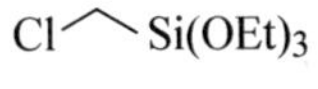

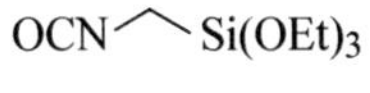

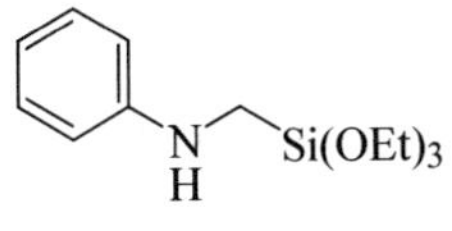

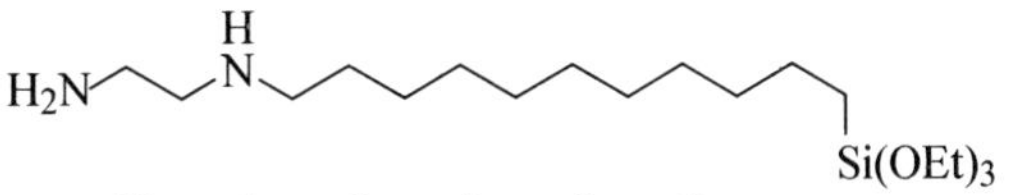

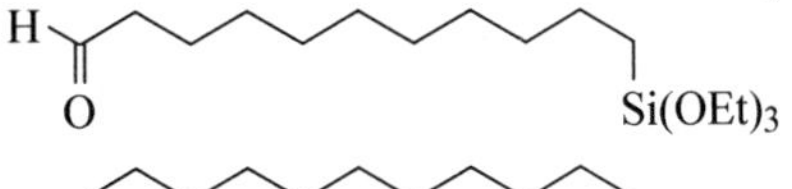

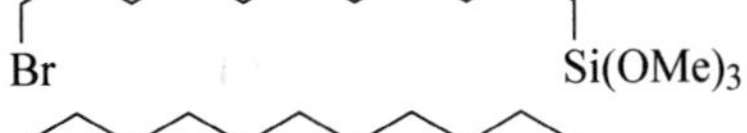

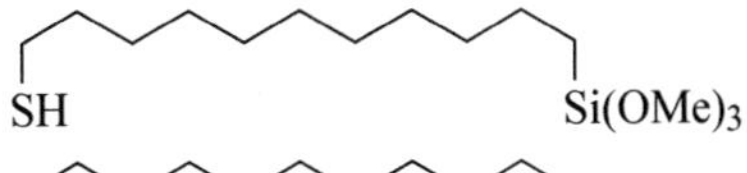

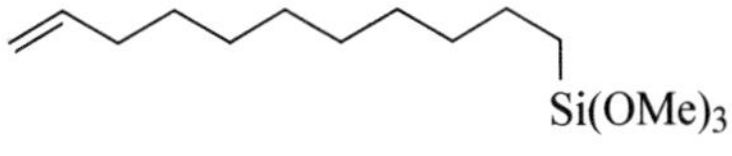

## 4.3.2 环硅氮烷

挥发性的环硅氮烷用于纳米粒子或其他具有纳米性质的基材的表面改性非常

有效，在这个体系中可以形成高官能团密度的单分子层。环硅氮烷与羟基的开环反应可以在低温下进行，不需要催化剂，多种基材的羟基均可以发生这个反应。更重要的是，该反应在室温下迅速进行，且无副产物产生。环硅氮烷在室温下也能迅速地与非氢键缔合的羟基反应，在这种条件下，烷氧基硅烷是不会发生反应的。以下是三种最为常见的环硅氮烷的结构：

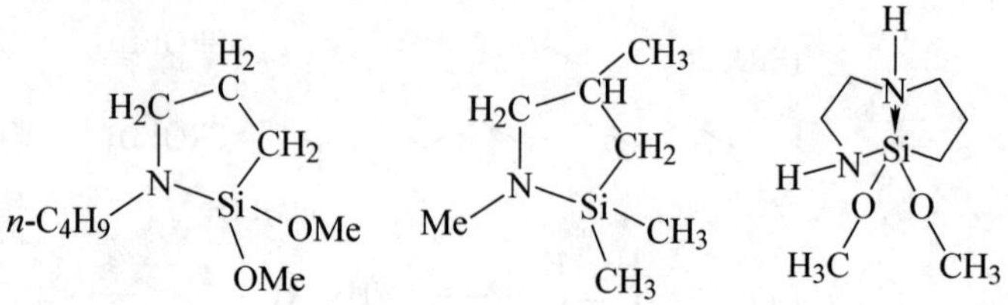

### 4.3.3 耐热硅烷偶联剂

大多数的商业化硅烷偶联剂产品其有机官能团与硅原子之间由 3 个碳原子的碳链相连，即 γ-取代的硅烷。这一类硅烷能短期内经受 350℃ 的考验，可以在 160℃ 下长期稳定。然而在某些应用领域或特殊体系中，这一类硅烷的耐热性能不能满足要求。为此，对以下一些硅烷做了热重分析（TGA），以便为耐热硅烷的使用提供一些指导（图 4-3）。

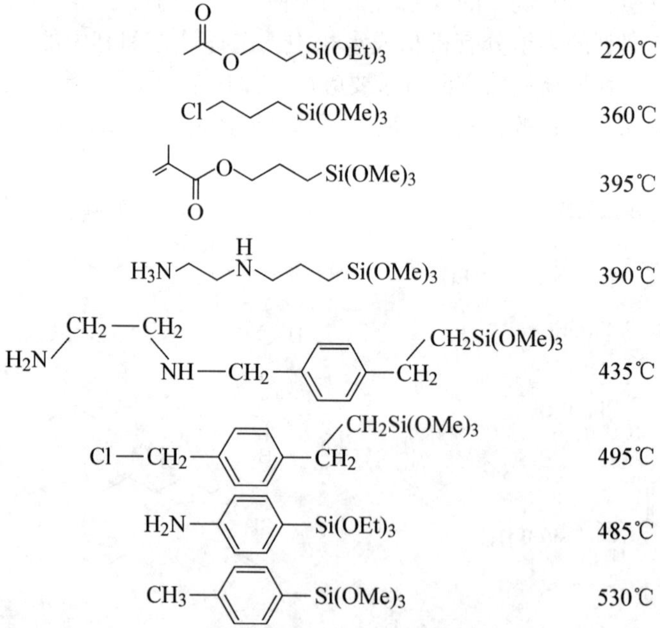

| | |
|---|---|
| $CH_3C(O)OCH_2CH_2Si(OEt)_3$ | 220℃ |
| $ClCH_2CH_2CH_2Si(OMe)_3$ | 360℃ |
| 甲基丙烯酸酯基 | 395℃ |
| $H_3N$—$CH_2CH_2$—NH—$CH_2CH_2CH_2$—$Si(OMe)_3$ | 390℃ |
| | 435℃ |
| | 495℃ |
| $H_2N$—苯基—$Si(OEt)_3$ | 485℃ |
| $CH_3$—苯基—$Si(OMe)_3$ | 530℃ |

图 4-3 干燥状态下，TGA 测 25% 失重的温度

另外一些特殊的取代基对硅烷的耐热性也起着至关重要的作用。吸电子基团

取代，会降低其热稳定性，而阳离子化的基团取代则会提高热稳定性。

以下为硅烷的相对热稳定性比较（图4-4）。

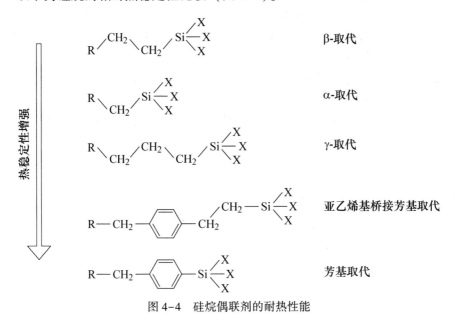

图4-4 硅烷偶联剂的耐热性能

### 4.3.4 含水体系和水溶性硅烷

在实施大多数表面改性工艺之前，烷氧基硅烷需要水解，形成含硅醇羟基的体系。这个体系是一个高反应活性的中间体，之后它会与基材发生反应。如果硅醇体系稳定，那么用它来处理基材会得到较好的效果。在处理硅烷偶联剂水溶液时可以观察到硅醇羟基之间或者硅醇羟基与烷氧基硅烷之间会发生缩合反应，起初烷氧基硅烷在水中的溶解度很小，和水分层；随着水解反应的进行，两相体系转化为均相的硅醇溶液；该溶液熟化后，硅醇发生缩合，形成了硅氧烷，体系变得浑浊。事实上，随着硅氧烷的分子量增加，它会缓慢沉淀。

烷氧基硅烷的水解和缩合依赖于 pH 值和催化剂。通常希望它迅速水解成硅醇且之后的缩合反应很缓慢，以在硅烷溶液使用之前尽量少地形成硅氧烷低聚物，这样的体系符合偶联剂的使用要求。另外，从硅烷溶液的使用时间和使用过程中释放的副产物的反应性、毒性或可燃性等方面考虑，稳定的硅烷水溶液如果在副产物醇或者外加醇的存在下建立起一个平衡，则更有利于硅醇以单体形式存在。

水溶性硅烷偶联剂一般无 VOC 排放，无副产物醇产生，大多数水溶性硅烷是富羟基聚硅氧烷。除了偶联作用，在选择硅烷单体时还需要考虑控制其水溶性和聚合反应的程度。水溶性硅烷常用做金属的底胶、丙烯酸乳胶的添加剂、硅土表面的偶联剂等。

在一些胶黏剂体系中，要达到最大的黏结强度，有机官能团硅烷偶联剂是必不可少的。但是实际的应用情况却需要硅烷在使用时才发挥作用，储藏时对体系没有明显变化。如环氧树脂交联剂，加入硅烷后，由于二者的反应，树脂黏度上升，对基材的润湿不够充分，导致黏结强度下降。又如对填料进行预处理，可能在与树脂混合或硫化之前就已经和湿气接触反应了。解决这一问题的办法是，把硅烷伪装起来，使之以一种储藏稳定的形式加到体系中，然后在使用时再引发脱保护基的反应，得到活性的硅烷，以达到最好的效果。通常的脱保护办法有湿气分解和热分解。

### 4.3.4.1　湿气分解

单组分液体硫化环氧树脂和涂料用二甲基亚丁基封端的氨基硅烷，具有良好的储藏稳定性，在使用时，该硅烷会和基材表面的水分，或空气中的湿气接触，发生脱保护反应，大约 2h 反应完成。

$$\text{(CH}_3)_2\text{CHCH}_2\text{C(CH}_3\text{)=N-CH}_2\text{CH}_2\text{CH}_2\text{-Si(OEt)}_3 \xrightarrow{+\text{H}_2\text{O}} \xrightarrow[-\text{EtOH}]{+\text{H}_2\text{O}} \text{H}_2\text{N-CH}_2\text{CH}_2\text{CH}_2\text{-Si}$$

另一种在填料上应用的湿气脱保护硅烷是辛酰化的巯丙基硅烷。在与湿气接触后，脱出辛酸酯，释放出巯基官能团。

$$\text{H}_3\text{C(H}_2\text{C)}_6\text{C(O)-S-Si(CH}_2\text{)-CH}_2\text{-Si(OEt)}_3 \xrightarrow[-\text{C(CH}_2)_6\text{COOC}_2\text{H}_5]{+\text{H}_2\text{O}} \text{HSCH}_2\text{CH}_2\text{CH}_2\text{Si(O)}_3$$

### 4.3.4.2　热分解

异氰酸酯官能团经常在树脂系统升温黏结或者熔化过程中被使用，然而单独的异氰酸酯硅烷太过活泼，通常使用氨基甲酸酯硅烷，在高温下（160~200℃）分解，产生异氰酸酯硅烷，具体的反应如下：

$$t\text{-BuOC(O)-NH-CH}_2\text{CH}_2\text{CH}_2\text{-Si(OEt)}_3 \xrightarrow[-t\text{-BuOH}]{\triangle} \text{OCNCH}_2\text{CH}_2\text{CH}_2\text{Si(OEt)}_3$$

## 4.4　金属基材的偶联剂

一般的硅烷在硅土表面展示出了卓越的效果。但是当在金属基材表面时，无论是效果还是黏结的趋势，都大大降低。要解决黏结金属基材问题，使用双爪硅烷和聚合的硅烷将远比普通的三烷氧基硅烷有效。

（1）金属表面有水解稳定的氧化物，如铝、锡、钛，这些金属表面的氧化物表面有足够的羟基官能团，可以与偶联剂在和二氧化硅同等的条件下反应，成功实现偶联。

（2）金属表面由于水解或机械形成的不稳定氧化物，如铁、铜、锌，这些氧化物表面倾向于在水中溶解，所以水会导致进一步的腐蚀，或在金属表面形成没有机械强度的钝化膜。要想在这样的界面上成功实现偶联，则需要使用两种或两种以上的硅烷，一种硅烷需要具有螯合能力，如氨基硅烷、聚胺硅烷或者聚羧酸硅烷；另一种硅烷需要有反应活性，能与前一种硅烷发生反应，形成共缩合产物。在这样的体系中，加入10%~20%的非官能化双爪硅烷，将能在很大程度上提高黏结强度。

（3）对于没有金属的氧化物，如镍、金和其他贵金属，要实现偶联也需要多种硅烷的协同作用。首先需要的是含磷、硫（巯基）或氨基等官能团的硅烷，其他的硅烷要能与这些官能团硅烷发生反应，同样，使用双爪硅烷10%~20%可以大大提高黏结强度。

（4）在金属表面形成稳定的氢化物，如钛、锆、镍，在此类金属表面的应用，是传统硅烷偶联剂化学的一个重要发展，氢气能与这些金属形成所谓的无定形合金，同样也揭示了含氢硅烷在这些金属表面吸附的类似的化学，大多数经典的硅烷只是简单的碳氢取代的硅烷，像辛基硅烷，然而它们能提供与有机树脂的相容性和显著改变基材的润湿性。含氢硅烷和氢化金属表面在碱或某些贵金属（如铂）存在下容易释放出氢气，在使用过程中，应避免与这些物质接触。

（5）对于难处理的基材。硅烷偶联剂通常能和无机基材表面的羟基反应，通过化学反应，使基材与硅烷之间形成稳定的硅氧键。然而有些基材用硅烷偶联剂处理效果却不明显，如碳酸钙、铜、铁合金、高磷酸盐、钠玻璃等。为了获得难黏基材的偶联，人们对偶联剂作为底胶的机理、有机官能化、膜的形成、偶联性质等做了研究，认为处理难处理基材时，需要两种或两种以上硅烷的协同偶联。

碳酸钙填料和大理石基材不能和硅烷偶联剂形成稳定的键合，使用含有双爪硅烷或正硅酸酯的混合有机官能团硅烷体系，通常能促进黏结。黏结机理是低分子量和低表面能的硅烷在基材表面铺展成薄膜，并且渗透到多孔的基材中，之后发生偶联反应，形成富硅封装的网络结构。这层富硅的网络结构与硅土的表面结构类似，易于偶联。对大理石和含碳酸钙的基材，最有效的硅烷偶联剂是含有酸酐官能团的硅烷，这种硅烷能与基材表面的钙离子螯合，形成钙盐。

硅烷分子中含有螯合性的官能团，如二胺、聚胺或二羧酸盐等，金属和许多金属氧化物可以对它形成很强的吸附，配方中的第二种硅烷和第一种硅烷必须易于反应。贵金属（如金、铑等）可以和膦基和巯基硅烷形成柔性的键合。

高磷酸盐和含钠玻璃通常是最难处理的基材。这两种材料非但不能和偶联剂形成稳定的硅氧键，而且会催化硅氧键的断裂和重分配。在用硅烷处理之前，必须用去离子水将基材表面的离子去掉，然后用双爪或多爪硅烷和有机官能团硅烷复配使用来处理。有时，聚合的硅烷偶联剂被用来和基材相互反应，如聚乙烯亚胺官能团硅烷偶联剂就被用来实现钠玻璃的偶联。

（6）硅烷偶联剂用量计算。被处理物（基体）单位比表面积所占的反应活性点数目以及硅烷偶联剂覆盖表面的厚度是决定基体表面硅基化所需偶联剂用量的关键因素。为获得单分子层覆盖，需先测定基体的 SiOH 含量。已知，多数硅质基体的 SiOH 含量是 $4 \sim 12$ 个/$m^2$，因而均匀分布时，1mol 硅烷偶联剂可覆盖约 $7500 m^2$ 的基体。具有多个可水解基团的硅烷偶联剂，由于自身缩合反应，多少要影响计算的准确性。若使用 $Y_3SiX$ 处理基体，则可得到与计算值一致的单分子层覆盖。但因 $Y_3SiX$ 价昂贵，且覆盖耐水解性差，故无实用价值。此外，基体表面的 SiOH 数，也随加热条件而变化。例如，常态下 SiOH 数为 5.3 个/$m^2$ 硅质基体，经 400℃ 或 800℃ 下加热处理后，则 SiOH 值可相应降为 2.6 个/$m^2$ 或 1 个/$m^2$。反之，使用湿热盐酸处理基体，则可得到高 SiOH 含量；使用碱性洗涤剂处理基体表面，则可形成硅醇阴离子。

# 5  有机硅阳离子捕收剂在矿物浮选中的应用

本章讲述制备季铵盐、伯胺以及仲胺三个系列的有机硅阳离子表面活性剂，并讨论该类表面活性剂对一水硬铝石、叶蜡石、伊利石、高岭石、磁铁矿、石英、石榴子石、橄榄石等矿物的浮选行为，最后以其为捕收剂进行了铝土矿和磁铁矿的反浮选脱硅提纯。

## 5.1  铝土矿脱硅技术研究进展

铝土矿原料 $SiO_2$ 含量高、$A/S$ 低是导致我国氧化铝工业生产成本高，影响氧化铝工业发展的根本原因，因此，采取适当的方法进行铝土矿脱硅，提高原料 $A/S$，以确保提供优质的氧化铝生产原料，无论是对于适应拜耳法工艺，帮助我国氧化铝工业彻底走出困境，还是降低能耗、节省成本，提高资源利用率，促进世界氧化铝工业的蓬勃发展都有非常重要的理论与实际意义。目前，铝土矿预处理脱硅方法主要有浮选脱硅技术、化学冶金与生物脱硅以及其他等脱硅技术与方法。

### 5.1.1  浮选脱硅技术

浮选脱硅技术是研究最广泛的一种方法，就是指通过浮选方法将含硅矿物脱除，从而减少矿石中 $SiO_2$ 的含量并提高 $A/S$，其又可细分为正浮选脱硅与反浮选脱硅。

#### 5.1.1.1  铝土矿正浮选脱硅

正浮选是浮选实践中通常用的选矿方法，是指在选矿过程中，将有用组分以泡沫形式作为精矿产出，而无用组分则留在槽底作尾矿处理。因此，一水硬铝石型铝土矿正浮选脱硅实际上就是捕收一水硬铝石矿物，抑制高岭石、叶蜡石和伊利石等铝硅酸盐脉石矿物，提高原矿 $A/S$。

铝土矿的正浮选脱硅国内外研究和报道相对较多。早在 1930~1940 年期间，美国就曾采用正浮选法对铝土矿进行脱硅，可将原矿 $A/S$ 从 3~8 提高到 10~19，但尾矿有用组分损失较大。

李农方对某一水硬铝石型铝土矿进行了脱硅试验研究，研究结果表明，采用 731 作一水硬铝石捕收剂，以 $Na_2CO_3$、$(NaPO_3)_6$、腐殖酸钠为调整剂，在原矿氧化铝品位 56.17%、二氧化硅 5.90%、铝硅比 9.52 的条件下，获得了铝硅比为 15.23 的浮选精矿，其中氧化铝回收率为 88.19%。

刘逸超等人研究了以 731 和塔尔油为捕收剂，CMC、NaOH、$Na_2CO_3$、$(NaPO_3)_6$ 等调整剂对水云母——一水硬铝石型铝土矿浮选脱硅效果的影响，研究表明，当磨矿细度-20 目占 96%、$Na_2CO_3$ 调 pH 值至 8.5，适量的 $(NaPO_3)_6$ 有助于提高精矿 $A/S$ 和 $Al_2O_3$ 品位。

Weston 和 David 将氢氧化钠、氢氧化钾、碳酸钠分别与六偏磷酸钠、木质素、硅酸钠一起添加到球磨机内和铝土矿一起湿磨，在矿浆 pH 值在 9.5~12.5 条件下进行正浮选脱硅，获得了较好的选别效果，并形成了专利技术；此外，研究还认为浮选过程中比较困难的是如何消除细粒级铝土矿和金属离子的不利影响。

M. A. Eygeles 采用组合捕收剂：油酸+塔尔油+机油，以 OP-7 为起泡剂，调整剂采用水玻璃和六偏磷酸钠，进行高岭石、石英与三水铝石混合物的浮选分离研究，但浮选精矿产率偏低，选矿成本太高，因此仅停留于实验室研究。V. V. Ishchenko 研究了肥皂和油酸钠在三水铝石、高岭石、菱铁矿三种矿物表面的吸附特性，研究认为，捕收剂在三种矿物表面的吸附随着溶液 pH 值的升高而增强，但不同矿物之间吸附率各有差异；若溶液中存在六偏磷酸钠会削弱高岭石矿物表面捕收剂的吸附，但会增强三水铝石和菱铁矿矿物表面捕收剂的吸附。

自 1960 年以来，我国在铝土矿正浮选脱硅领域开展了大量研究工作。1978 年，曾对海南某三水铝石型铝土矿进行正浮选脱硅研究，在给矿铝硅比 5.30 的条件下，获得了精矿铝硅比 8.32，精矿中氧化铝回收为 72.94% 的选矿指标。

目前，铝土矿正浮选脱硅捕收剂的研究主要集中在油酸、塔尔油、中性油、十二烷基苯磺酸钠、731、733、RA-315、苯乙烯膦酸及葵二酸下脚料等脂肪酸类药剂。

张国范考察了油酸钠对一水硬铝石和岭石矿物表面的作用机理：在 pH 值在 4~7 范围内，油酸钠与一水硬铝石和高岭石发生化学吸附；但 pH 值为 7~10 时，在矿物表面却主要以离子—分子缔合物存在；矿物表面活性点 $Al^{3+}$ 的浓度对其浮选行为有着决定作用；以油酸钠为捕收剂、SHMP 为抑制剂，在油酸钠用量足够大时，完全可实现一水硬铝石与高岭石矿物正浮选分离，这主要是由于油酸钠能通过竞争吸附而优先吸附于一水硬铝石矿物表面，改善其浮选行为。此外，他们还以 RL 作为捕收剂，$Na_2CO_3$ 和 $(NaPO_3)_6$ 作为调整剂，成功实现了铝硅矿物的正浮选分离并获得较好的分选效果。

东北大学的杨小生等人对印尼的三水铝石型铝土矿浮选脱硅进行了研究，研究结果表明，当捕收剂 731 用量 700g/t，调整剂 $Na_2CO_3$、水玻璃、$(NaPO_3)_6$ 用量分别为 4kg/t、2kg/t 和 250g/t，磨矿细度 -0.074mm 占 75%，浮选浓度 28.57% 时，精矿铝硅比为 11.18，其中氧化铝回收率为 63.49%。

有研究报道，与水杨羟肟酸相比，COBA 极性基有更高的电负性、更大的拓扑连接指数、更大的断面尺寸和更强的疏水性能，其分子上的 3 个氧原子可以通过化学成键与矿物表面铝原子形成两环螯合物。

陈湘清和李旺兴把脂肪酸、环烷酸和羟肟酸以质量百分比为（25~98）：（0~75）：（0~25）进行复配作为铝土矿浮选脱硅的捕收剂，该混合捕收剂适用于所有铝土矿的正浮选脱硅工艺，并能得到高品位、高回收率的浮选精矿，该药剂低温适用效果好，尤其适用于低品位铝土矿的正浮选脱硅。

以我国一水硬铝石为原料的氧化铝生产新工艺研究曾被列入"九五"国家重点科技攻关计划，而铝土矿选矿脱硅就是其研究内容之一。1999 年"铝土矿浮选脱硅基础理论与应用技术研究"也被作为子项目列入计划项目"提高铝材质量的基础研究"（国家"973"）。北京矿冶研究总院、中南大学等单位就铝土矿正浮选脱硅工艺开展了大量工作并取得了重大突破，工业试验研究表明，在给矿氧化铝品位 65.19%、二氧化硅含量 11.05%、铝硅比 5.9 的条件下，获得了浮选精矿氧化铝品位和回收率分别为 70.08%、86.45%，二氧化硅含量 6.22%，铝硅比 11.39 的较好选别指标，为拜尔法氧化铝生产工艺提供了合格的给料。

近年来，正浮选脱硅研究虽然已取得突破性进展，能够为拜尔法氧化铝生产工艺提供合格浮选精矿，且浮选药剂具有来源相对广泛、成本低廉，浮选指标相对稳定等优点，但其在实践应用过程中其仍有许多不足之处：捕收剂耗量大，精矿产率大；工艺操作难度高；浮选泡沫过多，选矿效果提升空间有限；浮选精矿和尾矿后续处理难；脉石矿物在磨矿过程中容易过粉碎和泥化，从而影响浮选脱硅效果；精矿表面吸附有大量的药剂，造成冶炼前的精矿脱药困难。

### 5.1.1.2　铝土矿反浮选脱硅

反浮选是将无用矿物以泡沫形式浮出，而有用组分被留在浮选槽底的一种选矿方法。铝土矿原矿品位高，有用矿物含量高，尤其是我国的一水硬铝石型铝土矿，我国铝土矿资源绝大部分 $A/S$ 小于 6，且原矿中一水硬铝石矿物占有率约 65%，铝硅酸盐矿物仅占 25%，为了克服正浮选工艺等诸多弊病，提出了铝土矿反浮选脱硅工艺。所谓铝土矿反浮选就是指通过抑制铝矿物浮选铝硅酸盐矿物的一种物理选矿方法。国外铝土矿反浮选脱硅研究相对甚少。国内中南大学、北京矿冶研究总院等单位分别在铝硅矿物晶体化学、铝硅矿物浮选化学及铝土矿反浮选脱硅浮选药剂及工艺等领域开展了大量深入细致的研究，并取得了较好的研究结果。

赵声贵和钟宏研究了十二烷基三甲基氯化铵、十六烷基三甲基溴化铵和十八烷基二甲基节基氯化铵 3 种季铵盐捕收剂对铝硅矿物一水硬铝石、高岭石、叶蜡石和伊利石的浮选行为和作用机理，结果表明，在碱性条件下，以季铵盐为捕收剂可实现一水硬铝石与3种硅酸盐矿物的反浮选分离；随着矿浆 pH 值提高，这些矿物的表面动电位均呈负增加，季铵盐捕收剂主要靠静电作用吸附在矿物表面。他们还研究了 $SAG_6$、$SAG_8$、$SAG_{10}$ 和 $SAG_{12}$ 等四种烷基胍硫酸盐捕收剂对一水硬铝石、高岭石、伊利石和叶蜡石的浮选性能，浮选结果表明，对一水硬铝石、高岭石和伊利石，$SAG_{12}$、$SAG_{10}$ 和 $SAG_8$ 的捕收能力相当，明显强于 $SAG_6$；对叶蜡石的捕收能力，$SAG_{12}>SAG_{10} \approx SAG_8>SAG_6$。捕收剂 $SAG_{12}$ 对铝硅矿物的捕收能力和选择性均强于 1231 和 DDA；烷基胍捕收剂在酸性条件下对四种矿物均有很强的捕收能力；在强碱性条件下，一水硬铝石的可浮性显著下降，而三种硅酸盐矿物仍保持良好的可浮性，因此，以烷基胍硫酸盐为捕收剂，在强碱性条件下，可望实现一水硬铝石与三种硅酸盐矿物的反浮选分离。

彭兰、曹学锋等研究了十二胺（DDA）、N, N-二甲基十二胺（$DRN_{12}$）、N-十二烷基-1, 3-丙二胺（$DN_{12}$）、N-十四烷基-1, 3-丙二胺（$DN_{14}$）、N-十六烷基-1, 3-丙二胺（$DN_{16}$）、N-十八烷基-1, 3-丙二胺（$DN_{18}$）等多种药剂的结构和物化性质，讨论了它们对一水硬铝石和高岭石、叶蜡石、伊利石的表面电性及浮选行为的影响，结果表明，胺类化合物易阳离子化，在铝硅矿物表面主要发生静电吸附，分子中引入亚氨基或 N 上引入甲基，使分子易于阳离子化，亲固能力增强，与矿物吸附作用增强，与矿物作用后均能显著改变矿物表面 $\zeta$ 电位；药剂所含 N 数越多、N 上烃基越多，药剂的阳离子化趋势越强；胺类捕收剂对铝硅酸盐类矿物捕收性能的决定因素是极性基的特性，捕收矿物的能力为多胺>叔胺>脂肪伯胺；应用于铝土矿反浮选，其对铝硅酸盐类矿物的捕收能力顺序为 $DN_{12}>DRN_{12}>DAA$，在广泛的 pH 值范围，$DN_{12}$ 对 3 种铝硅酸盐矿物的浮选回收率均超过 80%，$DN_{14}$、$DN_{16}$、$DN_{18}$ 浮选铝硅酸盐矿物的趋势与 $DN_{12}$ 相似，但随碳链增长其有效浮选区间变窄。

中南大学通过在基础理论、分选工艺、浮选药剂等多个方面的研究，使得铝土矿反浮选脱硅取得了突破性进展。当磨矿细度为-0.076mm 占 85% 时，采用新型阳离子捕收剂浮选含硅矿物，新型无机调整剂 SFL 分散矿浆，原矿经选择性分散脱泥后再反浮选的原则工艺流程，可得到良好的分选指标。对"九五"攻关连选样在原矿铝硅比为 5.67 时，反浮选精矿铝硅比为 10.52，精矿 $Al_2O_3$ 回收率为 85.04%。对"973"连选样，在原矿铝硅比为 5.72 时，反浮选精矿铝硅比为 10.04，精矿 $Al_2O_3$ 回收率为 85.76%。

综上研究资料表明，与正浮选工艺对比，铝土矿反浮选脱硅技术主要具有以下优势：

（1）降低磨矿成本，防止精矿粒度过细。由于一水硬铝石与铝硅酸盐矿物可磨性差异较大，在磨矿过程中，当可磨性好的铝硅酸盐矿物达到浮选粒度要求时，硬度较大的一水硬铝石仍可保持较粗粒度，这有利于减小磨矿能耗和降低精矿水分含量，正好迎合了拜耳法氧化铝生产工艺的给料要求。

（2）更符合"抑多浮少"的浮选基本原则，上浮产品量少，浮选药剂用量相对较少，选矿成本低，且浮选精矿易于过滤和减少水分、有机药剂含量少，对后续拜耳法溶出过程影响小。

（3）机械夹杂较轻，易于实现提高精矿质量。

（4）原矿中少量钙镁等杂质矿物，易于在反浮选过程中脱除，有利于拜耳法溶出过程中的顺利进行。

### 5.1.2 化学冶金与生物脱硅技术

#### 5.1.2.1 化学冶金脱硅技术

铝土矿中的脉石矿物大多数为高岭石、叶蜡石、伊利石等铝硅酸盐矿物，而这些铝硅酸盐矿物本身就约含30%~40%氧化铝，因此，如果采用物理方法进行脱硅，那么这部分氧化铝会一起损失掉。化学冶金脱硅不仅能减少脱硅过程氧化铝的损失，而且大部分有机药剂以及矿石中有害杂质在化学处理过程中基本被脱除，可减轻对拜耳法氧化铝生产过程的危害。其理论依据为：首先，在一定温度下对铝土矿进行焙烧，使矿石中的铝硅酸盐矿物生成活性 $SiO_2$；然后，再用热碱溶液浸出焙烧后的铝土矿，由于被活化的 $SiO_2$ 可溶于热碱溶液中，从而铝硅矿物便能得到有效分离。

1940年左右，德国就多地高硅铝土矿进行化学脱硅研究。即在700~1000℃条件下对原矿进行焙烧，然后在90℃的低温下用浓度为10%的 NaOH 稀溶液浸出焙烧矿。研究表明，最佳焙烧温度应控制住900~1000℃之间，在给矿铝硅比为4.5条件下，获得了铝硅比为20的精矿产品，$SiO_2$ 脱除率高达80%，氧化铝总回收率在95%以上。此外，他们还以块状铝土矿开展化学脱硅工业试验研究，块矿经焙烧后，无须破碎而直接以"塔式溶出法"进行处理，氧化铝总回收率高达97.5%，二氧化硅脱除率为53%，铝硅比由2.76提高至6.83。

我国的铝土矿化学冶金脱硅研究工作始于1950年左右，经过半个世纪的研究与探索，对该脱硅技术的基本规律与内涵有了较深的认识。

我国在"九五"期间开展了针对某高岭石——水硬铝石型铝土矿利用回转窑与烧结机的化学脱硅研究，扩大试验研究结果表明，在原矿 $A/S$ 为4~5、焙烧温度1050℃~1100℃、焙烧时间15~20min 的条件下，用质量浓度为10%~15%的 $Na_2O_K$ 碱液低温搅拌浸出焙烧产物，获得了 $A/S$ 为8~10精矿，且氧化铝回收率 >98%的优选指标。此外还有研究表明，化学冶金技术也可用于铝土矿中叶蜡石、伊利石等其他铝硅酸盐矿物的脱硅。

刘今、程汉林等针对山西某高岭石型铝土矿开展化学脱硅研究，由小型试验结果可知，焙烧温度的高低对脱硅率的影响很明显，脱硅率随焙烧温度的增加而提高，而 $Al_2O_3$ 溶出率却没有得到相应的提高；$Al_2O_3$ 溶出率随溶出温度增加而显著提高，但脱硅率却几乎不变；此外，脱硅作用好差与磨矿方式也有一定的影响；理想的焙烧与溶出温度分别为 1000~1100℃、95℃，铝土矿铝硅比从 4.5 上升至 13~18。

有人就某伊利石型铝土矿进行化学脱硅研究，发现常压下伊利石矿物很难与 NaOH 溶液作用，因此其脱硅率只有 20%~30%；然而当焙烧温度提高到 700~950℃时，铝土矿二氧化硅的脱除率可增加 1 倍多。

刘汝兴、周宗禹等就某中低品位铝土矿采用化学预脱硅，研究认为，二氧化硅脱除效果与焙烧温度关系密切，焙烧温度的上升可促进高岭石矿物的裂解，且分解出的活性二氧化硅在 NaOH 溶液中可溶性也更好；此外，提高降低浸出浓度比，有利于改善精矿质量，但 $Al_2O_3$ 回收率出现一定程度的减小。

罗琳、刘永康等人从热力学角度研究与分析某以高岭石为主的一水硬铝石型铝土矿的焙烧过程，研究焙烧过程中原矿各组分物相的存在形式，研究认为，焙烧过程属非等温多相反应过程；高岭石矿物高温裂解成的无定形氧化铝与二氧化硅结合在一起成为非晶态硅铝尖晶石类混合物，整个裂解过程未产生 $\gamma$-$Al_2O_3$；富铝红柱石是由 $Al_2O_3 \cdot SiO_2$ 中间产物脱硅氧，从无序到有序形成的。

化学冶金脱硅存在的问题与不足：(1) 能耗高，生产成本大；(2) 浸出液浓度太低，溶出过程过于缓慢，后续处理工艺麻烦；(3) 工艺技术对不同种类的铝土矿适应性相对较弱。因此，到目前为止铝土矿的化学冶金脱硅研究一直还处于实验室探索阶段。

### 5.1.2.2   生物脱硅技术

所谓铝土矿生物脱硅就是借助微生物对硅酸盐和铝硅酸盐矿物的作用实现铝土矿脱硅的选矿过程，譬如，微生物可将高岭石矿物分解成 $SiO_2$ 与 $Al_2O_3$，由于生成的 $SiO_2$ 可溶、$Al_2O_3$ 不溶，因此就可实现铝硅矿物的有效分离。

在铝土矿的生物脱硅中，异养菌是应用最广泛的一种微生物，大部分为细菌及真菌，例如多粘芽孢杆菌、黑曲霉菌、胶质芽孢杆菌以及环状芽孢杆菌等。细菌通过其分泌出的草酸、柠檬酸等有机酸对含硅矿物进行分解。"硅酸盐"异养菌主要是通过其产生的多糖类物质或酸性代谢产物与硅相互作用生成络合物，以实现对铝硅酸盐矿物的脱硅目的。

国外有人以黑曲霉菌的变株对铝土矿进行处理，将矿石中 56.2% 的铝硅酸盐矿物与 59.5% 铁一并脱除。钮因键用荚膜芽孢杆菌（GSY-5 号）对多种铝土矿进行脱硅研究，研究结果表明，GSY-5 号具有较好的脱硅能力，在 pH 值为 7.2、反应温度为 30℃、矿浆浓度 5%、浸出时间 7 天的条件下，将原矿铝硅比从 4.58、6.74、6.03、5.09、2.93 分别提高至 5.88、8.45、8.55、6.79、3.54。

河南工业大学惠明等从 1 株硅酸盐细菌 GSY-1 的发酵液中提取胞外多糖，并利用多糖进行脱硅试验研究，研究结果表明，该胞外多糖具有显著的铝土矿脱硅能力，当多糖含量 0.1g/L、矿浆浓度 10g/L、浸矿条件 30℃、200r/min、3d 时，可将铝土矿铝硅比从 2.84 提高到 4.19。

孙德四等研究了硅酸盐细菌 JXF 菌株浸矿脱硅条件，研究结果表明：在 pH 7.2、温度 28℃、摇床转速 200r/min、500mL 锥形瓶的装液量 100mL、接种量 3.8×10$^6$ 个/mL，浸出时间 5~7d 条件下，JXF 菌种浸矿脱硅效果最好，可浸铝土矿原矿、绿泥石人工混合矿样中 50.4% 与 65.3% 的硅。

东北大学熊艳枝等进行了硅酸盐细菌的筛选及脱硅能力研究，并以筛选出的 2 号菌株对河南铝土矿进行脱硅，试验结果表明该菌具有一定的脱硅能力。

铝土矿生物预脱硅主要优势有：（1）无须高温高压；（2）脱硅选择性较强，$Al_2O_3$ 总回收率高；（3）流程简洁，生产成本低。但由于存在脱硅时间长、环境污染压力大等问题，因此目前铝土矿的生物选矿脱硅技术尚未实现工业应用。

### 5.1.3　其他脱硅技术

#### 5.1.3.1　选择性碎磨

铝土矿选择性磨矿，就是指利用水铝石与高岭石、伊利石、叶蜡石等脉石矿物的可磨性差异，在磨矿过程中通过工艺技术参数与工作条件的优化实现选择性碎解，使硬度较大的水铝石矿物进入粗粒级，而易碎的脉石矿物则进入细粒级，从而初步实现铝硅矿物分离的过程。

根据结晶学与矿物学研究可知，一水硬铝石矿物硬度位于 6.5~7 之间，而铝硅酸盐矿物的硬度通常都不大于 3，此外，由矿物晶体构造研究还可知，硅酸盐矿物结构大多属层状构造，层与层之间由微弱的范德华力联系在一起，很容易发生裂解，而一水硬铝石矿物为链状晶体结构类型，键能大，表现为硬度高，所以，可利用铝硅矿物之间的硬度差进行选择性碎解。魏新超、张国范、袁致涛等人分别进行了铝土矿选择性碎磨脱硅研究。研究结果表明，选择性磨矿亦是一种有效物理脱硅途径，该方法通常能将原矿 $A/S$ 约提高 3~4。北京矿冶研究院、东北大学、中南大学等多家单位在"九五"时期开展了大量的选择性磨矿工艺技术研究，提出了"两段闭路粗粒级中间产品再磨"脱硅工艺流程。此外，还有人开展旋流浮选、原矿粗碎后再经半自磨+球磨、原矿经粗碎分级后粗粒级再碎再磨流程等选择性碎磨工艺技术研究，为铝土矿的选择性碎解脱硅提供了良好的借鉴。

### 5.1.3.2　洗选与筛分

由于部分高岭石型铝土矿会存在泥化现象，因此，可通过洗选和筛分途径脱除大部分矿泥来降低矿石中的含硅量，从而提高原矿 $A/S$。

刘长龄等人针对苹果碎屑铝土矿某矿体进行物质成分研究，粒度分析结果表明，粒度大于 0.5mm 产品铝硅比大于 20，而粒度在 0.5~0.1mm 之间的产品铝硅比约为 6.95，小于 0.1mm 的产物铝硅比小于 2，此类铝土矿采用洗矿与筛分工艺能获得良好的脱硅效果。

也有研究表明，洗矿与筛分工艺仅对疏松的铝土矿脱硅有效，例如三水铝石-高岭石型铝土矿。关明久对原苏联三水铝石-高岭石型铝土矿进行洗矿、筛分脱硅，将给矿从铝硅比为 4.4、3.5、2.1 分别提高到 7.9、6.7、8.6。

### 5.1.3.3　分散和选择性絮凝

所谓选择性絮凝就是指通过添加絮凝剂将矿浆中微细物质进行选择性絮凝并使絮凝体与其他物质分离的作业。

在国外，苏联对一水软铝石型铝土矿进行选择性絮凝脱硅试验，原矿 $A/S$ 3.9，得到精矿 $A/S$ 6.2，$Al_2O_3$ 回收率 58.1%。骆兆军、胡岳华、王毓华等根据 DLVO 理论，研究认为铝硅酸盐与一水硬铝石矿物颗粒之间的范德华力一直处于相吸状态，静电作用力在弱碱环境下相斥，而在弱酸条件下则相吸，且容易发生夹杂现象，对反浮选脱硅不利。大量研究结果表明，$Na_2CO_3$ 和（$NaPO_3$）$_6$ 有利于矿浆的分散和选择性脱泥，降低浮选药剂用量，改善反浮选效果。魏新超分别以 PAM 为絮凝剂，（$NaPO_3$）$_6$ 为分散剂，$Na_2CO_3$ 或 NaOH 矿浆为 pH 值调整剂，对−5μm 占 30%~40%的铝土矿悬浮体进行选择性絮凝脱硅，将原矿 $A/S$ 从 2.75 提高至 5.0，精矿产率约 50.40%。张云海考察了 YF-1、YX-1 对一水硬铝石和伊利石分离效果的影响，研究认为 YF-1 是伊利石矿物的高效分散剂，絮凝剂 YX-1 显示出非常高选择性，在 YF-1 与 YX-1 联合作用下可成功地将伊利石从混合矿中脱除。此外，他们还以 YB-1、YF-2 及 YX-3 进行高岭石与一水硬铝石混合矿的反浮选分离试验研究，并获得了较好的试验结果。

## 5.2　阳离子脱硅捕收剂研究现状与发展

阳离子表面活性剂是指疏水基通过共价键与带正电的亲水基相连的表面活性剂，在水溶液中能解离出具有表面活性的阳离子。阳离子表面活性剂除具有一般表面活性剂的基本性质外，亲水基带有正电荷，有着特殊的界面吸附性能，于 1935 年首次在浮选工业中应用。目前，反浮选脱硅报道过的阳离子捕收剂见表 5-1。

**表 5-1 反浮选脱硅出现的阳离子捕收剂**

| 药剂类别 | 药 剂 名 称 |
|---|---|
| 伯胺类 | 十二胺、十四胺、十六胺、十八胺 |
| 叔胺 | N, N - 二甲基十二胺(DRN$_{12}$)、N, N - 二甲基十四胺(DRN$_{14}$)、N, N - 二甲基十六胺(DRN$_{16}$)、N, N - 二甲基十八胺(DRN$_{18}$) |
| 季胺盐 | 十八烷基二甲基节基氯化铵、十六烷基三甲基溴化铵、十二烷基三甲基氯化铵、十四烷基三甲基氯化铵、DTAL;1231、双季铵盐型 |
| 多胺化合物 | N - 十八烷基 - 1, 3 - 丙二胺(DN$_{18}$)、N - 十六烷基 - 1, 3 - 丙二胺(DN$_{16}$)、N - 十四烷基 - 1, 3 - 丙二胺(DN$_{14}$)、N - 十二烷基 - 1, 3 - 丙二胺(DN$_{12}$)、Nb 104、Nb 112、Collector 075 3 94 |
| 醚胺化合物 | 烷基二胺醋醚盐、醚胺醋酸盐、C$_{12}$H$_{25}$O(CH$_2$)$_3$NH$_2$、C$_{14}$H$_{29}$O(CH$_2$)$_3$NH$_2$、C$_{16}$H$_{33}$O(CH$_2$)$_3$NH$_2$、C$_{18}$H$_{37}$O(CH$_2$)$_3$NH$_2$、MG - 98 - A3、MG - 87、MG584、ECNA 04D、Poliad A - 3、Colm in C12、MG - 70 - A5、Flotigam TEDA - 3B、H OE F2835 - B、Flotigam EDA - B、Flotigam TEDA - 3B、MG - 83 - A |
| 酰胺基胺类 | N - (2 - 氨丙基) - 月桂酰胺、N - (2 - 氨乙基) - 月桂酰胺、N - (2 - 氨乙基) - 肉豆蔻酰胺、N - (2 - 氨乙基) - 棕榈酰胺、N - (2 - 氨乙基) - 硬脂酰胺、N - (3 - 氨丙基) - 月桂酰胺、N - (3 - 二甲基氨丙基) - 月桂酰胺、N - (3 - 二甲基氨丙基) - 肉豆蔻酰胺、N - (3 - 二甲基氨丙基) - 棕榈酰胺、N - (3 - 二甲基氨丙基) - 硬脂酰胺、N - (3 - 二乙基氨丙基) - 月桂酰胺、N - (3 - 二乙基氨丙基) - 肉豆蔻酰胺、N - (3 - 二乙基氨丙基) - 棕榈酰胺、N - (3 - 二乙基氨丙基) - 硬脂酰胺、N - (2 - 氨基乙基) 萘乙酰胺、N - 十二烷基 - β氨基丙酰胺盐酸盐(DAPA);Flotigam T2A - B、Flotigam SA - B |
| 胍 | SAG$_6$、SAG$_8$、SAG$_{10}$、SAG$_{12}$ |
| 烷基吗啉 | 十二烷基吗啉、十烷基吗啉、十六烷基吗啉 |
| 其他 | 甲萘胺、GE - 601、GE - 609、CS$_2$、CS$_1$、YS - 73、氯化十六烷基吡啶 |

由表 5-1 可知,阳离子脱硅捕收剂已不再拘泥于早期开发的脂肪伯胺,现在已不断向叔胺、酰胺、醚胺、多胺、缩合胺及其盐等领域拓展。

### 5.2.1 伯胺类捕收剂

脂肪伯胺属应用相对较早的阳离子捕收剂,浮选领域报道较多的主要为十二胺、十四胺、十六胺及十八胺等。这类胺化合物在很难在水中溶解,因此,通常在使用前与醋酸或盐酸反应,生成相应的盐后再使用。

国外 20 世纪 70 年代,Ishchenko 等人使用十二胺对铝硅比为 2.7~2.4 的三水铝石进行反浮选获得铝硅比大于 7 的铝土矿精矿。N. M. Anishchenko 等使用氯化月桂胺成功地实现了鲕绿泥石与三水铝石的分离,捕收剂在鲕绿泥石表面的吸附为离子、分子和胶束的化学和物理吸附。

我国阳离子反浮选工艺是从 20 世纪 70 年代才开始研究的。胡岳华、蒋昊、彭兰、曹学锋等研究了十二胺、十四胺对铝硅酸盐矿物浮选行为的影响。研究结果表明，在矿浆 pH 较低时，十二胺或十四胺对高岭石、叶蜡石及伊利石三种矿物均表现出良好的可浮性，但其可浮性随着 pH 提高表现为不同程度的恶化，捕收剂主要通过物理吸附作用于矿物表面。此外，蒋昊等还研究了十二胺（DDA）的醋酸盐对硅酸盐矿物浮选行为，试验研究表明，矿浆 pH 值为 2~6 时有利于矿物浮选，以十二胺为捕收剂，叶蜡石可浮性最好，高岭石次之，伊利石最差；随矿浆 pH 值的增加，铝硅酸盐矿物的浮选回收率下降，尤其是高岭石和伊利石，在 pH 值大于 10 后，回收率低于 30%。

### 5.2.2 叔胺类捕收剂

胡岳华等以甲酸为催化剂、甲醛与脂肪胺为原料，制备了叔胺 DRN 类捕收剂，并研究了该类捕收剂对高岭石、叶蜡石、伊利石的浮选行为，研究结果表明，以十二脂肪叔胺作捕收剂，铝硅酸盐矿物的上浮率随矿浆 pH 值上升而减少，但随捕收剂浓度增加而上升；十四脂肪叔胺对铝硅酸盐矿物的浮选规律与十二脂肪叔胺基本类似，但其捕收能力强于后者，即烃链长的叔胺捕收能力强。

彭兰等人研究了十二烷基叔胺对高岭石、伊利石和叶蜡石的浮选行为及捕收剂与矿物的作用机理，结果表明，叔胺与伯胺对硅酸盐矿物的浮选规律相似，但浮选效果较伯胺好，尤其是在 pH 值为 2~3 的强酸性条件下。

曹学锋等人以甲酸、乙醛以及十六胺为原料，制备了叔胺 N，N—二乙基—N—十六烷基胺（DEN$_{16}$），并研究了其对铝硅矿物的浮选行为以及作用机理，由研究结果可知，在 pH 值为 5~5.5、DEN16 浓度 $2\times10^{-4}$mol 时，高岭石、伊利石的上浮率都在 82% 以上，而一水硬铝石仅为 60%；人工混合矿反浮选分离获得了 $A/S$ 大于 20 的精矿，DEN$_{16}$ 时该 3 种矿物的作用均为静电吸附。

### 5.2.3 季胺盐类捕收剂

季铵盐是一种已完全阳离子化的表面活性剂。赵声贵与钟宏研究了十二烷基三甲基氯化铵、十六烷基三甲基溴化铵和十八烷基二甲基节基氯化铵 3 种季铵盐捕收剂对铝硅矿物一水硬铝石、高岭石、叶蜡石和伊利石的浮选行为和作用机理。结果表明，在碱性条件下，以季铵盐为捕收剂可实现一水硬铝石与 3 种硅酸盐矿物的反浮选分离；随着矿浆 pH 值提高，这些矿物的表面动电位均呈负增加，季铵盐捕收剂主要靠静电作用吸附在矿物表面。

钟宏等研究了 Gemini12-4-12 对一水硬铝石和高岭石的浮选行为。研究结果表明，Gemini12-4-12 在广泛 pH 范围内对一水硬铝石和高岭石具有很强的捕收能力；在 pH 值为 7~8 条件下，当其浓度为 $3.0\times10^{-4}$mol 时，一水硬铝石和高岭石的上浮率均超过95%，若辅以200mg/L可溶性淀粉，一水硬铝石的可浮性急剧下降，两种铝硅矿物之间的浮选回收率相差70%以上，并成功实现了不同$A/S$的一水硬铝石和高岭石人工混合矿的反浮选分离。此外，其课题组还研究了Gemini12-2-12，12-6-12，1231等季铵盐对铝硅矿物的浮选行为，研究结果表明该类药剂均是铝硅矿物浮选的有效捕收剂，其反浮选脱硅效果优于传统捕收剂。

胡岳华等采用新型阳离子季铵盐捕收剂DTAL对铝土矿进行反浮选脱硅，获得了较好的研究结果。采用DTAL为捕收剂、SFL分散矿浆，原矿经选择性分散脱泥后再反浮选脱硅，在原矿铝硅比为5.67时，反浮选脱硅获得了精矿$A/S$10.52、$Al_2O_3$回收率为85.04%的指标，该工艺对矿样的适应性较好。

### 5.2.4 醚胺类捕收剂

醚胺化合物就是在脂肪伯胺的R基团和$NH_2$极性基之间，插入一个或多个（$O—CH_2$）极性基团形成的一类胺化合物。由于具有机醚官能特性的C—O共价键存在，改善了药剂的溶解性，促进药剂进入固-液和液-气界面上，增强气泡周围液膜的弹性，也影响极性基团的偶极矩。胡岳华等人研究了醚胺对高岭石、叶蜡石和伊利石的浮选试验，研究结果表明，烷氧基丙胺对高岭石、叶蜡石、伊利石的捕收性能比十二烷胺好；浮选高岭石和伊利石的性能按下述顺序降低：$C_{18}H_{37}O(CH_2)_3NH > C_{16}H_{33}O(CH_2)_3NH_2 > C_{14}H_{29}O(CH_2)_2NH_2 > C_{12}H_{25}O(CH_2)_3NH_2$。这些烷氧基丙胺类化合物是铝土矿反浮选除去铝硅酸盐矿物的高选择性捕收剂，其适宜pH值分选条件为弱酸性。

日本的向井滋报道了对含铁矿物和碱性含铁硅酸盐矿物（霓石-普通辉石）的矿石（全铁26.1%）进行磨矿，在pH值10.37，用24mg/L的烷基二胺醋醚盐为捕收剂，淀粉为抑制剂，进行反浮选获得成功，铁在尾矿中的回收率为88.77%，品位为59.24%。苏联也有用聚乙烯基二胺作铁矿石反浮药剂的报道，据说精矿品位与回收率均有所提高。

### 5.2.5 酰胺基胺类捕收剂

赵世民、胡岳华、王淀佐等探索了N-(2-氨乙基)-月桂酰胺和N-(3-氨丙基)-月桂酰胺对铝硅酸盐矿物的浮选行为。研究结果表明，该两种捕收剂对高岭石、叶蜡石、伊利石三种铝硅酸盐矿物表现出良好的浮选性能，且其捕收力受矿浆pH值变化影响甚微。

### 5.2.6 多胺类捕收剂

彭兰、曹学锋等人研究了N-十二烷基-1，3-丙二胺（$DN_{12}$）、N-十四烷基

-1，3-丙二胺（$DN_{14}$）、N-十六烷基-1，3-丙二胺（$DN_{16}$）、N-十八烷基-1，3-丙二胺（$DN_{18}$）等多种药剂的结构和物化性质，讨论了它们对一水硬铝石和高岭石、叶蜡石、伊利石的表面电性及浮选行为的影响。结果表明，胺类化合物易阳离子化，在铝硅矿物表面主要发生了静电吸附，分子中引入亚氨基或 N 上引入甲基，使分子易于阳离子化，亲固能力增强，与矿物吸附作用增强，与矿物作用后均能显著改变矿物表面 ζ 电位；药剂所含 N 数越多、N 上烃基越多，药剂的阳离子化趋势越强；胺类捕收剂对铝硅酸盐类矿物捕收性能的决定因素是极性基的特性，捕收矿物的能力为多胺>叔胺>脂肪伯胺；在广泛的 pH 值范围，$DN_{12}$ 对 3 种铝硅酸盐矿物的浮选回收率均超过 80%，$DN_{14}$、$DN_{16}$、$DN_{18}$ 浮选铝硅酸盐矿物的趋势与 $DN_{12}$ 相似，但随碳链增长其有效浮选区间变窄。

### 5.2.7 胍

胍是最强的有机碱之一，胍基官能团具有较强的生理活性、易于形成氢键、稳定性高、在较大 pH 值范围内保持正电性等特点。

赵声贵等人研究了 $SAG_6$、$SAG_8$、$SAG_{10}$ 和 $SAG_{12}$ 等四种烷基胍硫酸盐捕收剂对一水硬铝石、高岭石、伊利石和叶蜡石的浮选性能。浮选结果表明，对一水硬铝石、高岭石和伊利石，$SAG_{12}$、$SAG_{10}$ 和 $SAG_8$ 的捕收能力相当，明显强于 $SAG_6$；对叶蜡石的捕收能力，$SAG_{12}>SAG_{10}\approx SAG_8>SAG_6$。捕收剂 $SAG_{12}$ 对铝硅矿物的捕收能力和选择性均强于 1231 和 DDA；烷基胍捕收剂在酸性条件下对四种矿物均有很强的捕收能力；在强碱性条件下，一水硬铝石的可浮性显著下降，而三种硅酸盐矿物仍保持良好的可浮性。因此，以烷基胍硫酸盐为捕收剂，在强碱性条件下，可望实现一水硬铝石与三种硅酸盐矿物的反浮选分离。

关风等人研究了辛基硫酸胍 SAG8 对铝硅酸盐矿物的浮选性能和作用机理。结果表明，在 pH 值为 4~12 的范围内，SAG8 对高岭石、叶蜡石和伊利石这三种铝硅酸盐都有较好的捕收能力。

夏柳荫等人研究了十二烷基胍对铝硅矿物的浮选分离。研究结果表明，强碱条件下，十二烷基胍是铝硅矿物反浮选分离的有效捕收剂，以其为捕收剂进行河南某一水硬铝石型铝土矿实际矿石反浮选脱硅研究，在原矿铝硅比为 5.70 的条件下，获得了 A/S 11.08，三氧化铝回收率为 75% 的浮选精矿。

### 5.2.8 其他类捕收剂

任建华等人在药剂研究中，采用新型阳离子捕收剂 CS1 和组合药剂（CS2：CS1=2），对某铁矿进行阳离子反浮选脱硅试验研究。试验结果表明，在 pH 值为 6~12 的范围内，两者的捕收能力与十二胺相当，但新型阳离子捕收剂的选择性更好；通过磁选铁精矿反浮选脱硅试验研究，发现新型组合药剂在获得与十二胺相近的铁品位前提下，铁回收率提高了 8.32%，在硬水条件环境下，铁精矿品位仍可保持在 69% 以上，回收率 90% 以上，是铁矿反浮选脱硅的有效捕收剂。

武汉理工大学王春梅、葛英勇等人采用自主研制的 GE—609 阳离子捕收剂，普通食用玉米淀粉为抑制剂对齐大山赤铁矿进行反浮选脱除硅酸盐矿物，原矿经一次粗选、一次精选、两次扫选，获得了铁精矿品位 67.12%、铁回收率 83.55% 的良好指标，与阴离子反浮选工艺比较，阳离子反浮选可以降低选矿成本。

赵世民研究了甲萘胺对高岭石、伊利石、叶蜡石三种铝硅酸盐矿物的浮选行为。研究结果表明，甲萘胺对叶蜡石的浮选回收率不低于 98%，对伊利石和高岭石的捕收力相对较弱，浮选行为受矿浆 pH 影响较小。

### 5.2.9 阳离子反浮选脱硅的优势与不足

与其他捕收剂相比，阳离子反浮选具有以下两个方面的优点：

第一，阳离子反浮选药剂制度简单，仅使用阳离子捕收剂就可以实现脱硅的目的；而阴离子反浮选工艺除使用捕收剂以外，还需要抑制剂、活化剂及 pH 值调整剂，药剂品种多、耗量大、费用高。

第二，阳离子捕收剂具有良好的耐低温性能，可在 10℃ 左右实现工业生产；显然，采用阳离子反浮选工艺可以节省大笔加温费用，降低生产成本。所以，对于追求利润最大化的国外企业来说，大多采用阳离子反浮选工艺。

近几年，经过广大科研工作者的努力，我国铝土矿反浮选捕收剂研究取得了较大的进展，但目前仍存在一些问题与不足：

（1）大多数阳离子捕收剂仍难以解决选择性和捕收力之间的矛盾问题。要么选择性强捕收力弱，要么捕收力太强却又缺乏选择性。

（2）捕收剂适应性相对不足，浮选效果受矿泥、脉石矿物性质等影响较大。

（3）难以获得优质浮选精矿，药剂成本高。

（4）浮选过程过于冗长，尾矿粒度过细处理困难，工业应用推广局限性大。

因此，高效、廉价、环保、性能优良的铝硅酸盐矿物捕收剂的研究与开发仍将是铝土矿反浮选脱硅技术研究领域的主要内容之一。

## 5.3 有机硅阳离子表面活性剂现状

与普通表面活性剂不同，有机硅表面活性剂的疏水基团为疏水性和表面活性均比碳链更强的烷基硅氧烷，在同等浓度的溶液中，具有更低的表面张力。按疏水基的不同可为三类：以 Si—O—Si 为主干的硅氧烷表面活性剂；以 Si—C—Si 为主干的聚硅甲基或碳硅烷表面活性剂；以 Si—Si 为主干的聚硅烷表面活性剂。根据亲水基的不同又可将其划分为四大类：阴离子型、阳离子型、非离子型以及两性离子型。典型的有机硅阳离子表面活性剂应属于氨基硅烷与氨基硅油，其应用领域最广泛、用量也最多。根据氨基的不同可细分为伯铵、仲胺、叔胺和季胺四类。

20世纪50年代，美国UCC（联合碳化物公司）第一次提到氨基硅烷偶联剂，此后便开始出现了大量的氨基硅烷偶联剂改性产品，例如，含过氧基、重氮或叠氮的硅烷偶联剂等。而性能最佳的要数1967年美国Dow Corning公司研制的季铵盐有机硅DC-5700，申请了首个有机硅产品专利，其主要成分为γ-（三甲氧基硅丙基）-二甲基十八烷基铵的氯化物，分子式结构如式（5-1）所示。

$$\left[ \begin{array}{c} \text{OCH}_3 \quad\quad \text{CH}_3 \\ \text{CH}_3\text{O}-\text{Si}-(\text{CH}_2)_3-\text{N}-\text{C}_{18}\text{H}_{37} \\ \text{OCH}_3 \quad\quad \text{CH}_3 \end{array} \right]^+ \text{Cl}^+ \tag{5-1}$$

自20世纪60年代，我国浙江大学、山东大学、山东省纺织研究院、中国纺织大学、上海树脂厂、湖南轻工研究所等多家单位开展了有机硅阳离子表面活性剂的研究及应用工作。目前报道过的产品有STU-AM101、CTU-1、SAQ-1、HSQA等，其大多数都为季铵盐类有机硅表面活性剂。

有机硅表面活性剂分子主要结构为—Si—O—骨架，—Si—O—键的化学结合力比C—C键强，且Si和O原子荷电不同，—Si—O—键处于离子键合与共价的过渡态，结构较稳定，因此，这决定了有机硅表面活性剂具有较强的化学和热稳定性、表面活性高以及平滑性好等优点。有机硅表面活性剂从20世纪60年代开始在各工业领域应用，到20世纪80年代便得到了全面高速发展，目前已在日化、医药和纺织等行业领域广泛应用。

（1）杀菌剂。阳离子杀菌剂中最具典型的就是有机硅季铵盐，现已发展到第五代产品。有机硅季铵盐既可直接作为抗菌整理剂使用，也可制成乳液或微乳液后使用。其杀菌和抑菌作用是通过将有机硅中具有杀菌性能的阳离子基团作用于纤维表面，吸引带负电的细菌，束缚细菌的活动自由度和抑制其呼吸功能，并通过渗入细菌细胞壁内，使细胞壁的蛋白质凝固而实现，是接触杀死方式，从而确保了人体安全性。美国道康宁公司的DC5700和DC8600具有较强的杀菌、抑菌作用，且可与纤维反应，牢固地吸附于纤维、金属、纸张以及其他非金属表面上，增强其表面抗菌性能。

（2）污水处理。有机硅季铵盐之所以能用作絮凝剂，是因为其结构中带正电的季铵盐基团，可中和污水中带电颗粒的电性，且分子之间可发生"桥连"作用，形成性能稳定的大分子絮凝团。

周梅素与钞建宾采用含氢硅油、烯丙基卤等合成了多种有机硅季铵盐产物，将合成产品用于处理造纸厂污水和高岭土悬浮液，获得了较好的絮凝效果；且研究认为随着季胺基团的增大絮凝效果变强增高，絮凝百分率也随作用时间增加而更高。

（3）日用化学品工业。有机硅季铵盐分子结构带有长链聚硅氧烷等疏水基团，因此，它具有光泽好以及优良滑爽等特性，此外，由于带正电季铵盐阳离子能与电性相反的头发等发生物理静电作用，因此又具有良好的耐水洗和调理性。

（4）纺织品后整理剂。有机硅季铵盐织物整理剂在织物整理领域应用非常广泛。有研究表明，有机硅季铵盐分子结构含有—$CH_3O^-$基团，用水稀释时，—$CH_3O^-$水解产生硅醇基。当其与织物纤维接触时，$N^+$被带负电荷的纤维表面吸引，一方面，分子间发生脱水聚合形成薄膜覆盖于纤维表面，但这种结合方式强度较弱，耐久性较弱；另一方面，在温度120℃环境下，硅醇基同纤维表面—OH作用且分子间进行脱水缩合，以共价键牢固吸附于纤维表面上。因此，有机硅季铵盐表面的活性剂通过共价键和静电吸附共同作用在纤维表面形成性能优先经久耐用的抗微生物表面膜。有机硅季铵盐既可以单独使用也可以与其他试剂组合使用，既可用于天然纤维织物，又可用于尼龙等合成纤维。经过处理的产品具有防污、防静电、防皱、耐磨、抑菌、丰满、柔软等特点。

此外，有机硅阳离子表面活性剂还广泛应用于石油开采及输送、砖石料加固、木材皮革加工、金属防锈防氧化、玻璃陶瓷的保护、玻璃纤维增强材料以及处理无机粉末填料等领域。

## 5.4 试验样品与研究方法

（1）纯矿物。本节研究采用的纯矿物样品包括一水硬铝石、高岭石、叶蜡石、伊利石、磁铁矿、石英、石榴子石以及橄榄石等。一水硬铝石纯矿物取自河南小关，其$Al_2O_3$品位79.65%，$SiO_2$含量为1.89%。高岭石单矿物来自河南郏县，叶蜡石、伊利石分别出自福建青天和浙江瓯海。磁铁矿来自河南郑州，进过实验室破碎后的再磨—弱磁选—重选相结合得到铁精矿。橄榄石、石榴子石来自江苏东海县，石英来自河南郑州。纯矿物块矿经手工破碎后，挑选出纯净的单矿物，再通过瓷球磨，并用筛子筛分，取$-0.074mm+37\mu m$粒级产品密封保存以备试验研究用。各试验纯矿物样品XRD光谱检测结果分别如图5-1所示，可以看出各矿物的纯度都比较高，完全可以满足纯矿物试验研究要求。

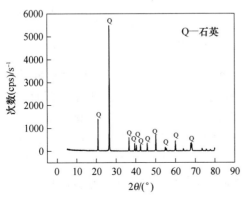
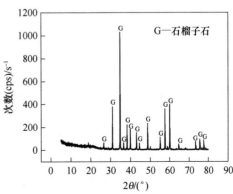

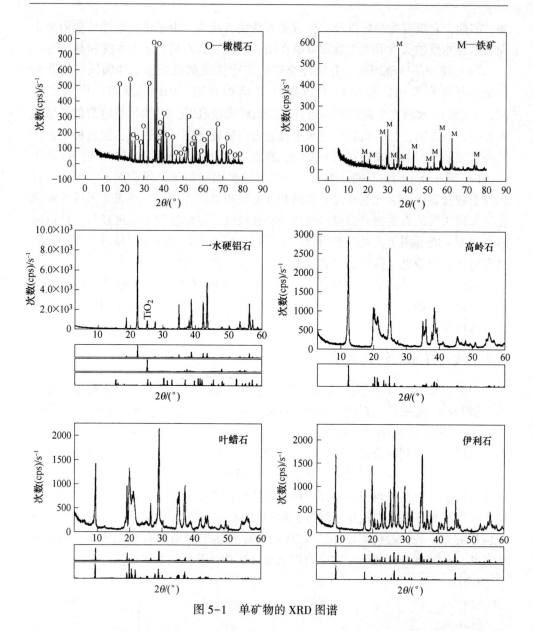

图 5-1 单矿物的 XRD 图谱

（2）人工混合矿。有研究表明，在叶蜡石、伊利石、高岭石三种铝硅酸矿物中，高岭石与一水硬铝石矿物可浮性最接近，实现高岭石与一水硬铝石的有效分离是我国铝土矿反浮选脱硅技术的关键。因此，为了简化研究过程，试验所用人工混合矿试验仅以高岭石和一水硬铝石纯矿物进行不同质量比例的混合，产品中 $Al_2O_3$ 与 $SiO_2$ 质量比简称"铝硅比"，用"$A/S$"表示。铁精矿人工混合矿配制：首先将脉石矿物石英、石榴子石、橄榄石等量混匀制成人工脉石矿物，然后再将磁铁矿与人工脉石矿物分别按质量比 4∶1、3∶1、2∶1 的比例混合得到铁矿人工混合矿。

（3）研究方法。单矿物和人工混合矿浮选试验在 30mL 的挂式浮选槽中进行，浮选机型号 XFGⅡ，每次称取 3g 纯矿物，用量筒量取 30mL 清水，一同加入浮选槽中，搅拌 2min 之后加入 HCl 或 NaOH 调整 pH，搅拌 3min 加入抑制剂与捕收剂，刮泡方式为手动，刮泡时间 5min，试验完成之后，清洗试验器材及试验台，分别收集精矿与尾矿，过滤，放入烘箱中烘干称重，并计算选别回收率及精矿品位。试验流程如图 5-2 所示。

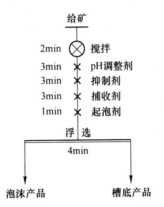

图 5-2　纯矿物及人工混合浮选试验研究流程

## 5.5　有机硅阳离子捕收剂的制备及特性

### 5.5.1　有机硅季铵盐 QAS 系列捕收剂的制备

#### 5.5.1.1　合成原理

有机硅季铵盐 QAS 系列捕收剂是由卤代有机硅氧烷与脂肪叔胺合成的一种阳离子表面活性剂，基本反应式如下：

$$R^1— \underset{\underset{R^1}{|}}{\overset{\overset{R^1}{|}}{Si}} —(CH_2)_3Cl+ \underset{\underset{CH_3}{|}}{\overset{\overset{CH_3}{|}}{N}} —R^2 \rightarrow \left[ R^1— \underset{\underset{R^1}{|}}{\overset{\overset{R^1}{|}}{Si}} —(CH_2)_3— \underset{\underset{CH_3}{|}}{\overset{\overset{CH_3}{|}}{N}} —R^2 \right]^+ Cl^- \qquad (5-2)$$

式中，$R^1$ 为—$OC_2H_5$ 或—$OCH_3$；$R^2$ 为烃基，其碳原子数为 12、14、16、18 等。

本节合成有机硅季铵盐 QAS 系列捕收剂所用的卤代有机硅氧烷包括 γ-氯丙基三甲氧基硅烷和 γ-氯丙基三乙氧基硅烷，所用的叔胺包括 N，N-二甲基十二脂肪叔胺、N，N-二甲基十八脂肪叔胺，以及 $C_{12}$-$C_{14}$ 混合叔胺和 $C_{16}$-$C_{18}$ 混合叔胺。

### 5.5.1.2　合成方法

有机硅季铵盐的合成方法有很多种，如环氧基硅烷与脂肪叔胺的加成反应、卤烷基硅烷与脂肪叔胺的取代反应、氨基硅烷的季胺化反应以及氨基硅烷与环氧化合物的开环反应等，其中卤烷基硅烷与脂肪叔胺的取代反应是制备有机硅季铵盐最简单的途径。

将反应物、催化剂、溶剂等按设定比例分别加入装有磁力搅拌子、冷凝装置的三口烧瓶中，通入 $N_2$ 保护，油浴加热，将温度慢慢升至反应温度后，控制温度和反应时间。反应结束后，冷却 0.5h 后，关掉冷凝水和 $N_2$，取下 3 口烧瓶，将产品真空抽滤，减压旋转蒸馏，分别将馏出物和蒸馏后的产物密封保存。原料摩尔配比硅烷偶联剂:叔胺:KI=1.1:1.0:0.01；乙醇作溶剂，溶剂与物料量体积比为 4:1；反应温度为 80℃，冷凝回流，反应总时间为 37h。

### 5.5.1.3　合成结果

所得有机硅季铵盐 QAS 系列产物命名以及结构名称、产品性状等见表 5-2，在以后章节中各产品均以代号表示。

**表 5-2　有机硅季铵盐 QAS 系列捕收剂一览表**

| 产品代号 | 合成原料组分 | 最终产品主要成分 | 主要成分含量/% |
|---|---|---|---|
| QAS122 | γ-氯丙基三甲氧基硅烷 十二脂肪叔胺 | γ-（三甲氧基硅基）丙基十二烷基二甲基氯化铵 | 95.81 |
| QAS124 | γ-氯丙基三甲氧基硅烷 十二/十四脂肪叔胺 | γ-（三甲氧基硅基）丙基十二/十四烷基二甲基氯化铵 | 94.37 |
| QAS168 | γ-氯丙基三甲氧基硅烷 十六/十八脂肪叔胺 | γ-（三甲氧基硅基）丙基十六/十八烷基二甲基氯化铵 | 92.42 |
| QAS188 | γ-氯丙基三甲氧基硅烷 十八脂肪叔胺 | γ-（三甲氧基硅基）丙基十八烷基二甲基氯化铵 | 91.48 |
| QAS222 | γ-氯丙基三乙氧基硅烷 十二脂肪叔胺 | γ-（三乙氧基硅基）丙基十二烷基二甲基氯化铵 | 96.78 |
| QAS224 | γ-氯丙基三乙氧基硅烷 十二/十四脂肪叔胺 | γ-（三乙氧基硅基）丙基十二/十四烷基二甲基氯化铵 | 95.62 |
| QAS268 | γ-氯丙基三乙氧基硅烷 十六/十八脂肪叔胺 | γ-（三乙氧基硅基）丙基十六/十八烷基二甲基氯化铵 | 91.68 |
| QAS288 | γ-氯丙基三乙氧基硅烷 十八脂肪叔胺 | γ-（三乙氧基硅基）丙基十八烷基二甲基氯化铵 | 90.37 |

### 5.5.2 有机硅伯胺 TAS101 捕收剂的合成

#### 5.5.2.1 合成原理

合成研究采用氨乙基氨丙基二甲氧基甲基硅烷（代号：TAS100）为原料，六甲基二硅氧烷（MM）为封端剂，10%（CH$_3$）$_4$NOH 溶液为催化剂，一步合成有机硅伯铵盐阳离子表面活性剂氨乙基氨丙基三硅氧烷（代号：TAS101），反应过程如式（5-3）所示：

$$H_3CO-\underset{\underset{NH_2}{\overset{|}{R}}}{\overset{\overset{CH_3}{|}}{Si}}-OCH_3 + H_3C-\underset{\overset{|}{CH_3}}{\overset{\overset{CH_3}{|}}{Si}}-O-\underset{\overset{|}{CH_3}}{\overset{\overset{CH_3}{|}}{Si}}-CH_3 \xrightarrow{(CH_3)_4NOH}$$

$$H_3C-\underset{\overset{|}{CH_3}}{\overset{\overset{CH_3}{|}}{Si}}-O-\underset{\underset{NH_2}{\overset{|}{R}}}{\overset{\overset{CH_3}{|}}{Si}}-O-\underset{\overset{|}{CH_3}}{\overset{\overset{CH_3}{|}}{Si}}-CH_3 + CH_3OH \tag{5-3}$$

式中，R 为—(CH$_2$)$_3$NH(CH$_2$)$_2$。

#### 5.5.2.2 合成方法

张国栋等人进行了氨丙基三硅氧烷的合成研究，研究结果表明，在原料摩尔配比氨丙基二乙氧基甲基硅烷（Si$_9$O$_2$）：六甲基二硅氧烷（MM）= 1:5，催化剂四甲基氢氧化铵在总反应物中的摩尔分数为 0.45%，通氮气保护，搅拌反应 8h，可获得产物收率 42.8%、纯度 99% 的合成效果。

氨乙基氨丙基三硅氧烷（TAS101）与氨丙基三硅氧烷具有相似的分子结构，所以决定选择与氨丙基三硅氧烷的相似合成技术路线，即 TAS101 的合成条件：反应原料物质的量氨乙基氨丙基二甲氧基甲基硅烷（TAS100）：六甲基二硅氧烷（MM）= 1:5，催化剂（CH$_3$）$_4$NOH 物质的量占总反应物的 0.45%，通氮气保护，反应温度 90℃，搅拌反应 8h。

#### 5.5.2.3 合成结果

称取 21.19g 氨乙基氨丙基二甲氧基甲基硅烷（0.1mol）加入装有磁力搅拌子、冷凝装置的 250mL 三口烧瓶中，然后将烧瓶固定在恒温水浴锅上，冷凝回流，通氮气保护，油浴加热，缓缓升温到 90℃后，再按顺序添加 81.98g 的封端剂 MM（0.5mol），10% 的（CH$_3$）$_4$NOH 溶液 2.5mL，控制在 90℃的温度下反应 8h。反应完成后，合成产物为透明液体。将合成体系冷却后进行减压旋转蒸馏，缓慢地将蒸馏温度从 40℃ 提高到 65℃，当不再有馏出物产生时即可，这阶段约需 60min。合成反应最终获得了透明的 20.23g 的馏出物和 29.56g 残留物。馏出物是反应剩余的封端剂 MM，蒸馏后的产物则是目标产品 TAS101。根据产物 TAS101 重量计算，TAS100 转化率约达 90%。

### 5.5.3 有机硅仲胺捕收剂 TAS550 和 QAS550 的合成研究

#### 5.5.3.1 合成原理

乙醇作溶剂，将苄氯分别与氨乙基氨丙基二甲氧基甲基硅烷（TAS100）、合成产品氨乙基氨丙基三硅氧烷（TAS101）进行反应，合成仲胺类有机硅捕收剂苄基氨乙基氨丙基二甲氧基甲基硅烷（代号：TAS550）和苄基氨乙基氨丙基三硅氧烷（代号：QAS550），反应方程式如式（5-4）、式（5-5）所示：

$$(5-4)$$

$$(5-5)$$

式中，R 为 —$(CH_2)_3NH(CH_2)_2$。

#### 5.5.3.2 合成方法

根据纳德销售公司合成烷基二甲基苄基氯化铵的中国专利，该实验研究确定合成 QAS550 的合成条件为物质的量 TAS101：苄氯=1：1.5；相应的 TAS550 反应条件为摩尔比 TAS100∶苄氯=1∶1.5；二者均以无水乙醇作溶剂，其质量与 TAS101 或 TAS100 相等；反应温度 80℃；反应时间 8h；40℃时缓慢滴入苄氯，约需 30min。

### 5.5.3.3 合成结果

（1）苄基氨乙基氨丙基三硅氧烷（QAS550）的合成。准确称取 34.18g 实验室自行合成产品 TAS101 至 250mL 三口烧瓶内，并加入一定量的溶剂无水乙醇后，固定在恒温水浴锅上油浴加热，冷凝回流，磁力搅拌，当温度为 40℃ 时，在 30min 内将 19.33g 的苄氯逐滴加至三口烧瓶中，恒温 80℃反应 8h。合成完成后获得了 48.34g 产物，将其密封保存，以备实验研究所用。

（2）苄基氨乙基氨丙基二甲氧基甲基硅烷（TAS550）的合成。TAS550 的合成技术路线与 QAS550 的相同，仅需用 TAS100 取代 TAS101 即可。

## 5.5.4 有机硅阳离子表面活性剂的界面张力

采用 DT-102 型界面张力仪测定合成捕收剂水溶液的气液界面张力，测量方法为传统吊环法，测量温度 25℃，表面活性剂溶液用二次蒸馏水配制，二次蒸馏水的表面张力为 (71.8±0.3) mN/m。为了尽可能减小仪器系统偏差，应首先采用二次蒸馏水进行设备校正。每次测量前用丙酮和氯仿浸泡、擦拭样品皿与铂金吊环，保持仪器及配件洁净，并将待测溶液在 (25±0.2)℃ 下恒温 15min。试验中依浓度从低到高，溶液 pH 由中性向强酸性与强碱性变化。每个样品测量 3次，平行重复 2 次，求平均值，作表面张力-浓度对数曲线。

通常表面活性剂水溶液的表面张力-浓度对数曲线在 CMC 处存在一个转折点，因此，可利用 $\gamma$-lg$C$ 曲线来确定药剂的临界胶团浓度，研究结果如图 5-3 所示。

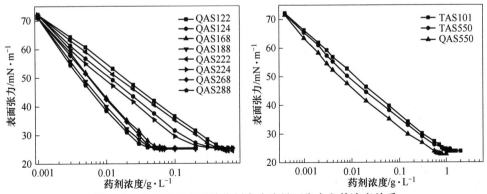

图 5-3 有机硅阳离子捕收剂水溶液界面张力和其浓度关系

由图 5-3 的研究结果可知，随着有机硅阳离子捕收剂浓度的增加，其水溶液气液界面张力均呈直线下降，说明所有产品均属表面活性剂；起初随着药剂浓度的增加，溶液气液界面张力骤降，而后随着浓度进一步提高，界面张力减小速度越来越缓慢；最后溶液气液界面张力几乎不再随浓度的增加而改变，此时各产品水溶液气液界面张力浓度及其对应的浓度（CMC）见表5-3。

表5-3　合成产品临界胶束浓度（CMC）及气液界面张力

| 产品名称 | 界面张力/mN·m$^{-1}$ | CMC/mg·L$^{-1}$ | 产品名称 | 界面张力/mN·m$^{-1}$ | CMC/mg·L$^{-1}$ |
| --- | --- | --- | --- | --- | --- |
| QAS122 | 24.90 | 500 | QAS268 | 25.41 | 60 |
| QAS124 | 25.30 | 400 | QAS288 | 25.32 | 55 |
| QAS222 | 24.30 | 550 | TAS101 | 23.86 | 1000 |
| QAS224 | 25.21 | 400 | QAS550 | 22.83 | 750 |
| QAS168 | 25.20 | 70 | TAS550 | 24.62 | 850 |
| QAS188 | 25.02 | 60 | | | |

由表5-3可知，合成的有机硅季铵盐、仲胺、伯胺类表面活性剂均能使水溶液界面张力减小至25.0mN/m左右，甚至更低，说明该三类有机硅阳离子产品属高效表面活性剂，界面的吸附能力强，在水溶液中更倾向于吸附在气、液界面上，有望成为铝硅矿物高效捕收剂；此外，碳链长度不同的季铵盐有机硅表面活性剂的CMC值相差较大，碳链短的临界胶束浓度大，与捕收剂的浮选溶液化学研究结果是一致的；TAS101、QAS550、TAS550的CMC值均大于季铵盐有机硅类表面活性剂，因此其水溶性应优于后者。

## 5.6　QAS系列捕收剂对铝硅矿物浮选行为

本节主要研究了以合成QAS系列产品为捕收剂，矿浆pH值的条件、捕收剂浓度等条件对矿物浮选行为的影响。

### 5.6.1　矿浆pH值对矿物浮选行为的影响

在进行矿浆pH值对铝硅矿物的可浮性影响试验研究中，浮选矿浆捕收剂浓度固定为$2×10^{-4}$mol，考察了矿浆pH值变化对一水硬铝石、高岭石、叶蜡石和伊利石等四种铝硅矿物可浮性的影响，试验结果如图5-4所示。

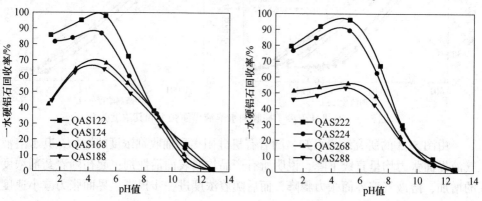

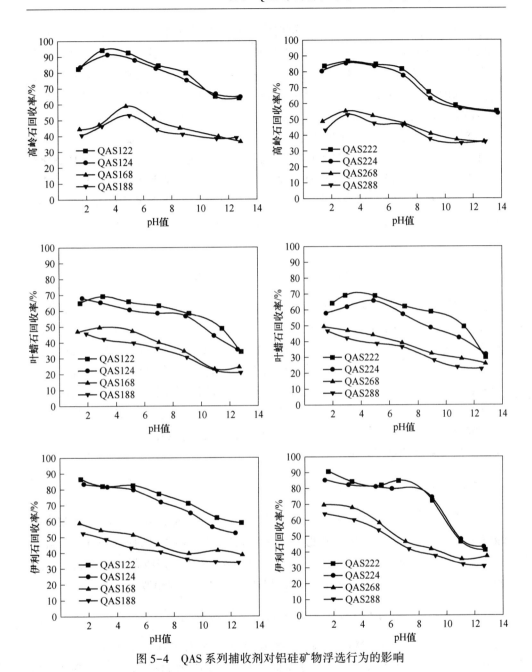

图 5-4  QAS 系列捕收剂对铝硅矿物浮选行为的影响

### 5.6.1.1  矿浆 pH 值对一水硬铝石矿物可浮性的影响

在酸性条件下，季铵盐 QAS 系列阳离子表面活性剂对一水硬铝石表现出较好的捕收力，且其捕收力随着矿浆 pH 值上升而增强，当 pH 值约 5 时表现最强，此时一水硬铝石的上浮率最高。分别以 QAS122、QAS124、QAS168、QAS188、QAS222、QAS224、QAS268、QAS288 为捕收剂时，一水硬铝石相应的浮选回收率约为 98%、87.5%、69%、65%、96.5%、90%、55.5%、53%；当矿浆 pH 值继续增大时，一水硬铝石的可浮性开始恶化，浮选回收率急剧降低，尤其是当矿浆 pH 值达 11 时，矿物的回收率仅为 10%左右，甚至当矿浆 pH 值大于 12 后，其浮选回收率几乎为零；通过对比 QAS 系列捕收剂之间浮选效果可知，此八种药剂对一水硬铝石的捕收能力顺序为 QAS122 > QAS124 > QAS168 > QAS188，QAS222>QAS224>QAS268>QAS288，即随着碳链增长季铵盐类有机硅表面活性剂对一水硬铝石的捕收力越来越弱，这可能是碳链越长在水溶液中的溶解度越低，从而导致矿物浮选回收率相对下降；此外，研究结果还表明药剂分子结构中硅烷种类的变化对捕收剂浮选性能的影响较小。

### 5.6.1.2 矿浆 pH 值对高岭石矿物可浮性的影响

随着矿浆 pH 值的增加，高岭石浮选回收率呈先增加而后缓慢降低的趋势；但与一水硬铝石表现出的现象不同的是，其在广泛矿浆 pH 值为 1~13 的范围内仍具有较好的可浮性，尤其是当分别以 QAS122、QAS124、QAS222、QAS224 为捕收剂时，高岭石的浮选回收率始终保持 55%以上，最高甚至可达 90%左右；而 QAS168、QAS188、QAS268、QAS288 的捕收力则相对较弱一些，但当捕收剂浓度为 $2×10^{-4}$mol 时，高岭石的回收率也不低于 35%；因此可以认为，在广泛 pH 值范围内，八种季铵盐有机硅表面活性剂是高岭石的有效捕收剂，且其捕收能力随着药剂分子结构中碳链延长而减弱。

### 5.6.1.3 矿浆 pH 值对叶蜡石矿物可浮性的影响

当捕收剂浓度 $2×10^{-4}$mol 时，随着矿浆 pH 值的增加，叶蜡石浮选回收率逐渐减小，其规律变化与高岭石相似，即使在 pH 值为 11~13 的强碱条件下，叶蜡石仍能保证一定的上浮率，因此，同样可认为 QAS 系列捕收剂对叶蜡石也具有相对较好的捕收力，其对叶蜡石的浮选规律和高岭石基本相似。

### 5.6.1.4 矿浆 pH 值对伊利石矿物可浮性的影响

在 pH 值 1~13 的广泛范围内，季铵盐 QAS 系列有机硅表面活性剂是伊利石的有效捕收剂，其对伊利石矿物的捕收能力随矿浆 pH 值升高而降低；就 QAS122、QAS124、QAS222、QAS224 而言，在酸条件下它们可保持伊利石的浮选回收率基本在 80%以上，而在 pH 值为 13 左右的强碱环境下，仍可使伊利石的回收率不低于 40%；对于 QAS168、QAS188、QAS268、QAS288，在强碱条件下伊利石的浮选回收率也均超过 30%；该类药剂对伊利石的捕收能力随碳链长度增加而降低，即捕收力由强到弱的顺序为 QAS122 ≈ QAS124 > QAS168 ≈ QAS188，QAS222 ≈ QAS224 > QAS268 ≈ QAS288。

### 5.6.1.5   试验结果与分析

本节通过对比分析在不同季铵盐类捕收剂作用条件下，四种铝硅矿物的可浮性与矿浆 pH 值之间的关系，探索实现一水硬铝石与铝硅酸盐矿物浮选分离的最佳矿浆 pH 值环境。由前面的试验结果初步可知，合成产品的浮选性能受叔胺碳链长短的影响较大，因此，对试验结果的讨论与分析过程采取分组比较的形式，研究结果如图 5-5 所示。

（1）QAS122 和 QAS124 对铝硅酸盐矿物浮选行为的影响。当 QAS122 浓度为 $2 \times 10^{-4}$ M 时，高岭石、叶蜡石、伊利石三种铝硅酸盐矿物在广泛 pH 范围内具有较好的可浮性，它们可浮性顺序为：高岭石 > 伊利石 > 叶蜡石。而一水硬铝石在酸性条件也具有很好的可浮性，当矿浆 pH 值大于 5 后，其可浮性陡降；当 pH 值为 9 时，其浮选回收率还不到 35%，而此时三种铝硅酸盐矿物的浮选回收率均超过 60%；当矿浆 pH 值为 11 时，一水硬铝石的上浮率仅约 15%，此时，虽然三种铝硅酸矿物上浮率有一定程度的减少，但其仍能保持在 50% 以上，若矿浆碱度进一步加强，则一水硬铝石的上浮率几乎为零。对比一水硬铝石和三种铝硅酸盐矿物的浮选行为还发现，以 QAS122 为浮选捕收剂，酸性条件下，四种矿物都具有较好的可浮性，矿物之间可浮性差异较小，浮选分离趋势不明显，不利于进行铝硅矿物的反浮选分离；而在碱性条件下，虽然四种矿物可浮性均出现一定程度的下降，但由于一水硬铝石的可浮性下降幅度明显大于三种铝硅酸盐矿物，因此，铝硅矿物之间的可浮性差异得到了扩大，尤其是当矿浆 pH 值大于 9 后，这种可浮性差异得到了进一步的增加，铝硅矿物之间表面出了良好的反浮选分离趋势，这正是实现铝硅矿物反浮选分离所需的实验现象。QAS124 和 QAS122 有极其相似的浮选效果，这可能是由于两种药剂之间分子结构和主要成分大致相同。

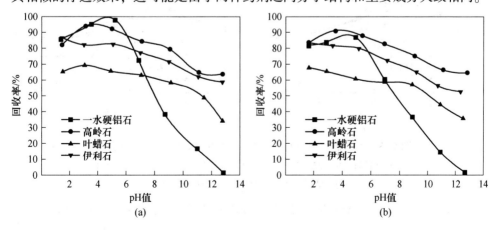

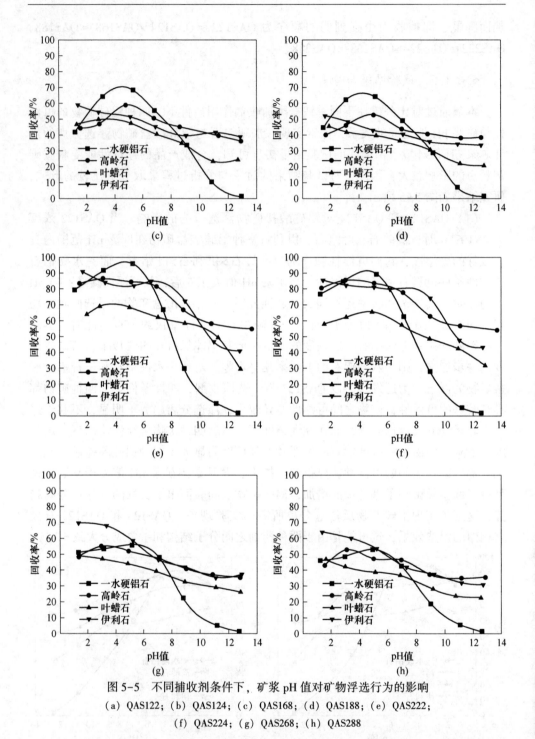

图 5-5 不同捕收剂条件下，矿浆 pH 值对矿物浮选行为的影响

(a) QAS122；(b) QAS124；(c) QAS168；(d) QAS188；(e) QAS222；

(f) QAS224；(g) QAS268；(h) QAS288

（2）QAS168 和 QAS188 对铝硅酸盐矿物浮选行为的影响。以 QAS168 或

QAS188 为捕收剂，在酸性条件下，一水硬铝石的可浮性明显优于三种铝硅酸盐矿物，其浮选回收率随矿浆 pH 值的上升先增加后减少；当其 pH 值为 5 左右时可浮性最好，此时相应的浮选回收率约为 70%；当矿浆 pH 值继续增大，其上浮率迅速下降，pH 值为 11 时矿物上浮率还不到 10%；在整个浮选 pH 值范围内，三种铝硅酸盐矿物之间可浮性差异相对较小，总体上高岭石略好，叶蜡石偏小，伊利石居中，虽然酸性条件下，铝硅酸盐矿物的可浮性不如一水硬铝石好，但在碱性条件下，它们的浮选回收率又大于一水硬铝石。与 QAS122、QAS124 对比可知，以 QAS168 或 QAS188 为捕收剂时，在相同药剂浓度条件下，虽然四种铝硅矿物的浮选回收率整体上略有降低，但是在碱性条件下，尤其是矿浆 pH 值大于 11 后，仍然表现出了良好的反浮选分离趋势。

（3）QAS222 和 QAS224 对铝硅酸盐矿物浮选行为的影响。在 pH 值为 1~13 广泛范围内，高岭石、叶蜡石、伊利石三种铝硅酸盐矿物具有较好的可浮性；酸性条件下，高岭石和伊利石的回收率始终保持在 80%~85% 之间，叶蜡石的浮选回收率则在 60%~70% 之间，它们的可浮性受矿浆 pH 值变化的影响较小；碱性条件下，随着矿浆 pH 值的增加，三种铝硅酸矿物的可浮性虽然出现了不同程度的下降，但当矿浆 pH 值为 12 时三种矿物仍能保持一定的上浮率，此时，高岭石的回收率约 60%、叶蜡石和伊利石的回收率约为 42%。至于一水硬铝石，在酸性条件同样具有很好的可浮性，其回收率大于三种铝硅酸盐矿物的上浮率；随着矿浆 pH 值的上升，一水硬铝石的浮选回收率先增加后减少，矿浆 pH 值为 5 时拥有最高的上浮率 95%；若矿浆 pH 值进一步增加，其上浮率迅速降低，当 pH 值为 9 时其回收率已低于 30%，而此时叶蜡石的回收率约 60%，高岭石和伊利石的回收率均在 70% 左右，铝硅矿物之间开始表现出了较好反浮选分离现象；当矿浆 pH 值继续上升到 11 时，一水硬铝石的上浮率已降到 10% 以下，而此时三种铝硅酸矿物上浮率还仍能保持在 50% 以上，反浮选分离趋势的愈加明显，若矿浆碱度不断加强，则一水硬铝石的上浮率几乎可降至零。综上所述，以 QAS222 为浮选捕收剂，在酸性条件下，一水硬铝石、高岭石、叶蜡石和伊利石四种矿物都具有较好的可浮性，矿物之间可浮性差异较小，不利于进行一水硬铝石和三种铝硅酸盐矿物的反浮选分离；在碱性条件下，四种矿物可浮性均出现不同程度的下降，由于矿浆 pH 值大于 5 后一水硬铝石的可浮性下降速度明显大于三种铝硅酸盐矿物，导致矿浆 pH 值为 7 后一水硬铝石的浮选回收率就已低于高岭石、叶蜡石、伊利石；尤其是当矿浆 pH 值大于 9 后，铝硅矿物之间可浮性差异变得更大，铝硅矿物之间表面出了良好的反浮选分离趋势，因此，可以初步确定若要以 QAS222 为捕收剂实现铝硅矿物反浮选分离，则浮选矿浆应为碱性环境，最佳的 pH 值应在 9~13 之间。与 QAS222 相比，QAS224 对四种矿物的浮选行为回收率略低，其他规律基本相似。

(4) QAS268 和 QAS288 对铝硅酸盐矿物浮选行为的影响。以 QAS268 或 QAS288 为捕收剂时，在广泛 pH 值范围内，一水硬铝石、高岭石、叶蜡石和伊利石四种矿物的浮选回收率均随着矿浆 pH 值的增减而呈现不同程度的减少；在酸性条件下，四种矿物都有一定的上浮率，铝硅矿物之间的可浮性差异不明显，浮选分离趋势较小；由于一水硬铝石的可浮性受矿浆 pH 值变化影响较大，因此，在碱性条件下，其浮选回收率已降至三种铝硅酸盐矿物之下，尤其是当矿浆 pH 值大于 10 后，一水硬铝石与三种铝硅酸盐矿物之间可浮性得到进一步扩大，反浮选分离趋势较明显；最佳的反浮选分离的矿浆 pH 值为 11，此时一水硬铝石的浮选回收率不到 5%，而高岭石和伊利石约为 40%，叶蜡石的回收率约为 30%。当然，以 QAS268 或 QAS288 为捕收剂进行浮选时，也存在一些问题，即三种铝硅酸盐矿物浮选回收率整体相对较低，即药剂捕收能力相对较弱。

## 5.6.2　捕收剂浓度对铝硅矿物浮选行为的影响

通过上面的试验研究可知，季铵盐类有机硅表面活性剂在 pH 值为 1~13 的广泛区间内对高岭石、伊利石、叶蜡石三种铝硅酸盐矿物表现出良好的捕收力，而对一水硬铝石的捕收力随着矿浆 pH 值的上升先增加后减弱，当矿浆 pH 值大于 10 后，对一水硬铝石捕收能力极其微弱。对比各种合成药剂的浮选效果发现，随着季铵盐结构中主碳链的延长，药剂的捕收能力越来越弱。

为了详细了解季铵盐类有机硅表面活性剂对铝硅矿物的浮选行为，进行了不同 pH 条件下的捕收剂浓度对矿物可浮性的影响试验研究。该次试验并没有对所有合成产品进行考察，而是基于上节的 "矿浆 pH 值对铝硅矿物浮选行为的影响" 试验研究结果，选择捕收力最强的 QAS122 和 QAS222，以及捕收力相对较弱的 QAS188 和 QAS288 进行浮选试验研究。由于 QAS122 和 QAS222 在矿浆 pH 值大于 9 后对一水硬铝石和三种铝硅酸盐矿表现出不同的捕收力，即矿物之间呈现较好的浮选分离趋势，鉴于此，后续试验研究分别在 pH 值为 9、pH 值为 11、pH 值为 13 的矿浆环境下考察 QAS122 和 QAS222 浓度对矿物浮选行为的影响。至于 QAS188 和 QAS288，在 pH 值大于 10 后矿物之间才表现出反浮选分离趋势，因此，确定在 pH 值为 11 和 pH 值为 13 条件下进行该试验研究。

(1) QAS122 和 QAS222 浓度对铝硅矿物浮选行为的影响。图 5-6 所示为在不同矿浆 pH 值条件下 QAS122 和 QAS222 捕收剂浓度对四种铝硅矿物可浮性的影响。

在矿浆 pH 值为 9 的条件下，随着捕收剂 QAS222 用量增加四种纯矿物的浮选回收率都在增加，当浮选矿浆中捕收剂浓度达 $4 \times 10^{-4}$ mol 时，一水硬铝石和高岭石的回收率均在 85% 以上，而叶蜡石和伊利石的上浮率也不低于 80%，说明在 pH 值为 9 的矿浆碱度环境下，可通过增加捕收剂用量来改善矿物的可浮性，但此时浮选分离趋势不明显，不利于实现一水硬铝石和三种铝硅酸盐矿物的反浮选分离。

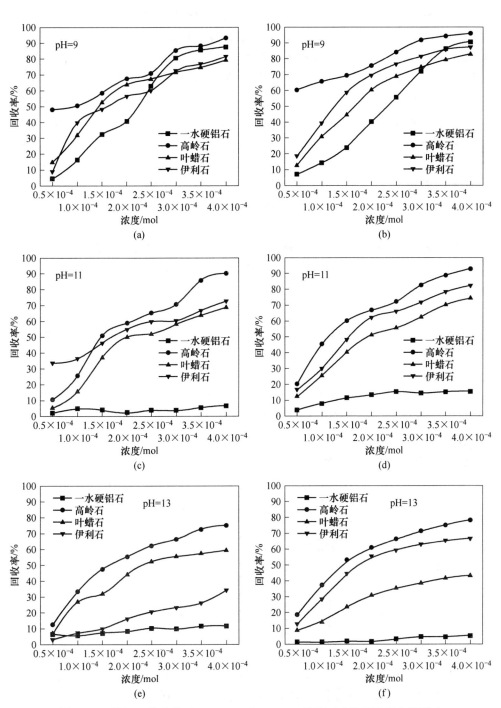

**图 5-6  不同 pH 值条件下，QAS122 和 QAS222 浓度对矿物浮选行为的影响**

（a）QAS222；（b）QAS122；（c）QAS222；（d）QAS122；（e）QAS222；（f）QAS122

在矿浆 pH 值为 11 的条件下，一水硬铝石的可浮性很差，其浮选回收率基本不随捕收剂用量增加而改变，以 QAS222 为捕收剂时其回收率始终保持 5% 左右，而采用 QAS122 时回收率也仅在 10% 左右。高岭石、叶蜡石、伊利石三种铝硅酸盐矿物随着捕收剂用量增加其上浮率均有所提高；当 QAS222 用量达 $4×10^{-4}$ mol 时，高岭石、叶蜡石、伊利石浮选回收率分别为 90.12%、72.47%、68.74%；当矿浆中 QAS122 浓度达 $4×10^{-4}$ mol，高岭石、叶蜡石、伊利石浮选回收率分别为 92.88%、82.16%、74.3%。由此可见，在矿浆 pH 值为 11 的碱度环境下，高岭石、叶蜡石、伊利石可浮性随捕收剂 QAS122 或 QAS222 浓度增加而改善，一水硬铝石的可浮性始终很差，矿物之间表现出了良好的浮选分离趋势，有利于实现一水硬铝石和三种铝硅酸盐矿物之间的反浮选分离。

在矿浆 pH 值为 13 时，各体系表现出的浮选趋势和规律基本与 pH 值为 11 时相似，也显示较好的反浮选分离趋势，但由于此时矿浆碱度的增加，高岭石、伊利石、叶蜡石的可浮性受到一定程度的恶化，浮选回收率比矿浆 pH 值为 11 条件下略低。

（2）QAS188 和 QAS288 浓度对铝硅矿物浮选行为的影响。捕收剂 QAS288、QAS188 浓度对铝硅矿物的浮选行为如图 5-7 所示。

在矿浆 pH 值为 11 的碱度环境下，无论是使用 QAS288 还是 QAS188 作为捕收剂，一水硬铝石的可浮性很差，其浮选回收率基本不随捕收剂用量增加而改变，一直保持在 5% 左右；而高岭石、叶蜡石、伊利石三种铝硅酸盐矿物的表现却截然不同，它们的浮选回收率随着捕收剂用量增加而增加；当 QAS288 用量达 $4×10^{-4}$ mol 时，高岭石、叶蜡石、伊利石浮选回收率分别为 64.66%、42.38%、58.79%；当浮选矿浆中捕收剂 QAS188 浓度为 $4×10^{-4}$ mol 时，高岭石、叶蜡石、伊利石浮选回收率分别为 63.33%、45.27%、69.38%。综上所述，在矿浆 pH 值为 11 条件下，高岭石、叶蜡石、伊利石可浮性随捕收剂 QAS188 或 QAS288 用量的增加而变得更好，一水硬铝石的可浮性一直不佳，铝硅矿物之间展现出明显的浮选分离趋势，有利于实现铝硅酸盐矿物的反浮选分离。

在矿浆 pH 值为 13 高碱度条件下，一水硬铝石受到强烈抑制，浮选回收率几乎为零；而高岭石、伊利石、叶蜡石也受到一定程度的抑制，上浮率比 pH 值为 11 时略低；但整体上而言，当捕收剂浓度达 $4×10^{-4}$ mol 时，铝硅矿物之间浮选分离趋势还是相当明显的，有利于实现铝硅矿物的反浮选分离，矿物表现出的浮选规律和趋势基本与矿浆 pH 值为 11 碱度环境条件下相似。

（3）捕收剂浓度对矿物浮选行为的影响分析。为了详细研究季铵盐类有机硅表面活性剂对一水硬铝石、高岭石、叶蜡石、伊利石四种铝硅矿物的浮选能

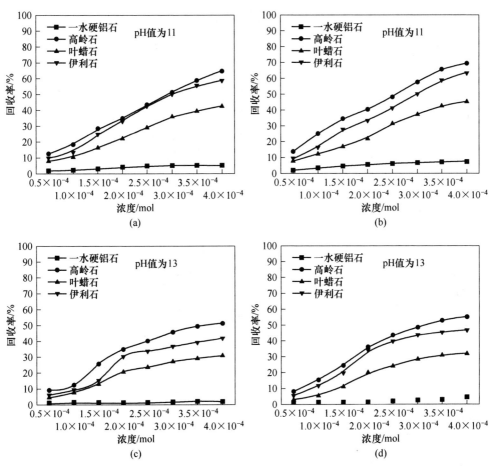

图 5-7 不同 pH 条件下，QAS288 和 QAS188 浓度对矿物浮选行为的影响

（a）QAS288；（b）QAS188；（c）QAS288；（d）QAS188

力，了解药剂分子结构与浮选性能的关系，特选择矿浆 pH 值为 11 条件下的各捕收剂浓度对矿物浮选行为影响的试验结果进行归纳总结进行分析。分析结果如图 5-8 所示。

由图 5-8 可知，季铵盐类有机硅表面活性剂在矿浆 pH 值为 11 或更高的碱度环境下，对一水硬铝石基本没有捕收能力，即使捕收剂浓度不断加大，其浮选回收率始终保持在一个很低的水平，这一现象正是反浮选分离技术所需要的。高岭石、伊利石、叶蜡石三种铝硅酸盐矿物的可浮性均随着捕收剂用量的增加而改善，且药剂的捕收能力则随着碳链的延长而减弱，对高岭石的捕收力强弱顺序为：QAS122>QAS222>QAS188>QAS288；对叶蜡石的捕收能力为：QAS122 ≈ QAS222> QAS188 ≈ QAS288；对伊利石的捕收能力为：QAS122 > QAS222 > QAS188 ≈ QAS288。

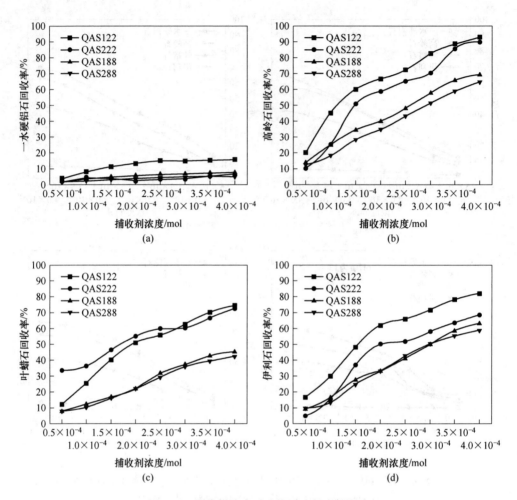

图 5-8 捕收剂浓度对矿物浮选行为的影响
（pH 值为 11）

## 5.7 TAS101、TAS550 和 QAS550 捕收剂对铝硅矿物浮选行为

采用有机硅阳离子捕收剂 TAS101、QAS550、TAS550 为捕收剂，研究了矿浆 pH 值、捕收剂浓度等对一水硬铝石、高岭石、叶蜡石、伊利石，橄榄石、石英、磁铁矿等矿物浮选行为的影响。

### 5.7.1 矿浆 pH 值对铝硅矿物浮选行为的影响

分别以 TAS101、QAS550 和 TAS550 为捕收剂，固定浓度 $1 \times 10^{-3}$ mol 不变，研究矿浆 pH 值对矿物浮选行为的影响，研究结果如图 5-9 所示。

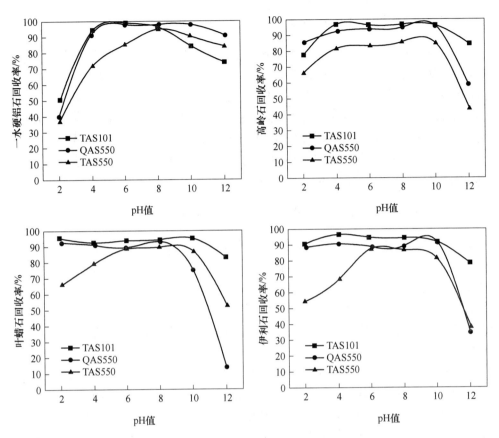

图 5-9　不同捕收剂条件下，矿浆 pH 值对矿物浮选行为的影响

### 5.7.1.1　矿浆 pH 值对一水硬铝石浮选行为的影响

分别以 TAS101、QAS550 和 TAS550 为捕收剂，在强酸性条件下，一水硬铝石的可浮性相对较差，在 pH 值为 2 时其回收率均不到 50%，随着矿浆 pH 值的增加，其浮选回收率迅速提高。当使用 TAS101 或 QAS550 时，一水硬铝石的可浮性在矿浆 pH 值约 5 处达最好，相应的浮选回收率分别约为 99%、98%；当矿浆 pH 值继续增加时，一水硬铝石的浮选回收率随使用的捕收剂不同而表现出不同程度的降低，在 pH 值为 12 处，回收率已分别降至 74.16%、91.07%。而当使用 TAS550 为捕收剂时，在矿浆 pH 值为 8 时，一水硬铝石的浮选回收率达最高约 92%；当矿浆 pH 值继续增大，其回收率出现一定程度的下降；当矿浆 pH 值增大至 12 时，其回收率减小到 83% 左右。三种药剂对一水硬铝石的捕收能力顺序为：酸性条件下 TAS101 > QAS550 > TAS550；碱性条件下 QAS550 > TAS550 > TAS101；在 pH 值为 8 左右，三种药剂的捕收能力大小相当。

### 5.7.1.2　矿浆 pH 值对高岭石浮选行为的影响

在矿浆 pH 值小于 4 的酸性条件下，三种捕收剂对高岭石的回收率随矿浆 pH 值增加而增加；当矿浆 pH 值为 4 时，TAS101、QAS550 和 TAS550 对高岭石的浮选回收率分别增加到约 97%、93%、82%，此后在 pH 值为 4~10 的广泛范围内，浮选回收率基本不随矿浆 pH 值增加而变化，三种药剂对高岭石捕收力强弱顺序为 TAS101>QAS550>TAS550；当矿浆 pH 值继续增加，高岭石的浮选回收率陡然下降，当矿浆 pH 值为 12 时，TAS101、QAS550 和 TAS550 对高岭石的浮选回收率已分别降至 84.69%、58.92%、43.56%。

### 5.7.1.3　矿浆 pH 值对叶蜡石浮选行为的影响

当浮选矿浆中 TAS101 含量为 $1 \times 10^{-3}$ mol 时，在 pH 值为 2~12 的广泛范围内，叶蜡石的浮选回收率均在 82% 以上；而当 pH 值小于 10 时，其回收率更是高达 90% 左右。采用 QAS550 为捕收剂，在矿浆 pH 值小于 8 时，叶蜡石的可浮选很好，其浮选回收率基本不随矿浆 pH 值的增加而变化，始终都保持 90% 左右；当矿浆 pH 值继续上升时，叶蜡石的回收率骤降，当矿浆 pH 值增至 12 时，叶蜡石的浮选回收率仅有 13.9%。

而以 TAS550 进行的浮选实验研究表现出的现象略有差异，当矿浆 pH 值小于 6 时，叶蜡石浮选回收率随矿浆 pH 值增加而增加；在矿浆 pH 值为 6 处，叶蜡石回收率增加到 88.63%；此后在 pH 值为 6~10 范围内，叶蜡石的浮选回收率基本不随矿浆 pH 值的增加而改变；当 pH 值大于 10 后，其回收率随矿浆 pH 值上升而迅速降低，在矿浆 pH 值为 12 时回收率约为 52.54%。三种药剂对叶蜡石的捕收力强弱顺序为：在矿浆 pH 值在 2~6 范围内 TAS101>QAS550>TAS550；当 pH 值为 9~12 时 TAS101>TAS550>QAS550；在矿 pH 值为 6~9 区间内他们的捕收力相似。

### 5.7.1.4　矿浆 pH 值对伊利石浮选行为的影响

TAS101 是伊利石矿物的高效捕收剂，在 pH 值为 2~10 的广泛范围内，伊利石的浮选回收率基本均在 90% 以上；而当 pH 值大于 10 时，伊利石浮选回收率随着矿浆 pH 值增加而略有降低，但其回收率仍不低于 80%。以 QAS550 为捕收剂时，在矿浆 pH 值为 2~10 范围内，伊利石浮选回收率均在 90% 左右，最高甚至可达 95% 以上；当矿浆 pH 值大于 10 时，浮选回收率随 pH 值增加而骤降，在 pH 值约 12 处，回收率已降至 34.9%。

至于 TAS550，在矿浆 pH 值小于 6 时，伊利石可浮性随矿浆 pH 值增加而变好，在矿浆 pH 值为 6 时，其浮选回收率已达到 87.46% 较佳值；而在矿浆 pH 值为 6~9.5 范围内，伊利石浮选回收率基本不随矿浆 pH 值升降而改变，始终保持在 85% 左右；当矿浆 pH 值大于 9.5 时，若矿浆碱度继续增强，浮选回收率却陡然下降，在 pH 值为 12 处，回收率仅为 38.26%。在矿浆 pH 值在 2~12 广泛范围内，三种药剂对伊利石的捕收力强弱顺序大致为：TAS101>QAS550>TAS550。

### 5.7.1.5  试验结果分析

通过前面的矿浆 pH 值对铝硅矿物浮选行为影响试验研究，已初步了解了阳离子有机硅表面 TAS101、QAS550、TAS550 对铝硅矿物浮选行为与矿浆 pH 值的关系。为了进一步研究各药剂对铝矿矿物的捕收能力，探索实现一水硬铝石与铝硅酸盐矿物浮选分离可能的最佳矿浆 pH 值条件，将上述试验结果按药剂种类进行归纳和分析，研究结果如图 5-10 所示。

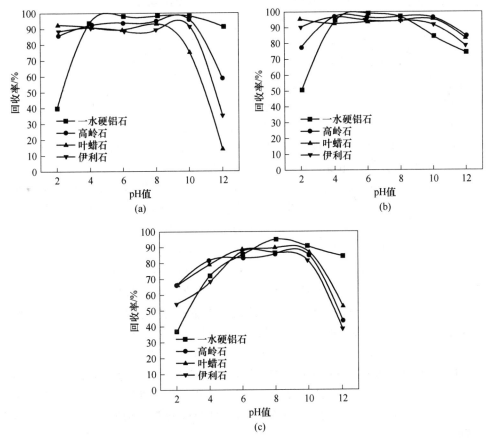

图 5-10  不同 pH 值条件下，捕收剂对矿物浮选行为的影响

(a) QAS550；(b) TAS101；(c) TAS550

在捕收剂 TAS101 用量 $1×10^{-3}$ mol 条件下，当矿浆 pH 值小于 4 时，一水硬铝

石的可浮性比高岭石、叶蜡石、伊利石三种铝硅酸盐矿物差，尤其是在 pH 值为 2 时，一水硬铝石的浮选回收率比其他三种铝硅酸盐矿物小 30% 多，铝硅矿物之间存在一定的浮选分离趋势，但此时浮选溶液酸性太强，设备腐蚀和环境污染严重，因此工业实际意义较小；在 pH 值大于 4 时，TAS101 对四种铝硅矿物的具有很强的捕收能力，在 pH 值为 4~8 之间一水硬铝石的回收率略高，但在 pH 值大于 8 后三种铝硅酸盐矿物的回收率又稍高一点，整体而言铝硅矿物之间的可浮性差异还是较小，浮选分离趋势很不明显；因此，可以大胆推测，若要在广泛的 pH 值为 4~12 范围内，以伯胺类有机硅阳离子表面活性剂 TAS101 为捕收剂，成功地实现一水硬铝石与三种铝硅酸盐矿物的反浮选分离，选择有效的抑制剂是非常重要的。

以 QAS550 为捕收剂，在强酸性条件下的浮选没有实际意义；在矿浆 pH 值为 4~10 范围内，三种铝硅酸盐矿物的浮选回收率均在 90% 左右，而一水硬铝石的上浮率则在 95% 左右，说明在此矿浆碱度环境内 QAS550 是四种铝硅矿物的有效捕收剂；当矿浆 pH 值大于 10，一水硬铝石的浮选回收率随矿浆 pH 值升高出现小幅回落，可其值仍然不低于 90%，但三种铝硅酸盐矿物的回收率随矿浆 pH 值增加而陡然下降，当 pH 值为 12 时高岭石、叶蜡石、伊利石的浮选回收率分别只有 58.92%、34.9% 和 13.9%；在矿浆 pH 值为 4~12 广泛范围内，一水硬铝石的浮选回收率反而比其他三种铝硅酸盐矿物的要高。因此同样可下结论，如果要以 QAS550 为捕收剂有效实现一水硬铝石与其他三种铝硅酸盐矿物的反浮选分离，抑制剂的研究同样重要，且最佳浮选矿浆 pH 值应该在 4~10 范围内。

以 TAS550 为捕收剂，当矿浆 pH 值小于 6 时，四种铝硅矿物的浮选回收率随矿浆 pH 值增加而增加，但分离趋势不明显且回收率整体水平较低；在矿浆 pH 值为 6~10 范围内，四种铝硅酸盐矿物的浮选回收率随矿浆 pH 值变化较小，保持在 85% 左右；在 pH 值大于 10 强碱性条件下，四种铝硅酸盐矿物的浮选回收率随矿浆 pH 值增加而减小，但一水硬铝石回收率的减小速度明显小于其他三种铝硅酸盐矿物，因此它的上浮率始终大于其他三种铝硅酸盐矿物。总之，采用 TAS550 为捕收剂，实现一水硬铝石与其他三种铝硅酸盐矿物的有效浮选分离，有效抑制剂的添加显得非常重要，且最佳浮选 pH 值应位于 4~10 之间。

综上所述，TAS101、QAS550、TAS550 均是铝硅矿物的有效捕收剂，其中 TAS101 的捕收力最强；TAS101 实现铝硅矿物有效分离的矿浆 pH 值应位于 4~12，而 QAS550 和 TAS550 pH 值则为 4~10；此外，若分别以 TAS101、QAS550、TAS550 为捕收剂，成功实现一水硬铝石与三种铝硅酸盐矿物的反浮选分离，抑制剂的添加是必须的。

### 5.7.2 捕收剂浓度对铝硅矿物浮选行为的影响

上述研究结果表明，TAS101、QAS550、TAS550 三种药剂有可能实现铝硅矿物浮选分离的共同矿浆 pH 值区间为 4～10。而在浮选实践中，弱碱性的矿浆环境是比较受欢迎的，因为该条件既有利环境、设备的保护，又易于操作。为了充分研究各药剂的浮选性能，且确保后续工业实践的可操作性好，因此，在进行捕收剂浓度对铝硅矿物的浮选行为影响试验研究中，均固定浮选矿浆 pH 值为 8，研究结果如图 5-11 所示。

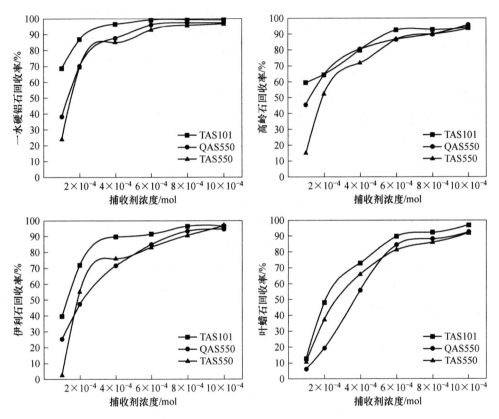

图 5-11　捕收剂浓度对矿物可浮性影响

(pH 值为 8)

### 5.7.2.1　捕收剂浓度对一水硬铝石浮选行为的影响

在矿浆 pH＝8 时，分别以 TAS101、QAS550 和 TAS550 为捕收剂，一水硬铝石的浮选回收率随着捕收剂浓度的增加而增大；当捕收剂 TAS101、QAS550 和 TAS550 浓度分别为 $6×10^{-4}$ mol 时，相应浮选回收率为 99.3%、96%、93%，若进一步增加捕收剂用量，一水硬铝石的浮选回收率基本保持不变；当药剂浓度小于 $6×10^{-4}$ mol 时，三种药剂对一水硬铝石的捕收力顺序 TAS101＞QAS550≈TAS550；当捕收剂浓度大于 $6×10^{-4}$ mol 时，随着捕收剂用量继续增加，三种有机硅药剂对一水硬铝石的浮选回收率差距越来越小，说明此时三种药剂捕收力相当。

### 5.7.2.2　捕收剂浓度对高岭石浮选行为的影响

在矿浆 pH 值为 8 条件下，分别以 TAS101、QAS550 和 TAS550 为捕收剂，高岭石浮选回收率随着捕收剂浓度的增加而增大；当捕收剂浓度达 $6×10^{-4}$ mol 时，高岭石的浮选回收率上升至一平台值，此时相应的回收率分别为 92.52%、86.7%、86.69%；此后，若继续增加捕收剂用量，高岭石的回收率则增加非常缓慢，即基本保持不变。综上所述，当矿浆 pH 值为 8 时，三种药剂均是高岭石的有效捕收剂，最佳捕收剂用量为 $6×10^{-4}$ mol；且在药剂用量相当情况下，伯胺类有机硅 TAS101 的捕收力整体上要略强于仲胺类捕收剂 QAS550、TAS550。

### 5.7.2.3　捕收剂浓度对叶蜡石浮选行为的影响

最初叶蜡石的浮选回收率随着捕收剂浓度的增加而迅速升高，当捕收剂浓度达 $6×10^{-4}$ mol 时，TAS101、QAS550 和 TAS550 对叶蜡石的浮选回收率分别为 89.9%、84.57%、81.25%；若继续增加药剂浓度，高岭石上浮率则增加非常缓慢；此外，还可知伯胺类有机硅 TAS101 对叶蜡石的捕收力强于仲胺类捕收剂 QAS550、TAS550，在 pH 值为 8 条件下分别采用 TAS101、QAS550 和 TAS550 浮选叶蜡石时，最佳捕收剂用量为 $6×10^{-4}$ mol。

### 5.7.2.4　捕收剂浓度对伊利石浮选行为的影响

矿浆 pH 值为 8，采用 TAS101、QAS550 和 TAS550 浮选伊利石时，起初随着捕收剂用量的增加，伊利石的浮选回收率快速上升；当浮选矿浆中捕收剂浓度大于 $6×10^{-4}$ mol 时，矿物回收率的增加幅度很小，因此，确定最佳药剂用量为 $6×10^{-4}$ mol。

### 5.7.2.5　捕收剂浓度对四种铝硅矿物浮选行为的影响分析

不同药剂的"捕收剂浓度对铝硅矿物浮选行为的影响"试验研究结果归纳与分析如图 5-12 所示。

由图 5-12 可知，随着浮选溶液中捕收剂浓度的变化，四种铝硅矿物表现出极为相似的浮选规律；当捕收剂浓度较小时，铝硅矿物上浮率随着捕收剂用量的增加而迅速上升；当药剂用量达 $6×10^{-4}$ mol 时，四种铝硅矿物的浮选回收率上升至一平台值，此后若继续增大捕收剂用量，矿物回收率增加非常缓慢，因此研究认为最佳捕收剂用量为 $6×10^{-4}$ mol；对比四种铝硅矿物在捕收剂作用下的可浮性

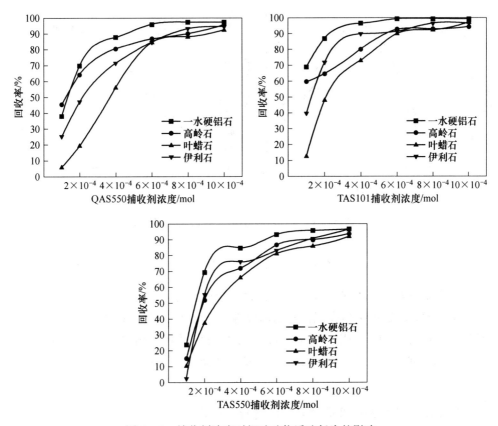

图 5-12　捕收剂浓度对铝硅矿物浮选行为的影响

发现，在捕收剂用量相当的情况下，一水硬铝石的可浮性最好，当捕收剂用量不小于 $6×10^{-4}$ mol 时高岭石、叶蜡石、伊利石的可浮性非常接近；若要实现以 TAS101、QAS550 和 TAS550 为捕收剂有效分离铝硅矿物，抑制剂的选择是必须的。

## 5.8　TAS550 捕收剂对磁铁矿、石英、石榴子和橄榄石的浮选行为

为了探讨以有机硅阳离子捕收剂实现铁精矿反浮选提纯的可能性，本节以有机硅表面活性剂 TAS550 为捕收剂，研究其对铁矿、石英、石榴子和橄榄石的浮选行为。

### 5.8.1　TAS550 对石英浮选行为的影响

浮选试验以 TAS550 和十二胺为捕收剂、0.1mol/L 的 HCl 和 NaOH 为矿浆 pH 调整剂，研究结果如图 5-13 所示。

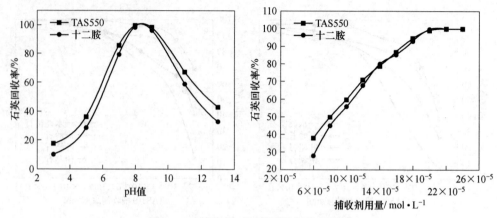

图 5-13 　捕收剂对石英浮选行为的影响

### 5.8.1.1 　矿浆 pH 值对石英浮选行为的影响

当捕收剂浓度为药剂 $2 \times 10^{-4} mol/L$ 时，TAS550 和十二胺只有在中性或弱碱性条件下才能对石英矿物表现良好的捕收性能，其中在矿浆 pH 值为 8 左右时石英浮选效果最佳，强酸或者强碱条件下均无法获得好的捕收能力；整体而言，TAS550 捕收能力略优于十二胺。因此，认为 TAS550 选别石英的最佳矿浆 pH 值为 8。

### 5.8.1.2 　TAS550 用量对石英浮选行为的影响

在浮选矿浆 pH 值为 8 条件下，随着捕收剂浓度的增加，石英矿物浮选回收率不断增加，当其浓度达 $2 \times 10^{-4} mol/L$ 时，石英浮选回收率几乎接近 100%。因此，研究认为，TAS550 捕收剂和十二胺对石英的最佳药剂浓度为 $2 \times 10^{-4} mol/L$。

## 5.8.2 　TAS550 对石榴子石浮选行为的影响

TAS550 对石榴子石浮选行为研究结果如图 5-14 所示。

### 5.8.2.1 　矿浆 pH 值对石榴子石浮选行为的影响

研究结果表明，当以 $2 \times 10^{-4} mol/L$ 的 TAS550 或十二胺为捕收剂、0.1mol/L 的 HCl 与 NaOH 溶液为 pH 值调整剂时，石榴子石的浮选最佳区间 pH 值在 7~9，此时两种捕收剂都展现出较强的捕收能力，其中 TAS550 的捕收能力仍稍强于十二胺，在此区间范围外无论是增加矿浆 pH 值还是减小矿浆 pH 值，石榴子石的浮选回收率都急剧下降。因此研究认为，TAS550 选别石榴子石的最佳矿浆 pH 值也为 8。

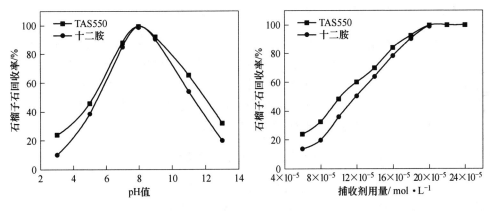

图 5-14　捕收剂对石榴子石浮选行为的影响

### 5.8.2.2　捕收剂用量对石榴子石浮选行为的影响

在矿浆 pH 值为 8 的条件下，石榴子石的浮选回收率随着捕收剂浓度的增加不断地上升，在药剂浓度 $2\times10^{-4}$ mol/L 达到一个很高水平，几乎全部上浮；有机硅阳离子捕收剂 TAS550 的捕收能力明显强于十二胺，但十二胺的捕收能力随药剂浓度升高变化较快。

综上所述，有机硅阳离子 TAS550 和十二胺对石榴子石的最佳浮选条件为 pH 值为 8、药剂浓度为 $2\times10^{-4}$ mol/L。

### 5.8.3　TAS550 对橄榄石浮选行为的影响

以 0.1mol/L 的 HCl 和 NaOH 为矿浆 pH 值调整剂，研究结果如图 5-15 所示。

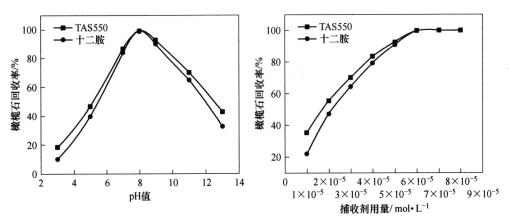

图 5-15　捕收剂对橄榄石浮选行为的影响

### 5.8.3.1 矿浆 pH 值对橄榄石浮选行为的影响

研究结果表明，橄榄石的矿浆 pH 值对回收率的影响与石英、石榴子石类似，最佳浮选 pH 值区间为 7~9，当捕收剂浓度为 $6\times10^{-4}$ mol/L 时，此时 TAS550 与十二胺对橄榄石均能获得很高的浮选回收率；然而在 pH 值为 7~9 的区间外，无论是增加还是降低矿浆 pH 值，橄榄石的浮选回收率都会急剧下降。因此，研究确定 TAS550 浮选橄榄石的最佳矿浆 pH 值为 8。

### 5.8.3.2 捕收剂用量对橄榄石浮选行为的影响

在浮选矿浆 pH 值为 8 的条件下，橄榄石浮选回收率随着捕收剂浓度增加而升高，在药剂浓度为 $6\times10^{-4}$ mol/L 时浮选回收率基本达到 100%，当继续加大捕收剂浓浮选回收率几乎保持稳定不变，TAS550 捕收剂的捕收能力略强于十二胺。因此，研究认为 TAS550 及十二胺对橄榄石的最佳浮选浓度为 $6\times10^{-4}$ mol/L。

## 5.8.4 TAS550 及淀粉对铁矿浮选行为的影响

铁精矿反浮选提纯的关键技术主要在于：（1）脉石矿物的成功上浮；（2）目的矿物磁铁矿的有效抑制。铁精矿反浮选提纯过程中，淀粉是常用的抑制剂，因此本节研究了淀粉抑制剂对磁铁矿浮选行为的影响。由石英、石榴子石和橄榄石浮选研究过程可知，橄榄石浮选所需捕收剂用量 $6\times10^{-4}$ mol/L 为好，因此，抑制剂用量对磁铁矿浮选行为影响试验研究固定矿浆 pH 值为 8、捕收剂浓度为 $6\times10^{-4}$ mol/L，研究结果如图 5-16 所示。

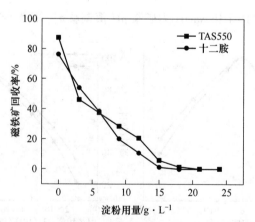

图 5-16 抑制剂淀粉用量对磁铁矿浮选行为的影响

由图 5-16 研究结果可知，在没有淀粉抑制剂的条件下，TAS550 和十二胺两种捕收剂对磁铁矿的均显示了良好的捕收能力，当捕收剂用量为 $6 \times 10^{-4}$ mol/L 时，磁铁矿的浮选回收率分别为 76.51% 和 87.42%；随着淀粉抑制剂用量的增加，磁铁矿的浮选回收率越来越低，最后磁铁矿几乎可全部被抑制，此时以 TAS550 为捕收剂所需的淀粉用量为 18g/L，而以十二胺为捕收剂所需的淀粉用量为 15g/L 时。

## 5.9 铝硅矿物有机硅阳离子反浮选分离条件优化

### 5.9.1 季铵盐类有机硅捕收剂浮选体系的优化

基于前期研究基础可知，以季铵盐 QAS 系列捕收剂实现铝硅矿物反浮选分离的可能 pH 值为 9~13，其中理想的矿浆 pH 值为 11。而常用的矿浆碱性 pH 值调整剂有 CaO、$Na_2CO_3$、NaOH。NaOH 调节效率高，但价格相对昂贵；CaO 来源广泛、价格低廉，但 $Ca^{2+}$ 的存在有可能对矿物浮选行为产生一定的影响；而 $Na_2CO_3$ 是一种较受欢迎的 pH 值调整剂，此外它还有具有分散矿泥等作用，常于碱度不太高的条件下应用。鉴于此，研究考察了 CaO、$Na_2CO_3$、NaOH 三种 pH 值调整剂对铝硅矿物浮选行为的影响。以 QAS222 为捕收剂，药剂浓度 $4 \times 10^{-4}$ mol，试验结果如图 5-17 所示。

由图 5-17 可知，以 $Na_2CO_3$ 为 pH 值调整剂时，高岭石、叶蜡石、伊利石表现出的浮选规律与采用 NaOH 时极为相似，此三种矿物的浮选回收率基本没有影响；至于一水硬铝石矿物，当采用 $Na_2CO_3$ 为矿浆 pH 值调整剂时，其浮选回收率比使用 NaOH 时较高，例如，pH 值为 11 时，其浮选回收率为 24.87%，比使用 NaOH 时高出约 18 个百分点，这点对铝硅矿物反浮选分离是有一定程度影响的，因此，研究认为，若要以 $Na_2CO_3$ 为 pH 值调整剂进行铝硅矿物反浮选分离，适当抑制剂的添加就显得必要了。而当采用 CaO 为 pH 值调整剂时情况却不同，四种铝硅矿物均受到不同程度的活化，浮选回收率均比采用 NaOH 和 $Na_2CO_3$ 时高，尤其是一水硬铝石在 pH 值为 7~13 范围内回收率始终保持在 90% 左右，这可能是浮选溶液中存在大量的 $Ca^{2+}$ 而使矿物表面受到活化的缘故，因此，认为以有机硅季铵盐 QAS 系列产品为捕收剂进行铝硅矿物反浮选分离时，不能采用 CaO 作为 pH 值调整剂。

综上所述，当以有机硅季铵盐 QAS 系列产品为捕收剂进行铝硅矿物反浮选分离时，适宜的矿浆 pH 值为 11，理想的 pH 值调整剂为 NaOH。

以有机硅季铵盐 QAS222 为捕收剂，NaOH 为 pH 值调整剂，矿浆 pH 值为 11 时一水硬铝石已受到强烈的抑制，铝硅矿物之间表现出了明显的反浮选分离，因此，季铵盐类有机硅捕收剂浮选体系的优化不再进行抑制剂的有关研究。

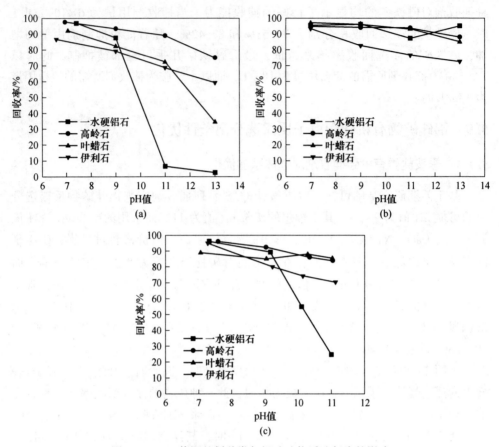

图 5-17  pH 值调整剂种类与铝硅矿物浮选行为的影响

（a）使用氢氧化钠为 pH 值调整剂；（b）使用氧化钙为 pH 值调整剂；（c）使用碳酸钠为 pH 值调整剂

## 5.9.2  仲胺和伯胺类有机硅捕收剂浮选体系的优化

通过单矿物实验研究结果可知，以 TAS101、QAS550 和 TAS550 为捕收剂，在 pH 值为 4~10 的广泛范围内，一水硬铝石、高岭石、叶蜡石、伊利石四种铝硅矿物均有较好的可浮性。且当矿浆 pH 值为 8 时，浮选最佳的捕收剂浓度为 $6 \times 10^{-4}$ mol，但此时铝硅矿物之间可浮性差异较小。若要实现铝硅矿物有效反浮选分离，选择性抑制剂是必不可少的。因此，本节分别考察了 TAS101、QAS550 和 TAS550 浮选体系下的抑制剂种类对铝硅矿物浮选行为的影响。

### 5.9.2.1  抑制剂和捕收剂的确定

在仲胺和伯铵盐类有机硅捕收剂浮选体系中，一水硬铝石的有效抑制是实现铝硅矿物反浮选分离的技术关键，因此，抑制剂研究首先考察了羧甲基纤维素钠、氟硅酸钠、氟化钠、可溶性淀粉等对一水硬铝石的浮选行为的影响。试验条件：矿浆 pH 值为 8、捕收剂浓度 $6\times10^{-4}$ mol，试验结果如图 5-18 所示。

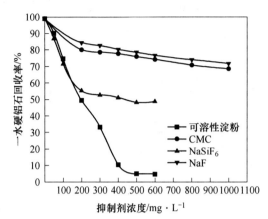

图 5-18 几种抑制剂对一水硬铝石浮选行为的影响

由图 5-18 可知，在矿浆 pH 值为 8、TAS101 浓度为 $6\times10^{-4}$ mol 时，NaF 和 CMC 对一水硬铝石的抑制效果非常有限，当其浓度分别达 1000mg/L 时，一水硬铝石的浮选回收率仍在 75% 以上；$NaSiF_6$ 对一水硬铝石具有一定抑制效果，当其用量从 0 增加到 200mg/L 时，一水硬铝石的浮选回收率下降了 30 多个百分点，但若再继续增加药剂用量，矿物回收率则减小非常缓慢，即使用量达 500～600mg/L 时，一水硬铝石的回收率也始终在 48% 以上；而可溶性淀粉却截然不同，一水硬铝石的浮选回收率随着可溶性淀粉用量的增加而骤降，当淀粉用量由 0 增至 400mg/L 时，一水硬铝石的浮选回收率就从 99% 减小到 10% 以下，而当淀粉用量继续增加到 500mg/L 时，一水硬铝石回收率更是下降到 5% 以下。因此，研究认为当矿浆 pH 值为 8，以 TAS101 为捕收剂时，可溶性淀粉对一水硬铝石具有强烈的抑制效果，是一水硬铝石的有效抑制剂。

为了进一步研究可溶性淀粉对一水硬铝石的浮选行为，探索其与不同捕收剂的适应性，试验研究又分别在 TAS101、QAS550 和 TAS550 三种捕收剂体系下考察可溶性淀粉对一水硬铝时浮选行为的影响。试验条件：矿浆 pH 值为 8、捕收剂浓度为 $6\times10^{-4}$ mol，试验结果如图 5-19(a) 所示。

从图 5-19(a) 可以发现，虽然在三种捕收剂体系中可溶性淀粉对一水硬铝石均表现出了抑制性能，但其中以在伯胺类有机硅类捕收剂 TAS101 体系中抑制性能最强。当以仲铵类有机硅阳离子表面活性剂 QAS550 和 TAS550 为捕收剂时，起初一水硬铝石的可浮性随可溶性淀粉用量的增加而急剧恶化；当其用量达 500mg/L 时，一水硬铝石的浮选回收率分别为 31.39%、38.33%；当抑制剂用量继续增大，一水硬铝可浮性基本不再变化，矿物最终浮选回收率偏高。因此，认为在捕收剂 QAS550 和 TAS550 体系中，可溶性淀粉不是一水硬铝石的高效抑

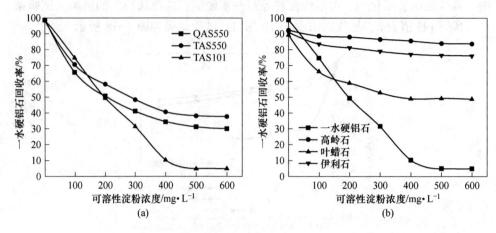

图 5-19　不同捕收剂体系下，可溶性淀粉对矿物浮选行为的影响

（pH 值为 8，TAS101：$6 \times 10^{-4}$ mol）

制剂。而在 TAS101 体系中表现出的现象却大不相同，当淀粉用量达 500mg/L 时，一水硬铝石的可浮性受到极大恶化，其浮选回收率还不到 5%，说明可溶性淀粉对一水硬铝石具有强烈的抑制能力。

　　实现铝硅矿物反浮选分离的前提是铝硅矿物之间存在明显的可浮性差异，于是又考察了 TAS101 体系中可溶性淀粉对铝硅矿物浮选行为的影响。试验条件为矿浆 pH 值为 8、TAS101 浓度为 $6 \times 10^{-4}$ mol，试验结果如图 5-19(b) 所示。

　　图 5-19(b) 的研究结果表明，矿浆 pH 值为 8.5、TAS101 浓度为 $6 \times 10^{-4}$ mol 时，可溶性淀粉对一水硬铝石、高岭石、叶蜡石、伊利石四种铝硅矿物表现出了不同的抑制能力，其由强到弱的顺序为：一水硬铝石＞叶蜡石＞伊利石＞高岭石；可溶性淀粉对高岭石和伊利石矿物的抑制能力非常弱，而对叶蜡石的抑制也是非常有限，当其用量从 0mg/L 增加到 500mg/L 时，高岭石、叶蜡石、伊利石的浮选回收率分别从 90% 左右降至 84.04%、49.32%、76.57%，而此时一水硬铝石的浮选回收率从约 99% 骤降至 5% 以下，铝硅矿物之间存在明显的可浮性差异，表现出良好反浮选分离趋势，这为成功实现铝硅矿物反浮选分离创造了优越的环境。

　　综上所述，在矿浆 pH 值为 8 的条件下，以 QAS550 和 TAS550 为捕收剂，可溶性淀粉对一水硬铝石的抑制性能相对不足；而当以 TAS101 为捕收剂时，可溶性淀粉对一水硬铝石显示优越的抑制能力，当其用量为 500mg/L 时，一水硬铝石、高岭石、叶蜡石、伊利石的浮选回收率分别为 4.97%、84.04%、49.32%、76.57%，铝硅矿物展示了明显的反浮选分离趋势，因此，决定在后续试验研究中采用 TAS101 为捕收剂，可溶性淀粉为抑制剂。

### 5.9.2.2  矿浆 pH 值对淀粉抑制性能的影响

图 5-20 所示分别是以 TAS101 作捕收剂，可溶性淀粉对四种铝硅矿物的抑制行为与矿浆 pH 值的关系。试验条件为捕收剂 TAS101 浓度 $1 \times 10^{-3}$ mol、可溶性淀粉含量 500mg/L。

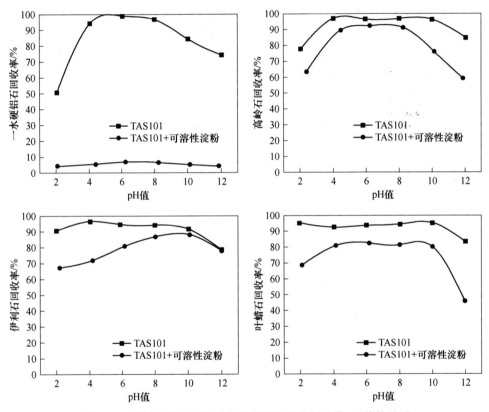

图 5-20  可溶性淀粉对铝硅矿物的抑制行为与矿浆 pH 值的关系

由图 5-20 可知，以 TAS101 为捕收剂，在矿浆 pH 值在 2~12 广泛范围内，可溶性淀粉对一水硬铝石显示强烈的抑制性能，当浮选矿浆中 TAS101 浓度 $1 \times 10^{-3}$ mol、可溶性淀粉含量 500mg/L 时，一水硬铝石浮选始终保持在 5% 左右；在 TAS101 浮选体系中，可溶性淀粉对高岭石、叶蜡石、伊利石的抑制能力相对较弱，在矿浆 pH 值为 4~10 的范围内，当淀粉用量为 500mg/L 时，该三种铝硅酸盐的浮选回收率均不小于 70%。

综上所述，以 TAS101 为捕收剂，在矿浆 pH 值为 4~10 广泛范围内，可溶性淀粉能有选择性地抑制一水硬铝石矿物，却基本不改变高岭石、叶蜡石、伊利石三种铝硅酸盐矿物的可浮性，从而增加了铝硅矿物之间的可浮性差异，因此，可以推测，以可溶性淀粉为抑制剂、TAS101 为捕收剂、在矿浆 pH 值为 4 ~ 10 范围内，完全有可能实现铝土矿的反浮选脱硅。

## 5.10　人工混合矿反浮选分离试验研究

### 5.10.1　一水硬铝石与高岭石的反浮选分离

为了进一步考察新药剂实现铝土矿反浮选的可能，进行了人工混合矿的反浮选分离试验研究。在人工混合矿的反浮选分离研究过程中，为了便于操作和分析，原矿采用一水硬铝石和最具代表性的铝硅酸盐矿物高岭石进行不同比例混合。泡沫产品为尾矿，槽底产品为精矿，其中产品中三氧化铝和二氧化硅的质量比简称铝硅比。

5.10.1.1　以有机硅季铵盐捕收剂 QAS222 进行人工混合矿的反浮选分离研究

试验条件：浮选溶液中捕收剂 QAS222 浓度 $4 \times 10^{-4}$ mol，用 NaOH 和 HCl 调矿浆 pH 值至 11；用浮高岭石抑制一水硬铝石的反浮选分离工艺，原矿经一次粗选，不同铝硅比的人工混合矿反浮选分离试验结果见表 5-4。

表 5-4　一水硬铝石和高岭石人工混合矿反浮选分离试验结果

| 一水硬铝石：高岭石（质量比） | 给矿品位/% | | | 精矿品位/% | | | 精矿回收率/% | |
| --- | --- | --- | --- | --- | --- | --- | --- | --- |
| | $Al_2O_3$ | $SiO_2$ | A/S | $Al_2O_3$ | $SiO_2$ | A/S | $Al_2O_3$ | $SiO_2$ |
| 1：1 | 58.26 | 22.95 | 2.54 | 77.79 | 6.07 | 12.82 | 69.91 | 13.85 |
| 3：2 | 62.54 | 18.73 | 3.34 | 77.45 | 5.53 | 14.01 | 73.75 | 17.57 |
| 2：1 | 65.39 | 15.93 | 4.11 | 78.27 | 5.02 | 15.59 | 77.74 | 20.48 |
| 3：1 | 68.96 | 12.42 | 5.55 | 79.41 | 4.36 | 18.21 | 81.07 | 24.72 |

由表 5-4 可知，矿浆 pH 值为 11，有机硅季铵盐 QAS222 对高岭石表现出良好的选择性和较强的捕收力，可成功实现不同铝硅比的人工混合矿的反浮选脱硅，并获得较好的选别指标；当给矿 A/S 仅有 2.54 时，在不添加任何抑制剂条件下，原矿经一次粗选获得了精矿 A/S 为 12.82，其中 $Al_2O_3$ 品位 77.79%、回收率 69.91% 的较好指标；当给矿 A/S 不断增大时，精矿中的 A/S，$Al_2O_3$ 的品位和回收率都有所提高。

5.10.1.2　以伯铵类有机硅 TAS101 进行人工混合矿的反浮选分离研究

试验研究以有机硅伯胺 TAS101 为捕收剂，用量 $1 \times 10^{-3}$ mol；以可溶性淀粉为抑制剂，用量 500mg/L；矿浆 pH 值为 8，原矿经一次反浮选分离。试验条件及结果见表 5-5。

**表 5-5　一水硬铝石和高岭石人工混合矿反浮选分离试验结果**

| 一水硬铝石：高岭石（质量比） | 人工混合矿铝硅比 | 品位/% | | 回收率/% | | 精矿铝硅比 |
|---|---|---|---|---|---|---|
| | | $Al_2O_3$ | $SiO_2$ | $Al_2O_3$ | $SiO_2$ | |
| 1：1 | 2.54 | 69.17 | 9.04 | 66.43 | 22.05 | 7.65 |
| 3：2 | 3.34 | 72.17 | 8.75 | 74.43 | 30.12 | 8.25 |
| 2：1 | 4.11 | 75.87 | 7.95 | 80.43 | 34.59 | 9.55 |
| 3：1 | 5.55 | 77.12 | 6.77 | 84.26 | 41.08 | 11.39 |

表 5-5 研究结果表明，在 TAS101 用量 $1.0 \times 10^{-3}$ mol、可溶性淀粉 500mg/L、矿浆 pH 值为 8 条件下，不同铝硅比的人工混合矿经一次反浮选分离富集后，品位得到了较大的提高，精矿质量达到了拜耳法工艺的生产要求；在原矿 $A/S$ 为 2.54 的低品位条件时，经一次反浮选分离，获得的精矿中 $Al_2O_3$ 的品位和回收率分别为 69.17%、66.43%，精矿 $A/S$ 为 7.65；随着原矿铝硅比的不断提高，即给矿品位越高，反浮选分离选别效果越好，例如当给矿 $A/S$ 为 4.11 时，精矿 $A/S$ 达到了 9.55，其中 $Al_2O_3$ 的品位和回收率分别高达 75.87%、80.43%，成功地实现了一水硬铝石与高岭石的反浮选分离，浮选精矿质量完全达到了拜耳法生产氧化铝工艺的要求。与季铵盐相比，选别富集比相对偏低，但回收率却较高，因此，若增加精选作业或提高给矿质量，浮选精矿品位、回收率、铝硅比均得到可进一步提高。

综上所述，不同铝硅比的人工混合矿反浮选分离试验研究结果充分证明了季铵盐类和伯铵类有机硅表面活性剂是铝土矿反浮选脱硅的有效捕收剂。

## 5.10.2　磁铁矿与含硅矿物的反浮选分离

为验证合成有机硅捕收剂对铁精矿反浮选脱硅分离提纯的可能性，进行了铁矿人工混合矿反浮选分离试验研究。试验采用 0.1mol/L 的 HCl 和 NaOH 调节矿浆 pH 值为 8，以 TAS550 或十二胺为捕收剂、可溶性淀粉为抑制剂，进行铁矿人工混合矿物的反浮选分离脱硅，并对有机硅 TAS550 与十二胺两种捕收剂浮选性能进行比较分析，详细试验研究结果和药剂条件分别见表 5-6~表 5-11。

**表 5-6　TAS550 反浮选分离人工混合铁精矿研究结果 1**（铁矿与脉石 4：1）

| 产品名称 | Fe 品位/% | Fe 回收率/% | 淀粉用量/g·L$^{-1}$ | TAS550 用量/mol·L$^{-1}$ |
|---|---|---|---|---|
| 铁精矿 | 63.02 | 84.21 | 9 | $1 \times 10^{-4}$ |
| 铁精矿 | 62.92 | 88.34 | 12 | $1 \times 10^{-4}$ |
| 铁精矿 | 60.32 | 92.34 | 15 | $1 \times 10^{-4}$ |
| 铁精矿 | 69.03 | 86.54 | 9 | $2 \times 10^{-4}$ |

续表 5-6

| 产品名称 | Fe 品位/% | Fe 回收率/% | 淀粉用量/g·L⁻¹ | TAS550 用量/mol·L⁻¹ |
|---|---|---|---|---|
| 铁精矿 | 68.30 | 94.36 | 12 | $2\times10^{-4}$ |
| 铁精矿 | 62.41 | 90.07 | 15 | $2\times10^{-4}$ |
| 铁精矿 | 69.00 | 76.42 | 9 | $3\times10^{-4}$ |
| 铁精矿 | 68.42 | 84.30 | 12 | $3\times10^{-4}$ |
| 铁精矿 | 58.38 | 86.23 | 15 | $3\times10^{-4}$ |

**表 5-7 TAS550 反浮选分离人工混合铁精矿研究结果 2**（铁矿与脉石 3：1）

| 产品名称 | 品位/% | 回收率/% | 淀粉用量/g·L⁻¹ | TAS55 用量/mol·L⁻¹ |
|---|---|---|---|---|
| 铁精矿 | 63.40 | 86.74 | 6 | $1\times10^{-4}$ |
| 铁精矿 | 60.51 | 90.65 | 9 | $1\times10^{-4}$ |
| 铁精矿 | 54.38 | 92.23 | 12 | $1\times10^{-4}$ |
| 铁精矿 | 69.46 | 84.37 | 6 | $2\times10^{-4}$ |
| 铁精矿 | 68.42 | 93.27 | 9 | $2\times10^{-4}$ |
| 铁精矿 | 60.24 | 96.34 | 12 | $2\times10^{-4}$ |
| 铁精矿 | 68.42 | 71.24 | 6 | $3\times10^{-4}$ |
| 铁精矿 | 66.86 | 78.87 | 9 | $3\times10^{-4}$ |
| 铁精矿 | 61.35 | 83.46 | 12 | $3\times10^{-4}$ |

**表 5-8 TAS550 反浮选分离人工混合铁精矿研究结果 3**（铁矿与脉石 2：1）

| 产品名称 | 品位/% | 回收率/% | 淀粉用量/g·L⁻¹ | TAS55 用量/mol·L⁻¹ |
|---|---|---|---|---|
| 铁精矿 | 61.58 | 85.39 | 6 | $2\times10^{-4}$ |
| 铁精矿 | 58.49 | 92.77 | 9 | $2\times10^{-4}$ |
| 铁精矿 | 52.36 | 96.84 | 12 | $2\times10^{-4}$ |
| 铁精矿 | 68.72 | 80.27 | 6 | $3\times10^{-4}$ |
| 铁精矿 | 68.04 | 93.46 | 9 | $3\times10^{-4}$ |
| 铁精矿 | 63.25 | 94.17 | 12 | $3\times10^{-4}$ |
| 铁精矿 | 67.58 | 68.67 | 6 | $4\times10^{-4}$ |
| 铁精矿 | 66.94 | 79.42 | 9 | $4\times10^{-4}$ |
| 铁精矿 | 58.27 | 83.00 | 12 | $4\times10^{-4}$ |

**表 5-9 十二胺反浮选分离人工混合铁精矿研究结果 1**（铁矿与脉石 4∶1）

| 产品名称 | 品位/% | 回收率/% | 淀粉用量/g·L$^{-1}$ | 十二胺用量/mol·L$^{-1}$ |
|---|---|---|---|---|
| 铁精矿 | 62.57 | 83.77 | 9 | $1\times10^{-4}$ |
| 铁精矿 | 60.43 | 90.59 | 12 | $1\times10^{-4}$ |
| 铁精矿 | 59.76 | 94.18 | 15 | $1\times10^{-4}$ |
| 铁精矿 | 67.23 | 84.36 | 9 | $2\times10^{-4}$ |
| 铁精矿 | 67.73 | 94.12 | 12 | $2\times10^{-4}$ |
| 铁精矿 | 60.28 | 96.74 | 15 | $2\times10^{-4}$ |
| 铁精矿 | 67.27 | 74.60 | 9 | $3\times10^{-4}$ |
| 铁精矿 | 65.42 | 81.77 | 12 | $3\times10^{-4}$ |
| 铁精矿 | 59.78 | 83.40 | 15 | $3\times10^{-4}$ |

**表 5-10 十二胺反浮选分离人工混合铁精矿研究结果 2**（铁矿与脉石 3∶1）

| 产品名称 | 品位/% | 回收率/% | 淀粉用量/g·L$^{-1}$ | 十二胺用量/mol·L$^{-1}$ |
|---|---|---|---|---|
| 铁精矿 | 62.15 | 82.20 | 6 | $1\times10^{-4}$ |
| 铁精矿 | 60.35 | 90.74 | 9 | $1\times10^{-4}$ |
| 铁精矿 | 59.71 | 93.26 | 12 | $1\times10^{-4}$ |
| 铁精矿 | 67.21 | 86.33 | 6 | $2\times10^{-4}$ |
| 铁精矿 | 66.29 | 93.04 | 9 | $2\times10^{-4}$ |
| 铁精矿 | 61.08 | 94.60 | 12 | $2\times10^{-4}$ |
| 铁精矿 | 65.19 | 74.73 | 6 | $3\times10^{-4}$ |
| 铁精矿 | 63.44 | 82.50 | 9 | $3\times10^{-4}$ |
| 铁精矿 | 58.41 | 84.38 | 12 | $3\times10^{-4}$ |

**表 5-11 十二胺反浮选分离人工混合铁精矿研究结果 3**（铁矿与脉石 2∶1）

| 产品名称 | 品位/% | 回收率/% | 淀粉用量/g·L$^{-1}$ | 十二胺用量/mol·L$^{-1}$ |
|---|---|---|---|---|
| 铁精矿 | 61.76 | 84.22 | 6 | $2\times10^{-4}$ |
| 铁精矿 | 60.40 | 91.27 | 9 | $2\times10^{-4}$ |
| 铁精矿 | 58.21 | 93.69 | 12 | $2\times10^{-4}$ |
| 铁精矿 | 67.46 | 84.61 | 6 | $3\times10^{-4}$ |

| 产品名称 | 品位/% | 回收率/% | 淀粉用量/g·L$^{-1}$ | 十二胺用量/mol·L$^{-1}$ |
|---|---|---|---|---|
| 铁精矿 | 67.30 | 92.55 | 9 | $3×10^{-4}$ |
| 铁精矿 | 61.58 | 93.06 | 12 | $3×10^{-4}$ |
| 铁精矿 | 66.88 | 72.45 | 6 | $4×10^{-4}$ |
| 铁精矿 | 62.54 | 81.76 | 9 | $4×10^{-4}$ |
| 铁精矿 | 57.10 | 84.25 | 12 | $4×10^{-4}$ |

人工混合铁精矿反浮选脱硅试验研究结果表明，对于磁铁矿与脉石不同比例的给矿，抑制剂、捕收剂的最佳用量都有所不同，所获得的精矿品位、回收率也会有一定差异。

当磁铁矿与脉石矿物的质量比为 4∶1，在 TAS550 用量为 $2×10^{-4}$ mol/L、淀粉抑制剂用量为 12g/L 条件下，可获得品位 68.3%、回收率 94.36%的铁精矿；当十二胺用量 $2×10^{-4}$ mol/L 时，淀粉抑制剂用量 9g/L 条件下，可获得品位 67.73%、回收率 94.12%的铁精矿。因此，研究认为针对磁铁矿与脉石矿物的质量比为 4∶1 的人工混合矿，以 TAS550 或十二胺作捕收剂进行反浮选提纯，获得的铁精矿回收率相近，但使用 TAS550 作捕收剂时铁精矿品位优于十二胺。

当磁铁矿与脉石矿物的质量比为 3∶1 时，在 TAS550 用量为 $2×10^{-4}$ mol/L、淀粉抑制剂用量为 9g/L 条件下，获得的铁精矿品位为 68.42%、回收率 93.27%；而当十二胺用量为 $2×10^{-4}$ mol/L、淀粉抑制剂用量为 9g/L 时，获得的铁精矿品位为 66.29%、回收率 93.40%。两者对比可知，在药剂用量相同的条件下，采用 TAS550 捕收剂获得的铁精矿品位比十二胺约高出 2 个百分点，回收率大致相同。

当磁铁矿和脉石矿物的质量比为 2∶1，TAS550 用量为 $3×10^{-4}$ mol/L、淀粉用量为 9g/L 时，可获得品位 68.04%、回收率 93.46%的铁精矿；采用十二胺用量 $3×10^{-4}$ mol/L，淀粉抑制剂用量为 9g/L 时，可获得品位 67.30%、回收率 92.55%的铁精矿。对比两个试验结果可知，使用有机硅 TAS550 捕收剂选别获得的品位与回收率均高于十二胺 1 个百分点左右。

综上所述，当磁铁矿与脉石矿物的质量比逐渐减小以及给矿品位越来越低时，抑制剂可溶性淀粉的用量越来越小，捕收剂用量越来越大，所得到的铁精矿品位和回收率略微下降；由于十二胺在使用时需要与强酸按特定比例进行配制、黏性较大、起泡性过强等性质的限制，因此与其对比，有机硅捕收剂 TAS550 不仅可获得更高的铁精矿品位与回收率，而且浮选性能也明显优于十二胺。

## 5.11 铝土矿实际矿石反浮选脱硅试验研究

为了详细考察以新型有机硅阳离子表面活性剂为捕收剂实现铝土矿反浮选脱硅的可能，进行了铝土矿实际矿石的反浮选脱硅试验研究。

### 5.11.1 矿石性质及药剂

试验研究所用铝土矿实际矿石矿样来自河南某矿山，矿样外观呈豆状、鲕状、粗糙状及致密状。豆状呈灰色，粗糙状呈灰白色或浅灰色，致密状呈深灰色或黑色。矿石中铝硅矿物主要为一水硬铝石和少量的三水铝石、一水软铝石；硅矿物主要为高岭石、伊利石、叶蜡石和少量的绿泥石等铝硅酸盐矿物；钛矿物主要为锐钛矿、金红石和少量的榍石、板钛矿；铁矿物有针铁矿、水针铁矿、赤铁矿；此外，还有少量的锆石、电气石、黄铁矿、石英等矿物。矿石的多元素分析见表 5-12，其中含铝矿物的物相分析见表 5-13。由表 5-12 和表 5-13 可知，该铝土矿 $Al_2O_3$ 含量 64.32%、$SiO_2$ 含量 10.52%，$A/S$ 为 6.11，其中一水硬铝石中含铝量占总铝的 86.72%，属一水硬铝石型铝土矿。

**表 5-12　铝土矿多元素分析**

| 元素 | $Al_2O_3$ | $SiO_2$ | $Fe_2O_3$ | $TiO_2$ | CaO | MgO | $K_2O$ | S | $A/S$ |
|------|------|------|------|------|------|------|------|------|------|
| 含量/% | 64.32 | 10.52 | 6.02 | 3.05 | 0.24 | 0.18 | 0.92 | 0.10 | 6.11 |

**表 5-13　铝土矿中含铝矿物的物相分析**

| 相别 | 三水铝石+一水软铝石 | 一水硬铝石 | 高岭石+伊利石+叶蜡石等 | 总铝 |
|------|------|------|------|------|
| 含量/% | 1.2 | 56.07 | 7.39 | 64.66 |
| 占有率/% | 1.86 | 86.72 | 11.43 | 100 |

试验采用的捕收剂有两种。目前市场上季铵盐有机硅表面活性剂的工业合成原料叔胺通常是十二叔胺和十四叔胺的混合体，为了更好地适应工业生产实践，促进利用新药剂技术进行反浮选脱硅工业化进程，因此，实际矿石反浮选脱硅采用 QAS224。QAS224 系实验室自行合成的有机硅季铵盐捕收剂，浮选性能和 QAS222 相似，由十二/十四脂肪叔胺（工业品）和 γ-氯丙基三乙氧基硅烷合成。第二种捕收剂为有机硅伯铵 TAS101。

### 5.11.2 磨矿细度试验研究

实现矿物有效分离的先决条件就是保证有用矿物与脉石矿物的充分单体解离。磨矿效果的好坏对矿物的浮选分选效果有着直接的决定性作用，磨矿程度不充分将导致矿物解离不够，矿物有效浮选分离难；但若磨矿时间过长，则会导致部分矿物产生过粉碎现象，恶化浮选过程，影响分离效果。因此，试验研究首先探索了矿石的磨矿时间对反浮选脱硅效果的影响。探索试验研究采用 QAS224 为捕收剂，其用量 500g/t，NaOH 调矿浆 pH 值至 11、原矿经一次粗选，试验流程如图 5-21 所示，试验结果如图 5-22 所示。

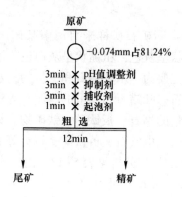

图 5-21 铝土矿反浮选脱硅粗选试验研究流程

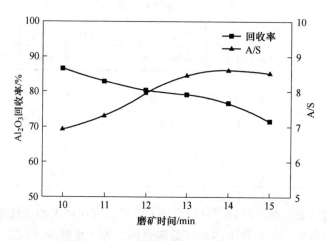

图 5-22 磨矿时间与粗精矿指标的关系

由图 5-21 可知，随着磨矿时间的增加，槽底粗精矿的铝硅比（产品中 $Al_2O_3$ 和 $SiO_2$ 的质量比，简称"铝硅比 $A/S$"）呈一定程度增加，当磨矿时间达 13min 时，精矿 $A/S$ 基本趋向稳定，但当磨矿时间超过 14min 时，精矿 $A/S$ 又开始呈现下降趋势，说明此时已出现过磨现象了；粗精矿中 $Al_2O_3$ 的回收率却随着磨矿加强而不断地降低，综合考虑，确定磨矿时间为 13.5min，此时粗精矿中 $Al_2O_3$ 的回收率为 78.86%、$A/S$ 约 8.5，相应的磨矿细度为 -0.074mm 占 81.24%。

### 5.11.3 矿浆 pH 值对铝土矿反浮选脱硅的影响

通过前面的单矿物和人工混合矿研究可知，采用季铵盐类有机硅捕收剂时铝硅矿物的反浮选分离最佳矿浆 pH 值约为 11 左右，而若以 TAS101 为捕收剂则矿浆 pH 值为 4~10。考虑到铝土矿实际矿石的性质相对复杂，试验研究在前期研究基础上重新考察了矿浆 pH 值对目的矿物浮选行为的影响，以便确定适宜的矿浆酸碱度。磨矿至-0.074mm 占 81.24%、原矿经一次粗选，试验流程如图 5-21 所示，试验条件及试验结果如图 5-23 和图 5-24 所示。

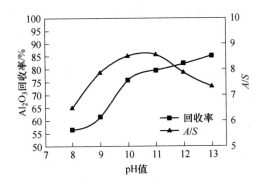

图 5-23  矿浆 pH 值与粗精矿指标的关系
（捕收剂 QAS224：500g/t；矿浆 pH 值调整剂：NaOH 和 HCl）

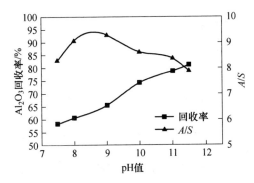

图 5-24  矿浆 pH 值与粗精矿指标的关系
（TAS101：500g/t；可溶性淀粉：1200g/t；pH 值调整剂：Na$_2$CO$_3$ 和 HCl）

由图 5-23 可知，当以 QAS224 为捕收剂、NaOH 到 HCl 调矿浆 pH 值时，粗精矿中的 A/S 和 Al$_2$O$_3$ 的回收率均随着矿浆 pH 值的升高而增加。这可能是由于，一开始在低碱条件下，铝硅矿物的可浮性都很好，导致大量矿物上浮，因此浮选没有选择性，此时浮选粗精矿的质量和产率均较低；随着矿浆碱度的增加，铝硅酸盐矿物和一水硬铝石的可浮性都出现下降现象，但铝硅矿物之间的可浮性差异也在不断增大，相对而言就有更多的一水硬铝石被保留在槽底，因此，$A/S$ 和 $Al_2O_3$ 的回收率都会出现上升；但当矿浆 pH 值达 11 时，虽然粗精矿中 $Al_2O_3$ 的回收率还在继续增加，但此时 $A/S$ 却出现了明显下降，说明此条件下有更多的铝硅酸盐矿物被抑制，这对反浮选脱硅是不利的，因此，可以确定以 QAS224 为捕收剂时此类铝土矿最佳的反浮选脱硅 pH 值应在 10~11 之间，为了确保浮选效果，在后续的试验研究中矿浆 pH 值定为 11。

从图 5-24 可以看出，当捕收剂 TAS101 用量为 500g/t、抑制剂可溶性淀粉用量为 1200g/t，采用 $Na_2CO_3$ 到 HCl 调整矿浆 pH 值时，铝土矿反浮选脱硅表现出的浮选规律比较类似，只是粗精矿的铝硅比在 pH 值为 8.5 左右达到最大，这可能是由于铝硅酸盐矿物的可浮性在 pH 值为 8~9 时开始恶化导致的。通常粗选作业既要确保粗精矿质量，同时又要兼顾有用矿物的回收率，为后续精矿作业奠定良好的基础，因此，综合考虑确定以 TAS101 为捕收剂时的最佳矿浆 pH 值也为11，此时粗精矿中 $Al_2O_3$ 的回收率和 $A/S$ 分别为 78.72%、8.38。

### 5.11.4　粗选捕收剂用量试验研究

在确定磨矿细度为-0.074mm 占 81.24%、浮选分离的矿浆 pH 值为 11 的基础上，考察粗选捕收剂用量对铝土矿反浮选脱硅效果的影响，试验流程如图 5-21 所示，试验结果如图 5-25 和图 5-26 所示。

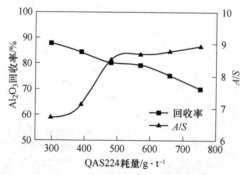

图 5-25　粗选捕收剂 QAS224 用量与粗精矿指标的关系
（QAS224 用量：变；pH 值调整剂：NaOH 和 HCl；抑制剂：0g/t；起泡剂：0g/t）

由图 5-25 可知，在矿浆 pH 值为 11 条件下，粗精矿中的 $A/S$ 随着捕收剂 QAS224 用量的增加而上升，但当用量达 480g/t 时，$A/S$ 基本趋于稳定；粗精矿中 $Al_2O_3$ 的回收率随着捕收剂 QAS224 用量增大而下降。鉴于粗选既要保证较好的回收率，使有用组分能得到充分回收；同时还要保证较好的粗精矿质量，为后续精选作业创造良好的条件，因此统筹考虑，确定粗选捕收剂 QAS224 用量为 480g/t，此时粗精矿中的 $A/S$ 和 $Al_2O_3$ 的回收率分别为 8.51、80.29%。

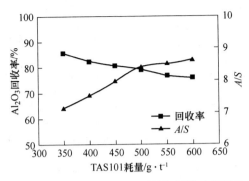

图 5-26 粗选捕收剂 TAS101 用量与粗精矿指标的关系

（TAS101 用量：变；pH 值调整剂：NaOH 和 HCl；可溶性淀粉：1200g/t；起泡剂：120g/t）

TAS101 的浮选效果如图 5-26 所示。研究结果表明，随着捕收剂 TAS101 用量增加，浮选粗精矿的 $A/S$ 不断地提高，当 TAS101 用量增至 500g/t 时，若继续提高 TAS101 用量，粗精矿的 $A/S$ 增加速度非常缓慢；粗精矿中 $Al_2O_3$ 的回收率则随 TAS101 用量增加而相对均匀减小。试验现象说明浮选过程中一水硬铝石得到了较好的抑制，捕收剂的增加大部分用于了铝硅酸盐矿物的浮选，同理，确定最佳捕收剂 TAS101 用量 500g/t，此时粗精矿中 $Al_2O_3$ 的回收率为 79.19%，$A/S$ 为 8.42。

## 5.11.5 精选试验研究

原矿经粗选后，已脱去大部分杂质，为了进一步提高粗精矿质量，对粗精矿进行两次精选，浮选流程如图 5-27 所示，试验条件及研究结果见表 5-14。

表 5-14 铝土矿反浮选脱硅精选试验条件及研究结果

| 试验编号 | 产品名称 | 产率/% | 品位/% | | 回收率/% | | $A/S$ | 试验条件 |
|---|---|---|---|---|---|---|---|---|
| | | | $Al_2O_3$ | $SiO_2$ | $Al_2O_3$ | $SiO_2$ | | |
| 1 | 精矿 | 60.97 | 68.79 | 6.53 | 65.61 | 37.71 | 10.53 | NaOH 调 pH 值为 11 |
| | 中矿 1 | 5.23 | 66.83 | 9.84 | 5.47 | 4.87 | 6.79 | QAS224 用量： |
| | 中矿 2 | 11.35 | 55.59 | 14.55 | 9.87 | 15.64 | 3.82 | 粗选：480g/t<br>精一：160g/t<br>精二：40g/t |
| | 尾矿 | 22.45 | 54.23 | 19.65 | 19.05 | 41.78 | 2.76 | 抑制剂：0g/t |
| | 原矿 | 100 | 63.92 | 10.56 | 100.00 | 100.00 | 6.05 | 起泡剂：0g/t |

续表 5-14

| 试验编号 | 产品名称 | 产率/% | 品位/% | | 回收率/% | | A/S | 试验条件 |
| --- | --- | --- | --- | --- | --- | --- | --- | --- |
| | | | Al$_2$O$_3$ | SiO$_2$ | Al$_2$O$_3$ | SiO$_2$ | | |
| 2 | 精矿 | 63.12 | 69.14 | 6.77 | 67.50 | 40.16 | 10.21 | Na$_2$CO$_3$ 调 pH 值为 11 |
| | 中矿 1 | 5.39 | 64.56 | 11.98 | 5.38 | 6.07 | 5.39 | TAS101 用量: |
| | 中矿 2 | 7.13 | 60.08 | 15.14 | 6.63 | 10.91 | 3.97 | 　粗选: 500g/t<br>　精一: 160g/t |
| | 尾矿 | 24.36 | 54.37 | 18.47 | 20.49 | 42.86 | 2.94 | 　精二: 40g/t<br>淀粉: 1200g/t |
| | 原矿 | 100.00 | 64.65 | 10.50 | 100.00 | 100.00 | 6.16 | 2 号油: 120g/t |

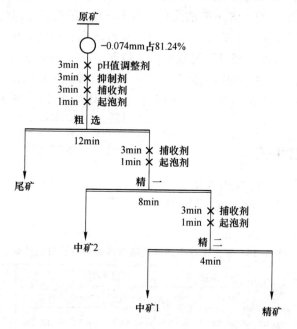

图 5-27　铝土矿反浮选脱硅精选试验流程

　　由表 5-14 可知, 以季铵盐有机硅表面活性剂 QAS224 为捕收剂, 当原矿 Al$_2$O$_3$ 品位为 63.92%、A/S 为 6.05 时, 经一次粗选二次精选后, 获得了 A/S 为 10.53、Al$_2$O$_3$ 含量 68.79%、Al$_2$O$_3$ 回收率 65.62% 的精矿、A/S 分别为 6.79、3.82 的中矿 1 和中矿 2; 而当以 TAS101 为捕收剂、可溶性淀粉为抑制剂时, 在同样的流程下, 获得的精矿中 Al$_2$O$_3$ 品位为 69.14%、Al$_2$O$_3$ 回收率为 67.50%, 其中 A/S 为 10.21, 相应中矿 1 和中矿 2 的铝硅比分别为 5.39 和 3.97。综上所

示，无论采用 QAS224 还是 TAS101 为捕收剂，当原矿 Al$_2$O$_3$ 品位为 63.92%、
A/S 为 6.05 时，经一次粗二次精选的反浮选脱硅作业后，均获得了符合拜耳法
生产氧化铝工艺要求的铝土矿精矿，并且分选指标良好。

### 5.11.6 综合开路试验研究

通过前期铝土矿反浮选脱硅系列试验研究，确定了最佳的磨矿细度、矿浆
pH 环境、精选次数以最佳的药剂制度，为了进一步探索该技术方案实现铝土
矿反浮选脱硅的可能性，又分别以 QAS224 和 TAS101 为捕收剂开展了综合开
路试验研究。开路试验流程为：原矿经一次粗选，槽底粗精矿再经两次精选获
得最终精矿产品，粗选尾矿经扫一作业后所得的槽底产品与精选一的泡沫产品
合并进行再选，再选槽底产品作为中矿 2，再选泡沫产品与扫一的泡沫产品合
并进而二次扫选，扫二的泡沫产品作为最终尾矿抛弃，其槽底产品为中矿 3，
详细药剂添加制度和试验流程如图 5-28 所示，药剂制度及试验结果见表
5-15。

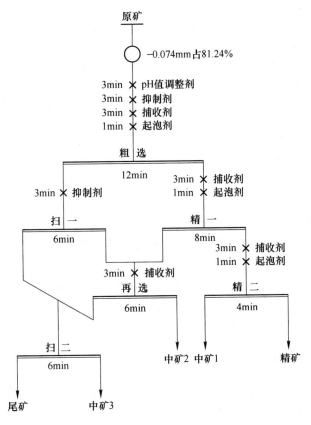

图 5-28 铝土矿反浮选脱硅开路试验流程图

**表 5-15　铝土矿反浮选脱硅开路试验结果**

| 试验编号 | 产品名称 | 产率/% | 品位/% | | 回收率/% | | A/S | 试验条件 |
|---|---|---|---|---|---|---|---|---|
| | | | $Al_2O_3$ | $SiO_2$ | $Al_2O_3$ | $SiO_2$ | | |
| 1 | 精矿 | 61.46 | 68.47 | 6.45 | 66.29 | 38.13 | 10.62 | NaOH 调 pH 值为 11 |
| | 中矿 1 | 5.91 | 66.12 | 9.67 | 6.16 | 5.50 | 6.84 | 捕收剂：QAS224 |
| | 中矿 2 | 6.77 | 65.32 | 10.35 | 6.97 | 6.74 | 6.31 | 粗选：480g/t |
| | 中矿 3 | 9.56 | 59.52 | 14.62 | 8.96 | 13.44 | 4.07 | 精一：160g/t 精二：40g/t 再选：20g/t |
| | 尾矿 | 16.30 | 45.26 | 23.09 | 11.62 | 36.20 | 1.96 | 抑制剂：0g/t |
| | 给矿 | 100 | 63.48 | 10.40 | 100 | 100 | 6.10 | 起泡剂：0g/t |
| 2 | 精矿 | 63.12 | 69.25 | 6.71 | 67.61 | 39.80 | 10.32 | $Na_2CO_3$ 调 pH 值为 11 |
| | 中矿 1 | 5.50 | 65.26 | 11.83 | 5.55 | 6.11 | 5.52 | 捕收剂：TAS101 |
| | 中矿 2 | 8.15 | 65.27 | 9.85 | 8.23 | 7.65 | 6.63 | 粗选：500g/t 精一：160g/t |
| | 中矿 3 | 7.90 | 58.87 | 15.95 | 7.19 | 12.00 | 3.69 | 精二：40g/t 再选：20g/t 抑制剂：可溶性淀粉 |
| | 尾矿 | 15.33 | 48.14 | 23.15 | 11.42 | 33.81 | 2.08 | 粗选：1200g/t 扫一：120g/t |
| | 原矿 | 100 | 64.65 | 10.50 | 100.00 | 100.00 | 6.16 | 2 号油：120g/t |

表 5-15 所示的开路试验结果再次表明，无论是以 QAS224 还是以 TAS101 为捕收剂，在图 5-28 和表 5-15 所示选矿流程和药剂制度条件下，完全可实现铝土矿的反浮选脱硅，并获得合格精矿产品；在原矿 $Al_2O_3$ 品位为 63.92%、A/S 为 6.05 时，两种技术方案均获得了 A/S 大于 10 的精矿产品，且最终抛尾产品 A/S 仅有 1.96 和 2.08，说明已有相当一部分被上浮一水硬铝石进入了中矿内，为闭路试验回收创造了良好条件。

## 5.11.7　小型闭路试验研究

在综合开路试验研究基础上，最后进行了小型闭路试验研究，详细药剂制度与开路试验研究相同，闭路试验流程如图 5-29 所示，试验研究结果见表 5-16。

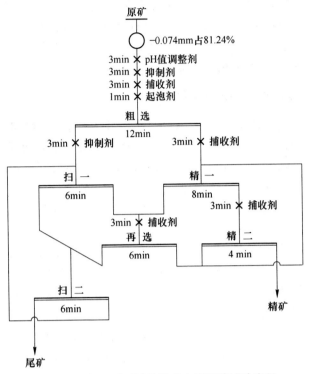

图 5-29 铝土矿反浮选脱硅小型闭路试验流程

**表 5-16 铝土矿反浮选脱硅闭路试验结果**

| 试验编号 | 产品名称 | 产率/% | 品位/% | | 回收率/% | | A/S | 试验条件 |
|---|---|---|---|---|---|---|---|---|
| | | | $Al_2O_3$ | $SiO_2$ | $Al_2O_3$ | $SiO_2$ | | |
| 1 | 精矿 | 77.05 | 67.79 | 7.01 | 81.72 | 51.24 | 9.67 | 捕收剂：QAS224 |
| | 尾矿 | 22.95 | 50.92 | 22.38 | 18.28 | 48.76 | 2.28 | |
| | 给矿 | 100.00 | 63.92 | 10.54 | 100.00 | 100.00 | 6.07 | |
| 2 | 精矿 | 78.57 | 68.52 | 7.15 | 83.34 | 54.01 | 9.58 | 捕收剂：TAS101 |
| | 尾矿 | 21.43 | 50.23 | 22.32 | 16.66 | 45.99 | 2.25 | |
| | 给矿 | 100.00 | 64.60 | 10.40 | 100.00 | 100.00 | 6.21 | |

表 5-16 的闭路试验研究结果表明，在矿浆 pH 值为 11 的碱性条件下，新型季铵盐类有机硅阳离子表面活性剂 QAS224 和伯铵类有机硅阳离子表面活性剂 TAS101 均是铝土矿反浮选脱硅的有效捕收剂，可成功实现铝土矿的反浮选脱硅，并获得较好选别指标；当采用 NaOH 调矿浆 pH 值至 11、捕收剂 QAS224 用量 700g/t 时，原矿不需脱泥，不添加其他任何调整剂，通过一次粗选两次精选两次扫选，在原矿 $Al_2O_3$ 含量 63.92%、A/S 6.07 的条件下，获得精矿中 $Al_2O_3$ 品位

67.79%、$Al_2O_3$ 回收率 81.72%、$A/S$ 为 9.67 的分选指标;而当捕收剂 TAS101 用量 720g/t、$Na_2CO_3$ 调矿浆 pH 值至 11,抑制剂可溶性淀粉用量 1320g/t 时,在原矿性质相同且选矿流程不变条件下,亦获得了 $Al_2O_3$ 品位 68.52%、$Al_2O_3$ 回收率 83.34%、$A/S$ 为 9.58 的精矿产品。

### 5.11.8 优化方案小型闭路试验研究

通过大量的条件试验研究以及综合开路、闭路试验研究可知,新型季铵盐类有机硅阳离子表面活性剂 QAS224 和伯铵类有机硅阳离子表面活性剂 TAS101 是铝土矿反浮选脱硅的有效捕收剂,在 pH 值为 11 条件下分别成功实现了铝土矿反浮选分离脱硅,并获得较好指标。但通过闭路试验研究同样也发现精矿中 $Al_2O_3$ 的回收率还是不够理想,为了进一步提高矿产资源的利用率,研究决定对闭路试验方案进行优化。

分析前期试验研究结果不难看出,QAS224 和 TAS101 虽均能有效地进行铝土矿反浮选脱硅,但它们在浮选性能方面也略有差异。譬如,QAS224 对高岭石、叶蜡石、伊利石三种铝硅酸盐矿物具有较强的选择性,在不需抑制剂的条件下都可实现铝硅矿物有效分离。而 TAS101 在捕收力方面略胜一筹,在广泛 pH 值范围内对一水硬铝石、高岭石、叶蜡石和伊利石均表现出了很好的捕收力。

浮选药剂的研究方向主要有两个途径:其一是新药剂的合成,这一点已经做了大量工作,并取得了较好的研究结果;其二就是混合用药,混合用药通常可获得提高精矿质量和回收率,加快浮选速度等多种结果。因此,优化方案闭路试验研究确定采用 QAS224 和 TAS101 组合捕收剂进行铝土矿反浮选分离脱硅。组合药剂分别按 QAS224 和 TAS101 质量比 3:1、2:1、1:1 混合,药剂制度和试验流程如图 5-30 所示,试验条件及研究结果见表 5-17。

表 5-17 铝土矿反浮选脱硅优化方案闭路试验结果

| QAS224:TAS101 (质量比) | 产品名称 | 产率/% | 品位/% | | 回收率/% | | $A/S$ |
|---|---|---|---|---|---|---|---|
| | | | $Al_2O_3$ | $SiO_2$ | $Al_2O_3$ | $SiO_2$ | |
| 3:1 | 精矿 | 80.25 | 68.98 | 6.67 | 85.42 | 51.70 | 10.34 |
| | 尾矿 | 19.75 | 47.85 | 25.32 | 14.58 | 48.30 | 1.89 |
| | 给矿 | 100 | 64.80 | 10.35 | 100.00 | 100 | 6.26 |
| 2:1 | 精矿 | 80.48 | 68.38 | 6.95 | 85.24 | 53.29 | 9.84 |
| | 尾矿 | 19.52 | 48.83 | 25.12 | 14.76 | 46.71 | 1.94 |
| | 给矿 | 100 | 64.56 | 10.50 | 100.00 | 100.00 | 6.15 |
| 1:1 | 精矿 | 79.57 | 68.52 | 7.07 | 84.40 | 53.98 | 9.69 |
| | 尾矿 | 20.43 | 49.33 | 23.48 | 15.60 | 46.02 | 2.10 |
| | 给矿 | 100 | 64.60 | 10.42 | 100.00 | 100.00 | 6.20 |

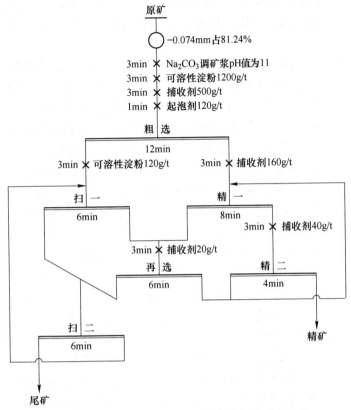

图 5-30 铝土矿反浮选脱硅优化方案闭路试验流程

由表 5-17 可知,无论 QAS224 和 TAS101 以何种比例混合,在捕收剂用药总量不变的条件下,其反浮选精矿质量和 $Al_2O_3$ 回收率均得到了较大地提高,浮选效果明显优于单一用药,尤其是当 QAS224:TAS101 以 3:1 进行混合时,闭路试验获得了精矿 $A/S$ 为 10.34、$Al_2O_3$ 品位 68.98%、$Al_2O_3$ 回收率 85.42% 的理想选别指标。这可能是因为两种药剂在目的矿物表面发生联合作用,互相促进、强化,形成共吸附,优化了反浮选分离脱硅选别过程,从而改善浮选效果,提高选矿指标。

## 5.11.9 小结

通过一水硬铝石型铝土矿实际矿石浮选试验研究,取得了下列研究结果:

(1) 河南某铝土矿矿石 $Al_2O_3$ 含量 64.32%、$SiO_2$ 含量 10.52%、$A/S$ 为 6.11,其中一水硬铝石中含铝量占总铝的 86.72%,属一水硬铝石型铝土矿。

(2) 铝土矿反浮选脱硅条件试验研究结果表明,无论采用 QAS224 还是 TAS101 为捕收剂,理想的分选条件为:磨矿细度为 -0.074mm 占 81.24%、矿浆

pH 值为 11，粗选捕收剂 QAS224 和 TAS101 用量分别为 480g/t、500g/t，此时既能保证粗精矿具有较高铝硅比，又能确保足够高的回收率，为进一步精选奠定良好的基础。

（3）综合开路和小型闭路试验研究结果表明，分别以新型季铵盐类有机硅阳离子表面活性剂 QAS224 和伯铵类有机硅阳离子表面活性剂 TAS101 为捕收剂，成功地实现铝土矿的反浮选脱硅，获得的铝土矿浮选精矿完全符合拜耳法生产氧化铝工艺的要求；QAS224 用量 700g/t、NaOH 调矿浆 pH 值至 11、浮选过程不脱泥、不添加其他任何调整剂，原矿经一次粗选两次精选两次扫选，在原矿含 $Al_2O_3$ 63.92%、$A/S$ 6.07 的条件下，获得了 $Al_2O_3$ 品位 67.79%、$Al_2O_3$ 回收率 81.72%、$A/S$ 为 9.67 的浮选精矿；当捕收剂 TAS101 用量 720g/t、$Na_2CO_3$ 调矿浆 pH 值至 11、可溶性淀粉用量 1320g/t 时，也获得精矿中 $Al_2O_3$ 品位 68.52%、$Al_2O_3$ 回收率 83.34%、$A/S$ 为 9.58 的选矿指标。因此，研究认为 QAS224 和 TAS101 均是该一水硬铝石型铝土矿反浮选脱硅的有效捕收剂。

（4）在优化小型闭路试验研究过程中，考察 QAS224 和 TAS101 质量比分别为 3∶1、2∶1、1∶1 三种组合捕收剂进行铝土矿反浮选脱硅的可能。研究结果表明，在其他条件不变的情况下，三种组合捕收剂进行铝土矿反浮选脱硅的效果均明显优于两种药剂单独使用。尤其是当 QAS224 和 TAS101 按质量比 3∶1 进行组合使用时，在原矿 $Al_2O_3$ 含量 63.92%、$A/S$ 为 6.07 条件下，小型闭路试验获得了 $A/S$ 为 10.34、$Al_2O_3$ 品位 68.98%、$Al_2O_3$ 回收率 85.42% 的浮选精矿，分别比 QAS224 和 TAS101 单一使用时相应提高了 0.67、1.19、3.7% 和 0.76、0.46%、2.08%，获得了理想的选别指标。

# 参 考 文 献

[1] 魏新安. 有机硅捕收剂在铁矿反浮选提纯中的应用及机理研究:[硕士学位论文]. 赣州: 江西理工大学, 2016.

[2] 余新阳, 新型有机硅阳离子捕收剂的合成及其对铝硅矿物的浮选特性与机理研究:[博士学位论文]. 长沙:中南大学, 2011.

[3] 夏柳荫. 双季铵盐型 Gemini 捕收剂对铝硅酸盐矿物的浮选特性与机理研究:[博士学位论文]. 天津:天津大学, 2009.

[4] 关风. 有机硅阳离子捕收剂的合成及其对铝硅酸盐矿物浮选性能研究:[硕士学位论文]. 长沙:中南大学, 2008.

[5] 胡岳华, 王毓华, 王淀佐, 等. 铝硅矿物浮选化学与铝土矿脱硅. 北京:科学出版社, 2004 年 9 月第 1 版.

[6] Hu Yuehua. Progress in flotation de–silica. Transactions of Nonferrous Metals Society of China, 2003, 13（3）：656~662.

[7] 欧阳坚, 卢寿慈. 国内外铝土矿选矿研究的现状. 矿产保护与利用, 1995,（6）：40~43.

[8] 陈远道. 高效铝土矿浮选捕收剂的研究与应用:[博士学位论文]. 长沙:中南大学, 2007.

[9] 方启学, 懂国智, 郭建, 等. 铝土矿选矿脱硅研究现状与展望. 矿产综合利用, 2001, 23（2）：26~31.

[10] 刘广义. 一水硬铝石型铝土矿浮选脱硅研究:[硕士学位论文]. 长沙:中南工业大学, 1999.

[11] 林祥辉, 路平. 高效新品种捕收剂 RA-315 的制备和应用. 矿冶工程, 1993, 3: 31~35.

[12] 曹学锋. 铝硅酸盐矿物捕收剂的合成及结构-性能研究:[博士学位论文]. 长沙:中南大学, 2003.

[13] 周边华, 周长春. 铝土矿浮选脱硅捕收剂研究现状与发展前景. 矿业研究与开发, 2009, l29（2）：41~44.

[14] 张国范, 冯其明, 等. 六偏磷酸钠在铝土矿浮选中的应用. 中南工业大学学报, 2001, 32（2）：127~130.

[15] Lu Yiping, Zhang Guofan, et al. A novel collector RL for flotation of bauxite. J. CENT SOUTH UNIV TECHNOL, 2002, Vol.9, No.1：21~24.

[16] 张云海. 一水硬铝石型铝土矿浮选脱硅研究:[硕士学位论文]. 沈阳:东北大学, 2001.

[17] 陈湘清, 李旺兴. 一种铝土矿浮选用的捕收剂. 中国专利:CN200610127934, 2006-09-05.

[18] 孙传尧, 印万忠. 硅酸盐矿物浮选原理 [M]. 北京:科学出版社, 2001.

[19] 陈远道. 高效铝土矿浮选捕收剂的研究与应用:[博士学位论文]. 长沙, 中南大学, 2007.

[20] 幸松民, 王一璐, 等, 有机硅合成工艺及产品应用, 化学工业出版社, 2000 年 9 月.

[21] 李海普. 改性高分子药剂对铝硅矿物浮选作用机理及其结构—性能研究:[博士学位论

文]. 长沙: 中南大学, 2002.

[22] 蒋昊. 铝土矿浮选脱硅过程中阳离子捕收剂与铝矿物和含铝硅酸矿物作用的溶液化学研究: [博士学位论文]. 长沙, 中南大学, 2004.

[23] 陈湘清. 硅酸盐矿物强化捕收与一水硬铝石选择性抑制的研究: [博士学位论文]. 长沙, 中南大学, 2004.

[24] 张国范. 铝土矿浮选脱硅基础理论及工艺研究: [博士学位论文]. 长沙, 中南大学, 2001.

[25] 赵声贵, 钟宏. 季铵盐捕收剂对铝硅矿物的浮选行为. 金属矿山, 2007, No. 368: 45~48.

[26] 冯圣玉, 张洁, 李美江, 等. 有机硅高分子及其应用, 化学工业出版社, 2004 年 6 月.

[27] Zhao Shenggui, Zhong Hong, Liu Guangyi. Effect of quaternary ammonium salts on flotation behavior of aluminosilicate minerals. Journal of Central South University of Technology, 2007, 14 (4): 500~503.

[28] 彭兰, 等. 胺类捕收剂对铝硅矿物的浮选性能研究. 广西民族学院学报 (自然科学版), 2006, No. 2: 68~74.

[29] 彭兰, 曹学锋, 等. 铝硅酸盐矿物捕收剂的设计研究. 广西民族学院学报 (自然科学版), 2005, No. 5: 90~93.

[30] 曹学锋, 胡岳华. 新型捕收剂 N-十二烷基-1, 3-丙二胺浮选铝硅酸盐类矿物的机理. 中国有色金属学报, 2001, 8: 643~646.

[31] 罗琳. 一水硬铝石型铝土矿化学选矿脱硅与综合利用: [硕士学位论文]. 长沙: 中南大学, 1997: 1~40.

[32] 李光辉. 铝硅矿物的热行为及铝土矿石的热化学活化脱硅: [博士学位论文]. 长沙: 中南大学, 2002.

[33] 来国桥, 幸松民. 有机硅产品合成工艺及应用, 化学工业出版社, 2010 年北京第 2 版.

[34] 刘今, 程汉林, 吴若琼. 低铝硅比铝土矿预脱硅研究. 中南工业大学学报, 1996, 27 (6): 666~670.

[35] 刘汝兴, 周宗禹. 中低品位铝土矿焙烧预脱硅的研究. 轻金属, 1998, 12 (7): 24~26.

[36] 周国华, 薛玉兰, 蒋玉仁, 等. 浅谈铝土矿生物选矿. 矿产综合利用, 2000 (6): 28~31.

[37] 刘玉生. 高硅铝土矿微生物脱硅法. 轻金属, 1982, (3): 12~14.

[38] 钮因键. 硅酸盐细菌的选育及铝土矿细菌脱硅效果. 中国有色金属学报, 2004, 14 (2): 281~286.

[39] 惠明, 侯银臣, 田青, 等. 硅酸盐细菌 GSY-1 胞外多糖的性质及其对铝土矿的脱硅效果. 河南师范大学学报 (自然科学版), 2010, 第 38 卷第 1 期: 142~145.

[40] 孙德四, 万谦, 赵薪萍. 硅酸盐细菌 JXF 菌株浸矿脱硅条件研究. 矿业研究与开发, 2008, 28 (3): 34~37.

[41] 熊艳枝, 杨洪英, 佟琳琳, 等. 硅酸盐细菌的筛选及脱硅能力研究. 贵金属, 2007, 8: 36~39.

[42] 南京大学地质系. 结晶学与矿物学 [M]. 北京: 地质出版社, 1978.

[43] 魏新超，韩跃新，印万忠，等．铝土矿选择性磨矿的必要性与可行性研究．金属矿山，2001，10：30~31．

[44] 魏新超，韩跃新．铝土矿在球磨机中的选择性磨矿特性研究．中国矿业，2002，11：17~22．

[45] 张国范，冯其明．铝土矿选择性磨矿中磨矿介质的研究．中南大学学报（自然科学版），2004，35（4）：552~556．

[46] 黄国智．铝土矿脱硅方法及其研究的进展［J］．轻金属，1999，5：16~20．

[47] 刘丕旺，张晓风，张伦和．高硅铝土矿脱硅选矿的现状和前景［J］．轻金属，1998，6：9~12．

[48] 关明久．国外铝土矿选矿试验及生产实践概况［J］．轻金属，1991，6：1~5．

[49] 骆兆军，胡岳华，王毓华，等．铝土矿反浮选体系分散与凝聚理论［J］．中国有色金属学报，2001，4：680~683．

[50] 王毓华，胡岳华，何平波，等．铝土矿选择性脱泥试验研究［J］．金属矿山，2004，4：38~40．

[51] 张国范，卢毅屏，欧乐明，等．铝土矿新型捕收剂RL［J］．中国有色金属学报，2001，4：712~715．

[52] Wang Yuhua, Hu Yuehua, Chen Xiangqing. Aluminum-silicates flotation with quaternary ammonium salts trans. Nonferrous Met. Soc, China, 2003, (3): 715~719.

[53] 魏新超，韩跃新，印万忠，等．铝土矿选矿脱硅的研究现状及进展．黄金学报，2001，12：269~272．

[54] Liu Guangyi, Zhong Hong, Hu Yuehua, et al. The role of cationic polyacrylamide in the reverse flotation of diasporic bauxite. Minerals Engineering, 2007, 20: 1191~1199.

[55] Guan Feng, Zhong Hong, Liu Guangyi. Flotation of aluminosilicate minerals using alkylguanidine collectors. Transactions of Nonferrous Metals Society of China, China 19 (2009): 228~234.

[56] Zhong Hong, Liu Guangyi, Xia Liuyin. Flotation separation of diaspore from kaolinite, pyrophyllite and illite using three cationic collectors. Minerals Engineering, 21 (2008) 1055~1061.

[57] Liu Changmiao, Hu Yuehua, Cao Xuefeng. Substitucent effects in kaolinite flotation using dodecyl tertiary amines. Minerals Engineering, 2009, Vol. 22, No. 9~10: 849~852.

[58] Xia Liuyin, Zhong Hong, Liu Guangyi. Flotation separation of the aluminosilicates from diaspore by a Gemini cationic collector. International Journal of Mineral Processing, 2009, Vol. 92, No. 1~2: 74~83.

[59] Zhao Shenggui, Zhong Hong, Liu Guangyi. Effect of quaternary ammonium salts on flotation behavior of aluminosilicate minerals. Journal of Central South University of Technology, 2007, Vol. 14, No. 4: 500~503.

[60] Zhong Hong, Liu Guangyi, Xia Liuyin, et al. Flotation separation of diaspore from kaolinite, pyrophyllite and illite using three cationic collector. Minerals Engineering, 2008, Vol. 21, No. 12~14: 1055~1061.

［61］ 钟宏，黄志强. Gemini 型阳离子表面活性剂的合成及其对高岭石矿物的浮选性能 ［J］. 精细化工中间体，2010，第 40 卷（第 1 期）：42～45.

［62］ 蒋昊，胡岳华，覃文庆，等. 直链烷基胺浮选铝硅矿物机理 ［J］. 中国有色金属学报，2001，11（4）：688～692.

［63］ Hu Y H, Liu X W, Xu Z H. Role of Crystal Structure in Flotation Separation of Diaspore From Kaolinite, Pyrophyllite and Illite, Minerals Engineering, 2003, 16（3）：219～227.

［64］ 凌石生，刘四清. 铝土矿反浮选脱硅药剂评述. 矿产保护与利用，2008，6（3）：49～54.

［65］ 张招贵，刘峰，余政，等. 有机硅化合物化学 ［M］. 化学工业出版社，2010 年 3 月.

［66］ 曹学锋，杨耀辉，刘长淼，等. N，N-二乙基-N-十六烷基胺的合成以及对铝硅矿物浮选性能的影响. 中国矿业大学学报，2010，7（4）：599～604.

［67］ 赵世民，胡岳华. N-（2-氨乙基）-月桂酰胺浮选铝硅酸盐矿物的研究 ［J］. 物理化学学报，2003，19（6）：573～576.

［68］ 关风，钟宏，刘广义，等. 辛基胍浮选铝硅酸盐矿物的研究 ［J］. 轻金属，2009，2：8～12.

［69］ 夏柳荫，刘广义，钟宏，等. 十二烷基胍对铝硅矿物的浮选分离 ［J］. 中国有色金属学报，2009，5（3）：561～569.

［70］ 任建伟，王毓华. 铁矿反浮选脱硅的试验分析 ［J］. 中国矿业，2004，第 13 卷（第 4 期）.

［71］ 王春梅，葛英勇. GE-609 捕收剂对齐大山赤铁矿反浮选的初探 ［J］. 有色金属（选矿部分），2006，No. 4：41～43.

［72］ 陈达，余永富. 磁选铁精矿再提纯反浮选工艺和药剂的研究 ［J］. 矿产保护与利用，No. 46～51.

［73］ 赵世民，王淀佐，胡岳华，等. 甲萘胺浮选铝硅酸盐矿研究 ［J］. 非金属，2003，9（5）：34～35.

［74］ 余新阳，钟宏，刘广义. 阳离子反浮选脱硅捕收剂研究现状 ［J］. 轻金属，2008，6：6～10.

［75］ 胡岳华，蒋昊，等. 一水硬铝石型铝土矿铝硅浮选分离的溶液化学 ［J］. 中国有色金属学报，2001，11（4）：697～701.

［76］ 苏晓明，钟宏. 有机硅季铵盐的合成方法及应用 ［J］. 成都纺织高等专科学校学报，2008，7：9～12.

［77］ Wang Y, Hu Y P. Reverse flotation for removal of silicates from diasporic-bauxite ［J］. Minerals Engineering, 2004, （17）：63～68.

［78］ 刘少杰，史晓华，李干佐，等. 有机硅季铵化合物的应用前景 ［J］. 有机硅材料，1998，11（4）：16～17.

［79］ Angelo J Sabia. Modification of the tactile and physical properties of microfiber fabric blends with silicone polymers ［J］. Text Chem Color, 1995, 27（9）：79～80.

［80］ 韩富. 新型有机硅表面活性剂的合成及性能研究：［博士学位论文］. 武汉：武汉大学，2004.